最實用

圖解

第一品牌

行銷祕訣

第一品牌經營，沒有速成班

戴國良 博士 著

書泉出版社 印行

【自序】第一品牌，究竟如何勝出？

筆者在大學授課「行銷學」或「品牌學」已有多年，早期在民間企業上班時，也曾經在行銷部門或企劃部門擔任相關工作，乃至於最近二、三年來，筆者投入較多心血在研究為什麼各行各業的第一品牌，它們能夠勝出的原因、架構、思維及關鍵因素究竟是什麼？經過多年的思考、研究、廣泛性資料蒐集，以及與各行業數十位行銷經理人之訪談，終於促成本書的誕生，並且也解開了國內外知名第一品牌能夠成功致勝的原因與關鍵因素。雖然各行各業第一品牌的勝出，都有或多或少相同或不同的原因與關鍵因素，但總括來說，其實都是殊途同歸，並沒有太大差異。

知名品牌成功的實戰案例佐證

本書廣泛性的研究並撰寫了國內外第一品牌或知名品牌為何能夠行銷成功的祕訣何在。透過為數不少的實戰行銷成功案例，我們可以看到並學習到這些成功品牌何以成功的關鍵因素，如果能夠加以靈活應用在自身的公司上或產品行銷上，相信必能帶給讀者們更大的知識進步與技能提升；同時，也可幫助大家成為一個品牌行銷致勝的實戰高手或晉階為企業界的高階主管群。

理論與實戰相輔相成

本書是屬於行銷實戰案例，希望讀者們能與筆者之前出版的《圖解行銷學》相互對照，相輔相成，以期收到「理論架構」＋「實戰案例」二者合成的更大綜效產生，並有效提升各位讀者們在行銷上或經營上的整體職場競爭力。

相信，本書是國內第一本有這麼多寶貴的國內外第一品牌行銷致勝祕訣的圖解表達方式的行銷書籍。

感謝與祝福

筆者在此衷心感謝各位讀者購買，並且閱讀本書。本書如果能使各位讀完後得到一些價值的話，即是筆者最感欣慰的事。因為能把所學轉化為行銷知識訊息，傳達給各位後進有為的年輕上班族朋友，能為年輕大眾種下一個福田，是筆者最大的快樂來源。

最後，再次深深祝福各位，都有一個美麗、驚奇、進步與滿足的人生旅程，在你們生命中的每一分鐘。

戴 國 良

mail：hope88.dai@msa.hinet

tai_kuo@shu.edu.tw

tai_kuo@emic.com.tw

人生勉語

本書得以完成並順利出版，筆者衷心感謝五南圖書、家人、在大學任教的長官、同事及同學們，以及好友們，由於你們的鼓勵、指導與期待，筆者才能在漫漫撰寫過程中，努力完成任務。謹以筆者喜歡的幾句座右銘，贈送給各位朋友與讀者們：

＊找到希望，那希望會支持自己走下去。扭轉生命的機會就此展開。

＊成功的秘訣：積極追求，永不放棄。

＊堅持，就會等到機會。

＊走自己的路，做最好的自己。

＊反省自己，感謝別人。

＊有才無德，其才難用；有德無才，其德無用；品德第一，能力第二。

＊只要開始第一步，就離結果更近一些。

＊從來不敢放下學習這二字。

＊成功的人生方程式：觀念 × 能力 × 熱誠 × 學習

目次

【自序】第一品牌，究竟如何勝出？ iii

第 1 章
國內各行業第一品牌行銷成功祕訣 001

1-1 Lexus 高級車第一品牌行銷成功的祕訣 I 002
1-2 Lexus 高級車第一品牌行銷成功的祕訣 II 004
1-3 Lexus 高級車第一品牌行銷成功的祕訣 III 006
1-4 阿瘦皮鞋連鎖店第一品牌行銷成功祕訣 I 008
1-5 阿瘦皮鞋連鎖店第一品牌行銷成功祕訣 II 010
1-6 阿瘦皮鞋連鎖店第一品牌行銷成功祕訣 III 012
1-7 露得清開架式保養品第一品牌行銷成功祕訣 I 014
1-8 露得清開架式保養品第一品牌行銷成功祕訣 II 016
1-9 露得清開架式保養品第一品牌行銷成功祕訣 III 018
1-10 嬌生隱形眼鏡第一品牌行銷成功祕訣 I 020
1-11 嬌生隱形眼鏡第一品牌行銷成功祕訣 II 022
1-12 嬌生隱形眼鏡第一品牌行銷成功祕訣 III 024
1-13 黑人牙膏第一品牌行銷成功祕訣 I 026
1-14 黑人牙膏第一品牌行銷成功祕訣 II 028
1-15 黑人牙膏第一品牌行銷成功祕訣 III 030
1-16 茶裏王飲料第一品牌行銷成功祕訣 I 032
1-17 茶裏王飲料第一品牌行銷成功祕訣 II 034
1-18 茶裏王飲料第一品牌行銷成功祕訣 III 036

1-19 貝納頌冷藏咖啡第一品牌行銷成功祕訣 I 038
1-20 貝納頌冷藏咖啡第一品牌行銷成功祕訣 II 040
1-21 貝納頌冷藏咖啡第一品牌行銷成功祕訣 III 042
1-22 可口可樂碳酸飲料第一品牌行銷成功祕訣 I 044
1-23 可口可樂碳酸飲料第一品牌行銷成功祕訣 II 046
1-24 可口可樂碳酸飲料第一品牌行銷成功祕訣 III 048
1-25 可口可樂碳酸飲料第一品牌行銷成功祕訣 IV 050
1-26 健康茶飲料「爽健美茶」行銷成功祕訣 I 052
1-27 健康茶飲料「爽健美茶」行銷成功祕訣 II 054
1-28 健康茶飲料「爽健美茶」行銷成功祕訣 III 056
1-29 健康茶飲料「爽健美茶」行銷成功祕訣 IV 058
1-30 女性內衣第一品牌「華歌爾」行銷成功祕訣 I 060
1-31 女性內衣第一品牌「華歌爾」行銷成功祕訣 II 062
1-32 女性內衣第一品牌「華歌爾」行銷成功祕訣 III 064
1-33 女性內衣第一品牌「華歌爾」行銷成功祕訣 IV 066
1-34 化妝品第一品牌「SK-II」行銷成功祕訣 I 068
1-35 化妝品第一品牌「SK-II」行銷成功祕訣 II 070
1-36 化妝品第一品牌「SK-II」行銷成功祕訣 III 072
1-37 統一超商 7-SELECT 自有品牌行銷成功祕訣 I 074
1-38 統一超商 7-SELECT 自有品牌行銷成功祕訣 II 076
1-39 統一超商 7-SELECT 自有品牌行銷成功祕訣 III 078
1-40 統一超商 7-SELECT 自有品牌行銷成功祕訣 IV 080

1-41 統一超商 7-SELECT 自有品牌行銷成功祕訣Ⅴ 082
1-42 統一超商 7-SELECT 自有品牌行銷成功祕訣Ⅵ 084
1-43 空調冷氣第一品牌大金行銷成功祕訣Ⅰ 086
1-44 空調冷氣第一品牌大金行銷成功祕訣Ⅱ 088
1-45 空調冷氣第一品牌大金行銷成功祕訣Ⅲ 090
1-46 空調冷氣第一品牌大金行銷成功祕訣Ⅳ 092
1-47 SOGO 百貨忠孝館週年慶整合行銷成功祕訣Ⅰ 094
1-48 SOGO 百貨忠孝館週年慶整合行銷成功祕訣Ⅱ 096
1-49 SOGO 百貨忠孝館週年慶整合行銷成功祕訣Ⅲ 098
1-50 本土汽車業自創品牌 LUXGEN 行銷成功祕訣Ⅰ 100
1-51 本土汽車業自創品牌 LUXGEN 行銷成功祕訣Ⅱ 102
1-52 本土汽車業自創品牌 LUXGEN 行銷成功祕訣Ⅲ 104
1-53 本土汽車業自創品牌 LUXGEN 行銷成功祕訣Ⅳ 106
1-54 醫美保養品第一品牌 DR.WU 行銷成功祕訣Ⅰ 108
1-55 醫美保養品第一品牌 DR.WU 行銷成功祕訣Ⅱ 110
1-56 醫美保養品第一品牌 DR.WU 行銷成功祕訣Ⅲ 112
1-57 冷氣空調第一品牌日立行銷成功祕訣Ⅰ 114
1-58 冷氣空調第一品牌日立行銷成功祕訣Ⅱ 116
1-59 冷氣空調第一品牌日立行銷成功祕訣Ⅲ 118
1-60 蘇菲衛生棉連續十年拿下市占率第一名的祕訣Ⅰ 120
1-61 蘇菲衛生棉連續十年拿下市占率第一名的祕訣Ⅱ 122
1-62 三星手機市場占有率奪冠祕訣Ⅰ 124

1-63 三星手機市場占有率奪冠祕訣 II 126
1-64 統一超商榮登外食新霸主 I 128
1-65 統一超商榮登外食新霸主 II 130
1-66 洗髮精第一品牌飛柔行銷成功祕訣 I 132
1-67 洗髮精第一品牌飛柔行銷成功祕訣 II 134
1-68 統一超商 City Café 第一品牌行銷成功祕訣 I 136
1-69 統一超商 City Café 第一品牌行銷成功祕訣 II 138
1-70 統一超商 City Café 第一品牌行銷成功祕訣 III 140
1-71 臺灣資生堂第一品牌行銷成功祕訣 I 142
1-72 臺灣資生堂第一品牌行銷成功祕訣 II 144
1-73 臺灣資生堂第一品牌行銷成功祕訣 III 146
1-74 大陸康師傅第一品牌行銷成功祕訣 I 148
1-75 大陸康師傅第一品牌行銷成功祕訣 II 150

第 2 章 國內各企業行銷成功祕訣 153

2-1 Lexus 汽車在台灣行銷成功 154
2-2 味全的品牌與行銷致勝策略 I............156
2-3 味全的品牌與行銷致勝策略 II 158
2-4 藥妝品牌「薇姿」成功故事 160
2-5 克蘭詩品牌再生戰役 I............162
2-6 克蘭詩品牌再生戰役 II 164

2-7 韓國 LG 創造臺灣營收百億的行銷策略 166
2-8 「博士倫」視光品牌成功的操作手法 168
2-9 「靠得住」品牌再生戰役及整合行銷策略 I............170
2-10 「靠得住」品牌再生戰役及整合行銷策略 II 172
2-11 資生堂 TSUBAKI 高價洗髮精行銷成功要訣 174
2-12 Häagen-Dazs 把冰淇淋當 LV 精品賣 176
2-13 捷安特成功騎上全球市場 I............178
2-14 捷安特成功騎上全球市場 II 180
2-15 臺商麗嬰房在中國大陸獲利超過臺灣 I............182
2-16 臺商麗嬰房在中國大陸獲利超過臺灣 II 184
2-17 最大媒體代理商「凱絡」致勝之道 186
2-18 舒酸定成功打進敏感性牙膏的利基市場 188
2-19 味全貝納頌咖啡翻身的廣告策略 190
2-20 臺灣法藍瓷嚴選 4% 創意，五年營收翻 36 倍 192
2-21 黛安芬產品開發嚴格把關，新品陣亡率極低 194
2-22 歐米茄錶成功行銷本土 196
2-23 口香糖長青樹「青箭」致勝之道 198
2-24 臺灣比菲多讓品牌自己說話 I............200
2-25 臺灣比菲多讓品牌自己說話 II 202
2-26 台啤與乖乖老品牌，如何抓回年輕客？ 204
2-27 長榮航空推出代言人金城武的行銷學解密 I............206
2-28 長榮航空推出代言人金城武的行銷學解密 II 208

2-29 adidas 如何走進女人世界 I............210

2-30 adidas 如何走進女人世界 II 212

2-31 百貨公司靠 VIP 攬客衝出高業績祕訣 I............214

2-32 百貨公司靠 VIP 攬客衝出高業績祕訣 II 216

第 3 章 國外大企業第一品牌行銷成功祕訣 219

3-1 商品長壽之道：暢銷商品如何梅開二度 I 220

3-2 商品長壽之道：暢銷商品如何梅開二度 II 222

3-3 匯豐銀行專注富裕層顧客 224

3-4 資生堂改革出好成果 226

3-5 成熟市場的行銷致勝策略 I 228

3-6 成熟市場的行銷致勝策略 II 230

3-7 LV 的勝利方程式 I 232

3-8 LV 的勝利方程式 II 234

3-9 頂級尊榮精品寶格麗異軍突起 236

3-10 COACH 設計風格擄獲年輕女性 238

3-11 HERMES 的藝術精品經營之道 I 240

3-12 HERMES 的藝術精品經營之道 II 242

3-13 奧美廣告集團全球總裁夏蘭澤談消費保守下的行銷真相 I 244

3-14 奧美廣告集團全球總裁夏蘭澤談消費保守下的行銷真相 II 246

3-15 P&G 日本兩次挫敗，勝利方程式改弦易轍 I 248

3-16 P&G 日本兩次挫敗，勝利方程式改弦易轍 II 250
3-17 資生堂挾國際知名度，搶建中國市場 5,000 店 I 252
3-18 資生堂挾國際知名度，搶建中國市場 5,000 店 II 254
3-19 多芬與羅森聚焦特定客層，實現消費者夢想 I 256
3-20 多芬與羅森聚焦特定客層，實現消費者夢想 II 258
3-21 OSIM 按摩器材：做品牌才能創造價值 260
3-22 美商金百利克拉克重視行銷創新與人才開發 262
3-23 魔法王國：東京迪士尼樂園好業績的祕密 I 264
3-24 魔法王國：東京迪士尼樂園好業績的祕密 II 266
3-25 HERMES 採取精緻化的全球品牌擴張策略 I 268
3-26 HERMES 採取精緻化的全球品牌擴張策略 II 270
3-27 建構強化現場力，日本麥當勞突圍出擊 I 272
3-28 建構強化現場力，日本麥當勞突圍出擊 II 274
3-29 東京迪士尼鐵三角的經營策略與行銷理念 I 276
3-30 東京迪士尼鐵三角的經營策略與行銷理念 II 278
3-31 COACH 平價精品行銷日本成功啟示錄 I 280
3-32 COACH 平價精品行銷日本成功啟示錄 II 282

第 1 章

國內各行業第一品牌行銷成功祕訣

※ 第一品牌的經營，是要堅持長期的用心與投資！它，沒有速成班！

1-1 Lexus 高級車第一品牌行銷成功的祕訣 I

Lexus 是經過六年漫長歲月的研發努力而一炮而紅，我們來探討其成功之道。

一、Lexus（凌志）品牌故事

1983 年 8 月，日本工業鉅子豐田汽車會長豐田英二先生召開了一次高層機密會議，與會的都是日本汽車工業的菁英，包括社長豐田章一郎先生、各分公司社長、各部門高階主管、分析師及智囊，還有公司最傑出的資深工程師與設計師。等大家的注意力都集中在他身上後，豐田英二先生站起來提出了一個震撼性的問題：「在累積了半世紀的汽車研發和製造經驗之後，日本究竟能不能創造出足以傲視當世車壇的頂級轎車？」換句話說，這部新車的直接對手將是長久以來盛名不墜的歐洲著名汽車廠牌。總公司將這項野心勃勃的計畫命名為「F1」，「F」代表 Flags 旗艦車；「1」則代表這部車將會是最頂級的轎車。對於工程師和設計師來說，他們肩上所背負的是極其艱鉅，而且絲毫沒有妥協餘地的任務。所有可以取得的資源與技術他們都必須動用；而那些還不存在的技術，或還只在構想階段的新設計，他們則必須去開發出來。這批工程專家要進行的研究、設計、測試、開發和製造等工程，全世界都沒有任何先例可以依循。

經過六年漫長歲月的研發努力，第一部豐田的高級豪華汽車終於在美國豐田工廠被製造出來，並在 1989 年初正式在美國上市銷售；結果口碑極佳，並且一炮而紅。Lexus 於 1997 年正式被引進臺灣市場，係採原裝進口方式。

二、第一品牌打造成功的六大關鍵因素

（一）高品質產品力為核心支撐：Lexus 係由日本 TOYOTA 總公司研發及設計部門耗費多年才研發打造出來的高級車；TOYOTA 目前是世界一流且全球銷售車數第一大汽車廠，Lexus 更是 TOYOTA 汽車中的精華版，論其零組件、配件、設計感、內裝豪華、外觀流線、省油引擎、安全性、速度、靜音性等高品質產品力的展現，正是 Lexus 擁有廣泛好口碑與產品力核心支撐的主要來源。

（二）品牌定位，精準成功：Lexus 一開始，即推出廣告金句「專注完美，近乎苛求」，充分彰顯出 Lexus 高級車在任何一個環節，Lexus 高級車一定會帶給任何一個購車者的完美感受與驚奇。這就是 Lexus 的品牌定位、品牌承諾與品牌形象。

（三）精緻與貼心顧客服務，有口皆碑：Lexus 除了硬體功能與德國高級車 Benz 及 BMW 相齊名外，它更在軟體的顧客服務方面，做到主動、精緻、貼心與高質感的全方位感受，並成為 Lexus 高級車與其他歐系高級車的差異化特色所在。根據全球知名的汽車業顧客滿意度調查公司 J. D. power 公司歷年來所做的調查，Lexus 高級車均位居所有各國品牌汽車的第一名顧客滿意度最高者。

Lexus的品牌故事

1983年8月，日本工業鉅子豐田汽車會長豐田英二提出一個震撼性的問題：「在累積了半世紀的汽車研發和製造經驗之後，日本究竟能不能創造出足以傲視當世車壇的頂級轎車？」

總公司將這項野心勃勃的計畫命名為「F1」

F：Flags，旗艦車　1：代表這部車將會是最頂級的轎車

1989年，第一部豐田的高級豪華汽車終於在美國豐田工廠被製造出來，並在美國上市銷售，一炮而紅。

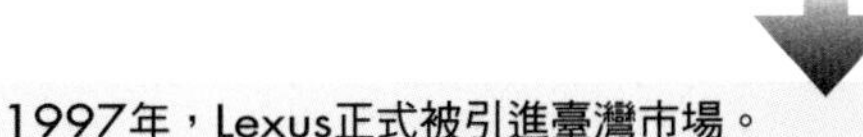

1997年，Lexus正式被引進臺灣市場。

Lexus高級車第一品牌打造成功之6大關鍵因素

Lexus高級車第一品牌打造成功因素

1. 高品質產品力為核心支撐

2. 品牌定位精準成功

Lexus高級車在 任何一個環節 ，一定會帶給任何一個購車者的完美感受與驚奇

包括車子硬體功能、軟體質感、顧客服務、銷售解說過程、交車過程、使用開車感受、保固期限及後續維修等全方位過程與環節。

3. 精緻與貼心顧客服務，有口皆碑

Lexus在顧客服務的制度、組織、人員、地點及內涵等諸多方面都是最佳的表現者，這就形成了Lexus在軟體服務方面的相對競爭優勢與特色口碑了。

4. 專屬高級行銷通路布置完善

一分錢一分貨，而行銷通路是顧客進來後第一眼接觸到的地方，當然要具有高級感及豪華感。

5. 持續且充足行銷預算投入支援

6. 360 度整合行銷傳播操作成功

1-2 Lexus 高級車第一品牌行銷成功的祕訣 II

Lexus 高級車第一品牌是以全方位跨媒體及行銷組合的整合方式打造成功的。

二、第一品牌打造成功的六大關鍵因素（續）

(四) 專屬高級行銷通路布置完善：Lexus 一開始就決定它的銷售據點（門市店）要與傳統TOYOTA一般車型區別開來；不論在空間面積大小、設計時尚感、裝潢高級感及接待銷售人員素質等各方面，都要比原來既有的 TOYOTA 經銷店面，在等級方面要更高、更豪華、更具水準，藉以凸顯Lexus高價車的價值出來。

(五) 持續且充足行銷預算投入支援：Lexus 近十年來，每年至少都投入 1 億元以上的媒體廣告宣傳支出與各種行銷活動支出，這筆累積十多億元的行銷預算，才成就了今日高知名度與高好感度的 Lexus 高級車品牌形象。

(六) 360 度整合行銷傳播操作成功：Lexus 品牌行銷成功的最後一個因素，即是它都採取了現代行銷操作的主流方式，即以 360 度跨媒體、跨行銷組合的整合行銷方式，傳播溝通了 Lexus 品牌與消費者之間的情感聯絡，以及最大效益的品牌曝光度與最好效果的品牌喜好度。

三、Lexus 高級車的 360 度整合行銷傳播策略

本個案研究所獲致的第一個結論，即是了解到 Lexus 高級車第一品牌打造成功，係採取具有綜效的 360 度全方位整合行銷傳播操作方式及其涵蓋項目，包括電視廣告、報紙廣告、專業雜誌廣告、記者會、臺北車展會、藝文與音樂活動舉辦招待、網路行銷、試乘會與體驗行銷、免息 24 期分期付款、新聞公關報導、公益行銷、促銷抽贈獎活動、體育活動贊助、手機 APP 行銷等十四種項目。

上述的 360 度整合行銷傳播操作之目的，乃是希望得到 Lexus 高級車品牌露出最大，打造出品牌良好的知名度、喜愛度、促購度，以及整體優良品牌形象。

四、Lexus 行銷預算的配置

本個案研究所獲致的第二個研究結論，即是了解到 Lexus 高級車打造及維繫第一品牌市場領導地位，它每年度平均所花費的行銷預算，以及這些支出在各項配置占比如何。從右圖可見，Lexus 高級車每年度行銷預算大致在 1.7 億元，占其全年度營收比例約僅 1%。此比例並不大，且已足夠做好廣告宣傳、公關活動及其他整合行銷活動，從而把 Lexus 品牌與目標消費群做好情感連結，使每筆行銷預算的支出，都能花在刀口上，並持續累積出 Lexus 高級車的良好品牌資產。Lexus整個行銷預算的支出，最大比例仍為電視廣告大眾媒體的廣告播出，占比達 50% 之高，顯示具影音效果的電視廣告，仍是 Lexus 品牌露出與效果的最大來源與支撐。

Lexus高級車第一品牌打造成功之360度整合行銷傳播操作項目

Lexus高級車第一品牌之360度整合行銷傳播操作項目

1. 電視廣告（TVCF，新聞臺播出廣告）
2. 報紙廣告（蘋果、自由、中時、聯合）
3. 專業雜誌廣告（商業、財經、醫學、法律）
4. 記者會
5. 臺北車展會
6. 藝文與音樂活動
7. 網路行銷
8. 試乘會與體驗行銷
9. 免息24期分期付款
10. 新聞公關報導
11. 公益行銷
12. 促銷抽贈獎活動
13. 體育贊助
14. 手機APP行銷

Lexus高級車第一品牌打造成功之年度行銷預算及其配置占比

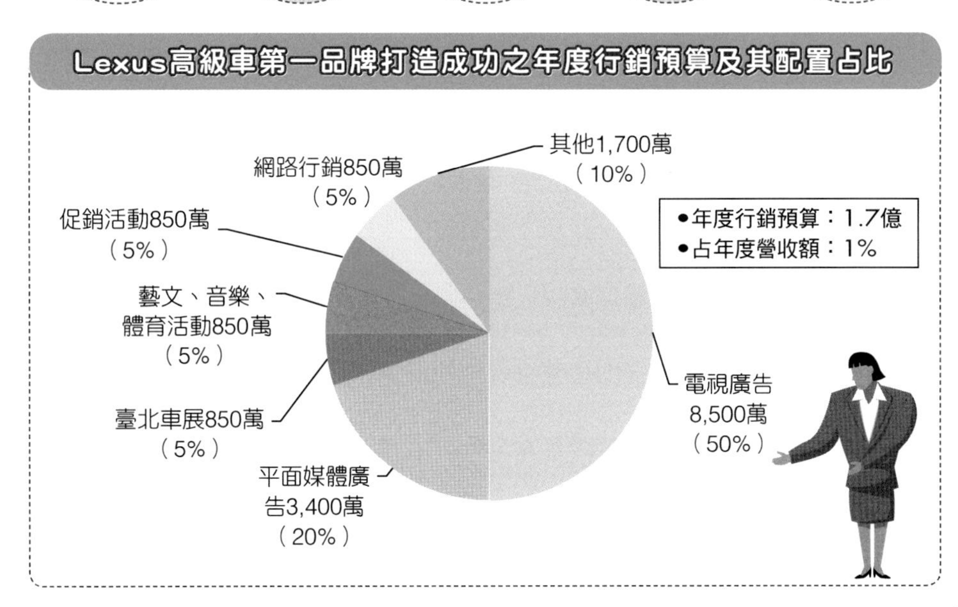

1-3 Lexus 高級車第一品牌行銷成功的祕訣 III

研究 Lexus 之所以能夠成為高級車的第一品牌之後，我們會發現再好的整合行銷傳播模式一定要回到最核心本質，即是高品質的產品力，才能成為打造第一品牌之支撐所在。

五、Lexus 高級車第一品牌打造成功之整合行銷傳播模式架構與內涵

本個案研究所獲致的第三個研究結論，即能夠很有系統化、邏輯化及全方位的角度與觀點，歸納整理出 Lexus 高級車第一品牌打造成功之整合行銷傳播模式架構與內涵如右圖所示。此架構模式，可以完整與周延的看出 Lexus 高級車上市十多年來，採取了那些行銷行動及行銷致勝的祕訣，這些包括了以下幾點：

(一) **品牌化經營**：從堅定品牌化經營信念開始，踏出第一步。

(二) **品牌定位與品牌目標客層的明確化**：強調日系高品質豪華車，鎖定在壯年族、富有、男性消費族群。

(三) **確定有效的行銷傳播溝通核心主軸與策略**：包括來自日系打造的高品質、高級車款，以及設計、品質、質感、精緻服務，但價格比雙 B 汽車更便宜之物超所值感。

(四) **訂定行銷 4P/1S 組合策略**：包括產品策略、定價策略、通路策略、服務策略，以及推廣策略。

(五) **行銷績效**：包括高級車市占率 25%、全國第一品牌地位、顧客滿意度高居第一名、年銷售 8,000 臺、年營收 170 億，以及年獲利 17 億。

(六) **未來挑戰**：包括高品質產品力之維繫、品牌行銷操作再創新，以及顧客服務再升級。

六、研究發現

本個案研究除上述三項研究結論外，尚有六項研究發現，茲摘要列述如下：

＜發現之 1 ＞高品質產品力，確為打造第一品牌之最核心本質支撐所在。

＜發現之 2 ＞品牌定位精準成功，確為行銷傳播成功的第一個重要步驟。

＜發現之 3 ＞精緻與貼心的顧客服務力，確實會讓顧客有高的滿意度與好的口碑。

＜發現之 4 ＞建立專屬且高級行銷通路，確為耐久性消費財行銷之必要措施。

＜發現之 5 ＞ 360 度全方位整合行銷傳播操作，確為現代品牌行銷操作成功之必要方向。

＜發現之 6 ＞每年投入持續且充足的行銷預算，確能累積出長期品牌資產之打造出來。

Lexus高級車第一品牌打造成功之整合行銷傳播模式架構與內涵

1. 堅定品牌化經營信念

2-1. 品牌定位

・廣告slogan：專注完美，近乎苛求
・日系高品質豪華車

2-2. 品牌目標客層

・35～45歲壯年族、富有、男性消費族群

3. 行銷傳播溝通核心主軸與策略

・來自日系打造的高品質、高級車款
・設計、品質、質感、精緻服務，但價格比雙B汽車更便宜，使有物超所值感

4. 行銷 4P/1S 組合策略

年度行銷預算1.7億

4-1. 產品策略

・高品質訴求
・產品系列完整性
・功能不斷升級

4-2. 定價策略

・區分為入門款、中階級及豪華級三種定價
・150～590萬元之間

4-3. 通路策略

・建立自主、專屬、高檔門市銷售店，遍布全省

4-4. 服務策略

・保固3年期
・門市店及維修中心均有尊榮禮遇

4-5. 推廣策略

・採行360度全方位整合行銷傳播操作方式，打響品牌

協力公司

・廣告公司
・媒體代理商
・公關公司

5. 行銷績效

・高級車市占率：25%，第一位
・年營收：170億（概估）
・顧客滿意度：第一名
・品牌地位：第一品牌
・年獲利：17億（概估）
・年銷售：8,000臺

6. 未來挑戰

・高品質產品力之維繫
・品牌行銷操作再創新
・顧客服務再升級

1-4 阿瘦皮鞋連鎖店第一品牌行銷成功祕訣 I

阿瘦皮鞋自 1952 年創業至今，本著董事長羅水木「一針一線，實實在在」的做事態度，已走過半個多世紀。多年來，阿瘦皮鞋始終以「堅持做臺灣最好的鞋子」的信念，得到許多愛用者肯定，至 2005 年 8 月底，累計銷售雙數即已突破一千萬雙。

一、超越半世紀的時尚文化

五十多年來，社會環境不斷變遷，然而阿瘦皮鞋這份對產品的堅持與講究卻不曾改變，每一雙阿瘦皮鞋都是「用心、貼心、愛心」的完美呈現。

阿瘦皮鞋透過產品不斷地精進、研發，打造每一雙結合了時尚設計與精湛工藝的鞋款。以「真、善、美、新」為品牌核心經營理念：「真」——真材實料、實實在在，「善」——舒適好穿的鞋款、完善的服務，「美」——與時俱進的時尚款式，「新」——滿足、超越消費者需求的創新產品。未來，阿瘦皮鞋仍將繼續努力，向下一個五十年邁進。

二、阿瘦皮鞋整合行銷傳播的五大關鍵成功因素

阿瘦皮鞋在執行整合行銷傳播時，有下列五個關鍵成功因素（Key Success Factor, KSF）：

(一) 高品質產品力為基礎：阿瘦皮鞋數十年來，堅持對鞋子的高度品質要求、時尚流行設計風格及功能精進的研發，使得阿瘦皮鞋的產品，享有普遍的好口碑，獲得消費者肯定，再購率的忠誠度也很高。

(二) 代言人策略成功：阿瘦皮鞋從十多年前感受到是一種過於本土、鄉土的普通品牌，能夠在短短幾年間，快速改頭換面，成為較高知名度且變為時尚鞋子的這種大轉變，不得不歸功於阿瘦的品牌再造、品牌年輕化與品牌活化的戰術操作。其中最大的影響，即是該公司採用一系列代言人策略的成功。從較早期使用凱沃、伊林多位名模做電視廣告，喊出「A. S. O」新品牌印象（You are so beautiful），造成顯著正面效果後；又再選擇氣質名模兼藝人的隋棠做了三年的年度代言人；後來，再引進知名律師與主持人的謝震武做雙位代言人。根據阿瘦皮鞋行銷企劃部及總經理接受訪談顯示，他們都高度肯定代言人策略的大大成功，此對阿瘦品牌形象的轉變及業績的帶動，都產生明顯助益。

(三) 行銷預算充足：俗語「巧婦難為無米之炊」，整合行銷與品牌打造要成功，就得依賴有適度的行銷預算支持與支撐。阿瘦皮鞋高層亦非常熟悉於行銷觀念，知道合理行銷預算支出的必要性。因此，這幾年來，阿瘦皮鞋的行銷預算每年至少都有 1.5 億元以上，這筆錢不算少，足供阿瘦品牌的打造及維繫。

阿瘦皮鞋品牌核心經營理念

真	真材實料、實實在在	與時俱進的時尚款式	美
善	舒適好穿的鞋款、完善的服務	滿足、超越消費者需求的創新產品	新

阿瘦皮鞋第一品牌行銷成功5大關鍵因素

阿瘦皮鞋第一品牌行銷的成功因素

1. 高品質產品力為基礎

「產品力」是任何產品行銷的最根本基礎所在，也是任何整合行銷傳播的基礎，如果產品被評價不好，那麼再怎麼做360度整合行銷傳播都是枉然。

2. 代言人策略成功

早期使用多位名模做電視廣告，喊出「A. S. O」新品牌印象

↓

再選擇氣質名模兼藝人的隋棠做了三年的年度代言人

↓

再引進知名律師與主持人的謝震武做雙位代言人

3. 行銷預算充足

阿瘦皮鞋的行銷預算每年至少都有1.5億元以上，這筆錢不算少，足以供阿瘦品牌的打造及維繫。

4. 優秀的行銷團隊

包括阿瘦皮鞋的行銷企劃部、業務部、研發設計師，以及外部的廣告公司、媒體代理商及公關公司等。

5. 行銷工具整合運用成功

這些工具整合包括代言人、電視廣告、平面廣告、記者會、促銷活動、直效行銷、公關報導、店頭行銷等。

1-5 阿瘦皮鞋連鎖店第一品牌行銷成功祕訣 II

阿瘦皮鞋能夠成功從本土化品牌轉型為時尚品牌，除了找對代言人之外，其幕後一定是有一支很強大的行銷團隊在構思、動腦及操作著。當然，每年充裕的行銷預算，才能使阿瘦品牌的打造及維繫。

二、阿瘦皮鞋整合行銷傳播的五大關鍵成功因素（續）

（四）優秀的行銷團隊：一個品牌的整合行銷傳播成功，在其幕後一定是有一支很強大的行銷團隊在構思、動腦及操作。這支行銷團隊是廣義的，包括阿瘦皮鞋的行銷企劃部、業務部、研發設計師，以及外部的廣告公司、媒體代理商及公關公司等所組成的優良人才團隊。阿瘦皮鞋羅榮岳總經理亦很自豪該公司成功的最深層因素，確實是擁有一支經驗豐富、富有使命感及創新十足的行銷團隊。

（五）行銷工具整合運用成功：阿瘦皮鞋品牌再造成功，以及晉升為鞋類產品連鎖店的第一品牌，其中一個重要因素，就是該公司行銷企劃部運用了多元的整合行銷工具，有效促進了整合的綜效，提高行銷的效果。

三、阿瘦皮鞋整合行銷傳播工具應用

從個案訪談及次級資料蒐集中，本研究所獲致的第二個結論如右圖所示，即阿瘦皮鞋確實執行了跨媒體與跨行銷的組合工具操作，有效的觸及到更多消費者，有效發揮整合行銷傳播的綜效，讓每一筆整合行銷預算的支出，都能達到對營收、對品牌、對市占率等效果的呈現。

綜合來說，阿瘦皮鞋在年度大型行銷活動中，都充分應用了下列整合行銷傳播的工具，包括代言人行銷、電視廣告、平面廣告、記者會與公關報導、網路行銷、店頭行銷、促銷活動、廣播廣告、DM 直效行銷、公益行銷、VIP 會員卡行銷等。

四、阿瘦皮鞋行銷預算支出配置策略

本個案研究發現阿瘦皮鞋每年度的行銷預算大致保持在 1.5 億元左右，占總營收比例約為 4%。這個行銷預算金額對鞋類消費品而言，算是相當充裕的，而且可以發揮強大的行銷打擊力。

從右圖可以顯示，阿瘦皮鞋電視廣告預算每年達 9,000 萬元，占比為 60%，此顯示電視廣告的效果，對阿瘦皮鞋品牌打造及促進銷售仍具有最大的效益及主流媒體。此外，代言人費用亦占了 6.5%，耗費 1,000 萬元找二位雙代言人（隋棠、謝震武）。另外，各種促銷優惠活動的舉辦亦占了 10%，達 1,500 萬元，顯示促銷活動的重要性。

阿瘦皮鞋360度整合行銷傳播工具應用

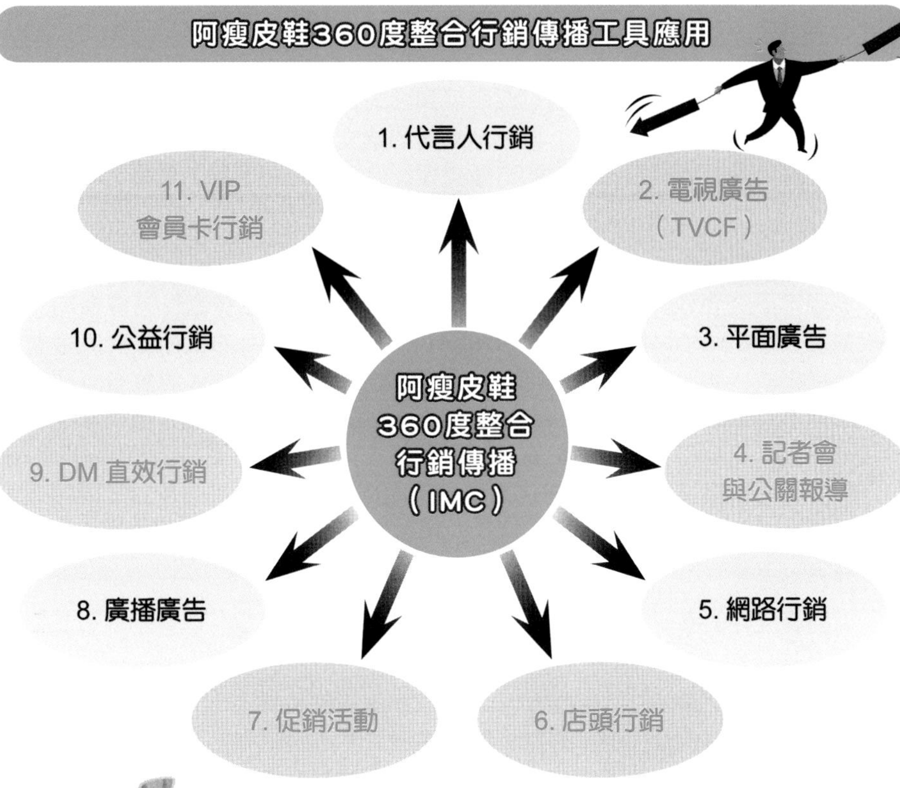

阿瘦皮鞋行銷預算支出配置策略

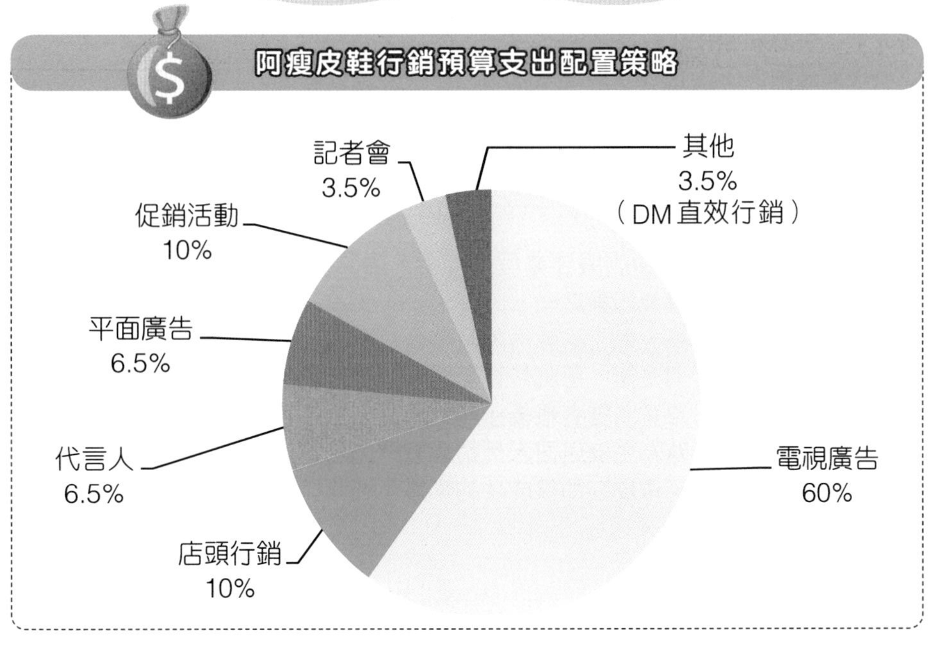

1-6 阿瘦皮鞋連鎖店第一品牌行銷成功祕訣 III

從阿瘦皮鞋個案研究，我們可以發現到名人代言的成功是阿瘦皮鞋整合行銷傳播成功操作的核心重要因素；再來是品牌的建立與持續鞏固；而直營門市店通路據點數與人員銷售組織戰鬥力的有效支援配合，對連鎖店服務業型態來說，更是重要。

五、阿瘦皮鞋整合行銷傳播全方位架構模式

本個案研究獲致第四個結論，即是建立了阿瘦皮鞋在整合行銷傳播的全方位架構模式（Comprehensive Model of IMC）之內涵如右圖所示。其邏輯性整體架構模式內容，包括十一個項目，依序為 1. 以市場洞察與消費者洞察為啟動；2. 以高品質產品力為支撐；3. 展開活化品牌策略；4. 發展溝通策略；5. 展開 360 度整合行銷傳播操作；6. 充分行銷預算支持；7. 拓展通路普及策略；8. 確立定價策略（中高價位）；9. 強化人員銷售組織策略；10. 檢視整合行銷績效與成果，以及 11. 不斷檢討、改善、進步與精益求精。

六、研究發現

從阿瘦皮鞋個案研究中除上述四項研究結論外，我們也可以得到以下三點研究發現：

＜發現之 1 ＞名人代言的成功是整合行銷傳播成功操作的核心重要因素。

從阿瘦皮鞋個案中，以及訪談相關人員過程中，可以感受到如果缺少了隋棠及謝震武這兩位代言人的呈現，阿瘦皮鞋的品牌知名度、品牌印象度及業績的促進提升，可以還處在比較落後的狀況中。因此，我們可以發現名人代言的成功展現，確實是阿瘦皮鞋整合行銷傳播成功的最核心重要因素。

＜發現之 2 ＞品牌建立與鞏固是整合行銷傳播成功績效的重要指標之一。

從本個案羅榮岳總經理訪談中，他一直強調阿瘦（A.S.O）品牌建立與鞏固的深刻重要性。而整合行銷傳播操作成功的檢視重要指標之一，就是是否達成了品牌建立與鞏固的目標。

＜發現之 3 ＞對連鎖店服務業型態而言，通路據點普及與人員銷售組織戰鬥力，是業績成長的重要因素之一。

服務業業績的成長，除了品牌形象及整合行銷傳播操作之外，還要有另一個重要能力因素的配合與支援，那就是直營門市店通路據點數與人員銷售組織戰鬥力的有效支援配合。畢竟消費者最後接觸到產品銷售的地點是自營門市店或百貨公司專櫃。因此，通路為主與店面人員銷售戰鬥力的好壞，很明顯的會影響到業績的好壞。而本個案阿瘦皮鞋即很成功的掌握了通路與人員銷售這二個要素。

阿瘦皮鞋成功的全方位整合行銷傳播架構模式

1. 市場洞察與消費者洞察

2-1. 研發與創新 → 2. 高品質產品力為支撐

3. 活化品牌策略（品牌時尚化、年輕化）

4. 發展溝通策略

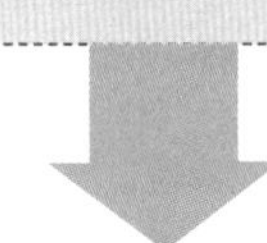

5. 360 度整合行銷傳播操作
- (1)代言人行銷
- (2)電視廣告
- (3)平面廣告
- (4)促銷活動
- (5)店頭行銷
- (6)記者會與公關報導
- (7)網路行銷
- (8)其他（DM直效行銷、簡訊行銷、社會公益行銷）

支援 5. 360 度整合行銷傳播操作：
- 6. 充分行銷預算支持
- 7. 通路普及策略
- 8. 定價策略（中高定價）
- 9. 人員銷售組織策略（直營門市店）

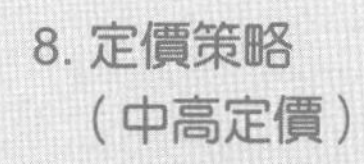

10. 檢視：整合行銷績效與成果
- (1)市占率第一
- (2)營收：40億（概估）
- (3)獲利：4億（概估）
- (4)品牌：第一

11. 不斷檢討、改善、進步、精益求精（回到 1. 市場洞察與消費者洞察）

1-7 露得清開架式保養品第一品牌行銷成功祕訣 I

露得清（Neutrogena）是一個美國保養品品牌，產品包含臉部保養、護膚等產品。露得清原為獨立公司，直到 1994 年由強生集團併購，成為該集團的子公司。

露得清的產品在許多國家皆有販售，同時也因為在各地邀請許多名人代言，使得該品牌在國際之間頗有知名度。

一、露得清品牌故事

總部設於加州洛杉磯的 Neutrogena，1954 年其創辦人美國人 Emanuel Stolaroff 受到一化學研究的啟發，創製了一塊與眾不同的透明香皂，專門用來洗臉。

這塊香皂和普通的香皂有著本質的區別，它非常溫和、純淨，可以輕易地洗淨肌膚，並且不會殘留刺激皮膚，尤其對於暗瘡、粉刺、青春痘的皮膚更是見效。用這塊獨特的透明潔面皂清洗完 11 分鐘之後，肌膚就能回復自身正常的 PH 值，僅僅比用清水洗臉後肌膚回復正常 PH 值多了 1 分鐘。透明香皂被命名為 Neutrogena，成為眾多好萊塢明星卸妝潔面的必備品，更得到了皮膚科醫生、專家的認可和大力推崇。因為它，公司名字也取名 Neutrogena，中文名為露得清。

在 Neutrogena 香皂贏得醫學界特別青睞的同時，Neutrogena 的新產品研發始終站在科研的前沿，確保安全、溫和、有效的護膚保養品。

露得清（Neutrogena）與皮膚科醫生的信任，時至今日，Neutrogena 也自此風行於全球 80 多個國家。

二、露得清第一品牌打造成功的六大關鍵因素

本個案研究所獲致的第一個研究結論，即是歸納出露得清第一品牌行銷成功的六大關鍵因素如下：

(一) 強大功效的產品力：露得清公司成立已五十多年，背後擁有強大的研發人才團隊，所以能夠不斷將肌膚保養品推陳出新，達到洗淨與美白的最佳使用效果，從而得到目標消費族群的肯定與良好口碑效果。此為該品牌成功的首要關鍵因素。

(二) 綿密布置的通路力：露得清品牌成功的第二個因素，即是在其綿密布置的業務通路力，全臺擁有 1,000 多個零售據點；其中，尤以藥妝、美妝連鎖店為其主力，而此開架式保養品通路的重要性也愈來愈高。業務通路力的上架普及亦便利於消費者購買。

(三) 代言人行銷策略成功：露得清品牌近幾年來，運用張鈞甯、桂綸鎂與陳妍希等知名且形象清新與知性氣質做為代言人，頗受消費者支持與喜愛；這對露得清品牌進一步鞏固其目標客層之忠誠度，已被該公司證明是具有效益的。

露得清品牌故事

1954 年 Neutrogena 創辦人創製了一塊與眾不同的透明香皂，專門用來洗臉。

溫和、純淨，可以輕易洗淨肌膚，不會刺激皮膚，對於暗瘡、粉刺、青春痘的皮膚更是見效。

透明香皂被命名為Neutrogena（露得清）

成為眾多好萊塢明星卸妝潔面的必備品，更得到了皮膚科醫生、專家的認可和大力推崇。

露得清第一品牌打造成功六大關鍵因素

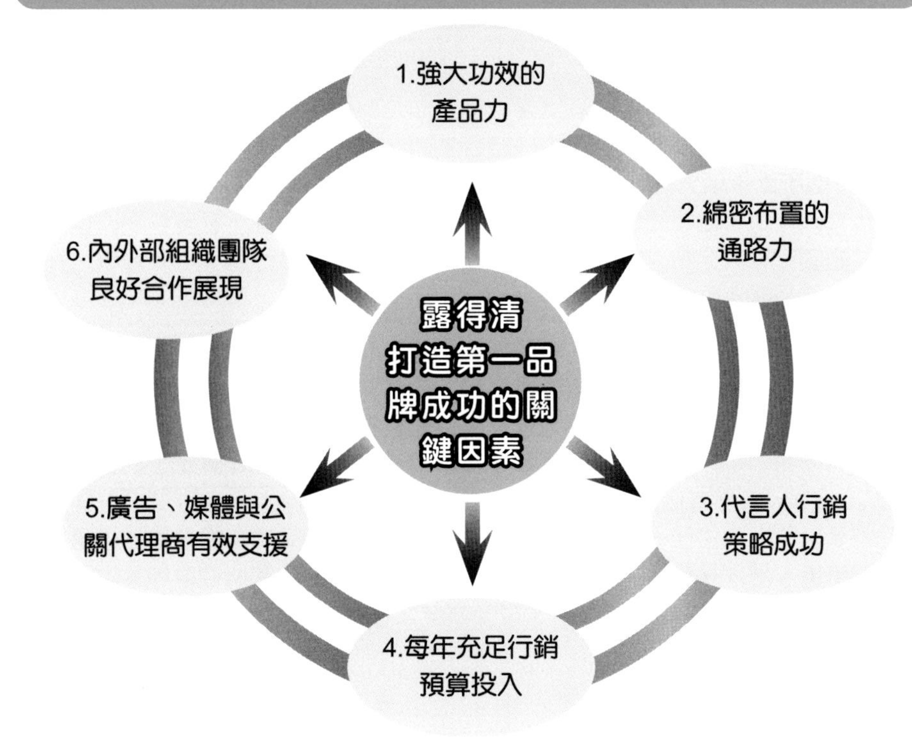

1-8 露得清開架式保養品第一品牌行銷成功祕訣 II

露得清品牌因為每年都投入足夠的行銷預算，所以才能累積出今日露得清的品牌資產成果。從其全方位的整合行銷傳播操作及其預算配置來看，顯示電視廣告對保養品的媒體宣傳，仍是占最重要的管道。其次是代言人費用、報紙廣告、促銷活動及其他各項等。

二、露得清第一品牌打造成功的六大關鍵因素（續）

(四) 每年充足行銷預算投入：露得清品牌每年大約都投入 6,000 萬元的行銷預算，以做為廣告宣傳與行銷活動之用。此一筆合理、適當與充足的行銷預算足供品牌部門有子彈之運用。十年來，露得清合計已投入近 6 億元行銷預算投入，才累積出今日露得清的品牌資產成果出來。

(五) 廣告、媒體與公關代理商有效支援：露得清的品牌行銷工作，除了品牌部門做整體行銷策略規劃之外，尚須外部廣告、媒體及公關代理商的廣告創意與媒體露出等支援，才能實踐品牌行銷傳播的工作；這方面的有效支援，也是造就露得清品牌致勝的關鍵因素之一。

(六) 內外部組織良好團隊合作展現：露得清品牌行銷成功，還有一個背後的組織因素，即是內外部相關部門良好團隊合作的展現；這是屬於人的因素，任何品牌成功，一定是背後有一個成功且卓越團隊才可以共同達成的。

三、露得清第一品牌打造成功之 360 度整合行銷傳播操作項目

本個案研究所獲致的第二個重要結論，即是歸納出露得清品牌在執行整合行銷傳播操作上的主要項目；由於這些組合性的操作，才使露得清品牌有最大的曝光效果，並不斷累積它的「品牌資產」效益。這個 360 度整合行銷傳播操作項目，包括代言人行銷、電視廣告、報紙廣告、女性專業雜誌廣告、記者會、口碑傳播行銷、體驗行銷、促銷活動、公車與捷運廣告、置入節目行銷、媒體報導、網路行銷，以及公關活動等十三個。

四、露得清第一品牌打造成功之年度行銷預算及其配置

本個案研究所獲致的第三個重要結論，是首次了解到露得清第一品牌持續保持所必須支出的行銷預算是多少，以及如何配置占比。

從右圖我們可以得知，露得清每年行銷預算大致花 6,000 萬元，約占全年營收額 20 億的 3%；這個比例並不算高，也是合理的。而最大宗的支出，則是花在電視廣告，大約占了一半之多，顯示電視廣告對保養品的媒體宣傳，仍是占最重要的管道。其次是代言人費用、報紙廣告、促銷活動及其他各項等。

露得清第一品牌打造成功之360度整合行銷傳播操作項目

露得清
360度全方位
整合行銷傳播

1. 代言人行銷
2. 電視廣告（TVCF）
3. 報紙廣告
4. 女性專業雜誌廣告
5. 記者會
6. 口碑傳播行銷
7. 體驗行銷
8. 促銷活動
9. 公車與捷運廣告
10. 置入節目行銷
11. 媒體報導
12. 網路行銷
13. 公關活動

露得清第一品牌打造成功之年度行銷預算及其配置

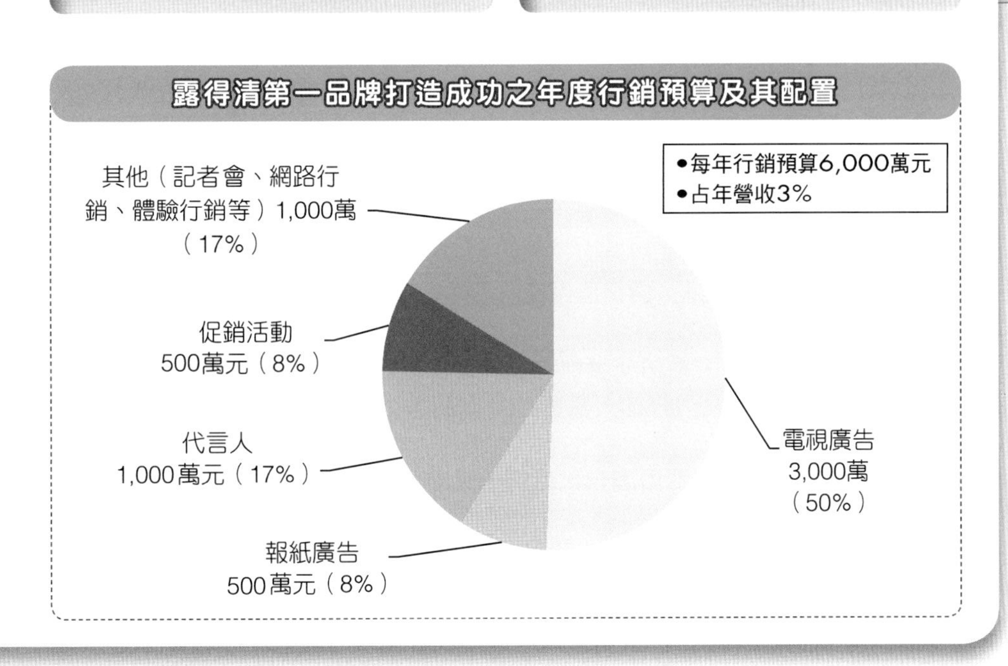

1-9 露得清開架式保養品第一品牌行銷成功祕訣 III

露得清能夠長期成為開架式保養品第一品牌而不墜，除了其不斷推陳出新的肌膚保養品，以及得到皮膚科醫生、專家的認可和大力推崇之外，而因其產品是採開架式銷售，讓消費者自行拿取，故其行銷傳播策略主要著重在代言人行銷傳播與消費者口碑行銷傳播。

五、露得清第一品牌打造成功之整合行銷傳播模式架構與內涵

本個案研究所獲致的第三個研究結論，即是歸納出一個比較完整面向的露得清第一品牌打造成功之整合行銷傳播模式架構與內涵（The Comprehensive Model of Integrated Marketing Communication），如右圖所示，計有以下六大項：

(一) 堅定品牌經營信念：不斷將肌膚保養品推陳出新，達到洗淨與美白的最佳使用效果。

(二) 品牌定位與品牌目標客層的明確化：開架、平價、強大功效肌膚保養品，鎖定在年輕女性上班族及小資女。

(三) 確定品牌行銷傳播策略：包括代言人行銷傳播與消費者口碑行銷傳播。

(四) 訂定行銷 4P 組合策略：包括產品策略、通路策略、定價策略，以及推廣策略。在通路策略方面，綿密布置全臺 1,000 多個開架銷售據點，以藥妝、美妝連鎖店通路為主力銷售占 70%。

(五) 行銷績效：包括開架式保養品市占率 15%、全國第一品牌地位、年營收 20 億、年獲利 4 億，以及獲利率 20%。

(六) 未來挑戰：包括產品研發力再提升、品牌行銷傳播操作再創新，以及消費者忠誠度再鞏固。

六、露得清第一品牌打造成功的背後內外部組織團隊及運作

本個案研究所獲致的最後一個研究結論，即是了解到露得清打造第一品牌幕後的相關內外部組織部門成員為何。

我們從右圖可以知道，露得清保養品品牌行銷的成功，主要仰賴於以下組織單位的通力合作：

(一) 內部組織：包括由研發部、品牌部及業務部所形成的三合一內部黃金團隊。研發部負責產品力打造，品牌部負責品牌力打造，業務部負責通路力打造。

(二) 外部組織：包括由廣告代理商、媒體代理商及公關公司等三個外部協力公司的智慧與經驗的支援。

此外，這些內外部組織團隊，都會利用定期開會與機動開會，集思廣益，隨時解決問題，以創造出好績效。

露得清第一品牌打造成功之整合行銷傳播模式架構與內涵

1.堅定品牌化經營信念

2-1.品牌定位
- 開架、平價、強大功效肌膚保養品

2-2.品牌目標客層
- 20～35歲年輕女性上班族及小資女

3.品牌行銷傳播策略
- 代言人行銷傳播
- 消費者口碑行銷傳播

4.行銷4P策略

4-1.產品策略
- 完整產品線組合策略
- 具高強效、深度美白功能
- 專業醫生推薦

4-1-1.強大研發力支援

4-2.通路策略
- 綿密布置全臺1,000多個開架銷售據點
- 以藥妝、美妝連鎖店通路為主力，占銷售70%

4-3.定價策略
- 採取目標客層人人買得起的平價策略

4-4.推廣策略
- 採用360度整合行銷傳播操作手法，發揮最大品牌曝光度，打造品牌知名度

4-4-1.年度行銷預算：6,000萬

4-4-2.廣告、媒體、公關代理商支援

5.行銷（經營）績效
- 開架式保養品第一品牌地位
- 市占率：15%
- 年營收：20億（概估）
- 年獲利：4億（概估）
- 獲利率：20%

6.未來挑戰
- 產品研發力再提升
- 品牌行銷傳播操作再創新
- 消費者忠誠度再鞏固

露得清第一品牌打造成功的背後內外部組織團隊運作

內部組織
1. 研發部
2. 品牌部
3. 業務部
3合1黃金團隊

＋

外部組織
1. 廣告代理商
2. 媒體代理商
3. 公關公司
品牌部

定期與機動開會，集思廣益，解決問題，創造出好績效！

1-10 嬌生隱形眼鏡第一品牌行銷成功祕訣 I

嬌生公司是全球第一個發明隱形眼鏡，嬌生隱形眼鏡目前在全球各國市占率最高的品牌，它是如何成功打造出來的？

一、嬌生品牌定位與目標消費族群

（一）品牌定位：嬌生臺灣公司行銷部經理廖君凰指出，嬌生隱形眼鏡的品牌定位，即是強調「高品質與高舒適感的最佳隱形眼鏡」，她表示，全球第一個發明隱形眼鏡的就是嬌生公司，目前在全球各國市占率最高的品牌，也是嬌生隱形眼鏡。從此可見嬌生品牌的高品質水準，獲得全世界的肯定。

（二）目標消費族群：嬌生的隱形眼鏡由於定價比較高些，因此它的目標消費族群鎖定在 30 ～ 45 歲之間的輕熟女及熟女上班族群為主力，並不以太年輕女性為主力對象。廖君凰行銷經理表示，在高品質、略高價位及較高收入女性上班族的三者連環下，目前搭配的很適當。

二、嬌生隱形眼鏡第一品牌打造成功的五大關鍵因素

本個案研究所獲致的第一個研究結論，即深切探索出嬌生隱形眼鏡能夠長期維繫第一品牌成功的五大關鍵因素如下：

（一）研發力強大，打造高品質產品力：嬌生保健公司是國際性視光產品大廠，在美國總公司擁有 100 多人學有專精的研發人才團隊及各種精密實驗設備，從這裡每年都能推出創新產品與對既有產品的不斷精進改良。這種高品質產品力，為消費者帶來更大的健康與舒適感，高度滿足消費者需求，並形成好口碑與忠誠度再購率。因此，研發力強大，並能打造出高品質產品力，是嬌生隱形眼鏡能夠行銷致勝的第一個首要根本關鍵因素。

（二）代言人行銷策略成功：嬌生隱形眼鏡品牌行銷致勝的第二個因素，即是它採取了本土形象良好的偶像藝人，做為該品牌的代言人，包括柯震東、桂綸鎂、張鈞甯、Janet、陶晶瑩等多位優質藝人；藉由他們在電視廣告及相關行銷活動上的展現，將嬌生品牌的形象與消費者內心的情感，巧妙的連結在一起，從而對嬌生品牌的銷售業績有明顯助益。

（三）行銷通路密集布建，建立強大通路銷售力：嬌生除了打品牌代言人形象戰之外，也花了很多資源，建立完成在全臺 5,000 多家眼鏡店的行銷通路；這些通路據點占了嬌生 80% 左右的銷售業績來源，因此是很關鍵的要素。嬌生由於是國際大廠，再加上品牌第一，而眼鏡店通路銷售嬌生產品所分得的利潤也較其他品牌高，因此，也有助於這些通路店願意多推銷嬌生產品。這種強大通路優勢的展現，也是嬌生能夠長期保有市場領導地位的關鍵因素。

嬌生品牌定位與目標消費族群

品牌定位 →  強調「高品質與高舒適感的最佳隱形眼鏡」

目標消費族群 → 鎖定在 30 ～ 45 歲之間的輕熟女及熟女上班族群為主力

嬌生隱形眼鏡第一品牌打造成功之5大關鍵因素

嬌生隱形眼鏡第一品牌打造成功之關鍵因素

1. 研發力強大，打造高品質產品力

在美國總公司擁有100多人的研發人才團隊及各種精密實驗設備，每年都能推出創新產品與對既有產品的不斷精進改良。

2. 代言人行銷策略成功

採取了本土形象良好的偶像藝人，做為該品牌的代言人，將嬌生品牌的形象與消費者內心的情感，巧妙的連結在一起。

3. 行銷通路密集布建，建立強大通路銷售力

在全臺建立5,000多家眼鏡店的行銷通路據點，占了嬌生80%左右的銷售業績來源。

4. 每年充足行銷預算支援，打造出品牌資產力

每年撥出占營收額大約3%的廣宣預算，足夠累積及鞏固嬌生第一品牌的資產與形象。

5. 內外部組織團隊通力合作成功

內部單位→包括研發、製造、行銷及業務等四合一組織黃金團隊。
外部協力單位→例如廣告公司、媒體代理商及公關公司等主要三種公司。

1-11 嬌生隱形眼鏡第一品牌行銷成功祕訣 II

嬌生隱形眼鏡第一品牌打造成功，除了明確的品牌定位與目標客層外，每年撥出占營收額大約 3% 的廣宣預算，並將十四種傳播方式全方位的整合操作，才能持續累積及鞏固嬌生第一品牌的資產與形象。

二、嬌生隱形眼鏡第一品牌打造成功的五大關鍵因素（續）

（四）每年充足行銷預算支援，打造出品牌資產力：嬌生是善於打品牌行銷戰的國際性大企業，並且每年撥出占營收額大約 3% 的廣宣預算（行銷預算），此金額在同業界算是合理的支出，也足夠累積及鞏固嬌生第一品牌的資產與形象。公司高階層願意支持每年度大致固定金額的行銷預算，這對嬌生品牌資產價值、銷售業績的鞏固，以及在消費者心中的知覺地位存在，是明顯必要且有高度幫助的。

（五）內外部組織團隊通力合作成功：嬌生第一品牌打造成功的最後一個因素，就是嬌生內部有一個堅強的四合一組織黃金團隊，包括研發、製造、行銷及業務等四個合作團隊，共同為嬌生的產品力、品質力、品牌力及業績力展現出最佳的組合力量與成果出來。此外，在外部協力單位，例如廣告公司、媒體代理商及公關公司等主要三種公司，藉助他們的專長與創意智慧，也對嬌生品牌形象的打造及提升，帶來很大的助益貢獻。

三、嬌生隱形眼鏡第一品牌打造成功之 360 度整合行銷傳播操作項目

本個案研究所獲致的第二個結論，即是了解到嬌生隱形眼鏡在其品牌行銷操作方法上，係採取行銷綜效較高的 360 度整合行銷傳播操作方式，以達到嬌生品牌最大的曝光度效益與認知度提升效益。這些整合性操作項目，包括代言人行銷、電視廣告、報紙廣告、雜誌廣告、公車與捷運戶外廣告、記者會、官網行銷、網路廣告、促銷活動、會員優惠活動、店頭廣告、視光學苑行銷、體驗行銷，以及臉書行銷等十四種。

四、嬌生隱形眼鏡第一品牌打造成功之年度行銷預算及其配置

本個案研究所獲致的第四個重要結論，即是深入了解到嬌生第一品牌得以持續並成功，每年必須投入的廣宣與行銷預算支援，大約在 1 億元的水準。從右圖所示，顯示電視廣告仍是最大宗支出，主要乃係電視廣告具有較吸引人的影音效果，且為大眾媒體，所達成的媒體效益較高。這些配置包括電視廣告 5,000 萬（占 50%）、報紙廣告 1,000 萬（占 10%）、網路廣告 1,000 萬（占 10%）、店頭廣告 1,000 萬（占 10%）、戶外廣告 1,000 萬（占 10%）、公關活動 500 萬（占 5%），以及其他活動 500 萬（占 5%）等。

嬌生隱形眼鏡第一品牌打造成功之360度整合行銷傳播操作項目

嬌生第一品牌
打造成功之360度
整合行銷傳播操作項目

1. 代言人行銷
2. 電視廣告（TVCF）
3. 報紙廣告
4. 雜誌廣告
5. 公車與捷運戶外廣告
6. 記者會
7. 官網行銷
8. 網路廣告
9. 促銷活動
10. 會員優惠活動
11. 店頭廣告
12. 視光學苑行銷
13. 體驗行銷
14. 臉書行銷

嬌生隱形眼鏡第一品牌打造成功之年度行銷預算及其配置

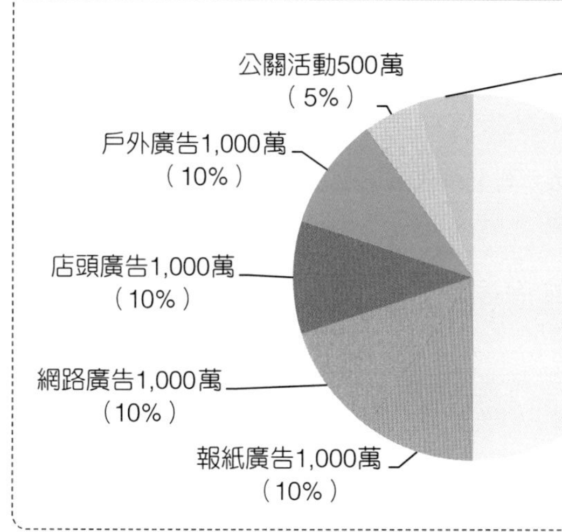

- 年度行銷預算：1億元
- 占全年營收比例：6%

1-12 嬌生隱形眼鏡第一品牌行銷成功祕訣 III

嬌生隱形眼鏡品牌打造的行銷傳播策略，主要是以代言人行銷策略為強打主軸，所以仍是以電視廣告為主，再搭配事件行銷、運動行銷、促銷活動等整合性推廣。

五、嬌生隱形眼鏡第一品牌打造成功之整合行銷傳播模式架構與內涵

本個案研究所獲致的第三個結論，即是能夠比較有系統化、有邏輯化及全方位面向的歸納出嬌生隱形眼鏡品牌打造成功的全面性角度與觀點的模式架構與內涵，如右圖所示，計有以下六大項：

(一) 堅定品牌經營信念：嬌生美國總公司擁有 100 多人學有專精的研發團隊及各種精密實驗設備，每年都能推出創新產品與對既有產品的不斷精進改良。

(二) 品牌定位與品牌目標客層的明確化：強調「高品質與高舒適感的最佳隱形眼鏡」，鎖定在輕熟女的上班族。

(三) 確定品牌行銷傳播主軸策略及訴求：強打代言人行銷策略，以高品質、安全、健康、舒適為訴求。

(四) 訂定行銷 4P 組合策略：包括產品策略、通路策略、定價策略，以及推廣策略。在通路策略方面，綿密布置全臺 5,000 多個眼鏡據點，讓消費者方便購買。

(五) 獲致行銷績效：包括市占率、品牌地位、年營收額、年獲利額，以及顧客滿意度。

(六) 未來挑戰：包括新產品推陳出新、廣告行銷創新，以及顧客忠誠度鞏固。

六、研究發現

除了上述五大研究結論之外，本研究還歸納出五點重要發現，茲扼要摘述如下：

＜發現之 1＞研發力強大，是打造高品質產品力的最重要支撐。

＜發現之 2＞代言人策略的成功，對品牌形象打造，確實具有重要影響力。

＜發現之 3＞行銷通路密集布建，以及維持與通路商良好關係，對業績銷售確實有明顯助益。

＜發現之 4＞任何第一品牌打造成功，其核心本質因素，應歸因於內外部組織團隊通力合作成功之所致。

＜發現之 5＞每年充足的行銷預算支援，長期下來確實能夠累積成為珍貴的品牌資產價值。

＜發現之 6＞現代行銷爭戰到最後，主要是在爭取既有顧客對本公司品牌忠誠度的程度高低。

嬌生隱形眼鏡第一品牌打造成功之整合行銷傳播模式架構與內涵

1. 堅定品牌化經營信念

2-1. 品牌定位
- 高品質與高舒適度最佳隱形眼鏡

2-2. 品牌目標客層
- 以30～45歲女性上班族群為主力

3. 品牌行銷傳播主軸策略與訴求
- 代言人行銷策略強打
- 訴求：高品質、安全、健康、舒適

4. 行銷 4P 策略

年度行銷預算：4,800萬

4-1. 產品策略
- 產品系列完整
- 高品質
- 含水度、透氧率、弧度舒適感好

4-2. 通路策略
- 全臺5,000多個眼鏡店密集布建，方便購買

4-3. 定價策略
- 採取比一般品牌高10～20%的中高品牌價格
- 年度行銷預算：1億

4-4. 推廣策略
- 採取360度整合行銷傳播操作手法

協力公司
- 廣告公司
- 媒體代理商
- 公關公司

5. 行銷績效
- 市占率：第一（40%）
- 年獲利：3.2億（概估）
- 品牌地位：第一
- 年營收額：16億（概估）
- 獲利率：20%
- 顧客滿意度：90%

6. 未來挑戰
- 新產品推陳出新
- 廣告行銷創新
- 顧客忠誠度鞏固

1-13 黑人牙膏第一品牌行銷成功祕訣 I

好來化工集團是世界知名的優質口腔護理用品製造商，旗下產品 Darlie 黑人牙膏及黑人牙刷，多年來深受消費者的愛戴和信賴。

一、公司簡介及品牌理念定位

好來化工於 1933 年正式成立於上海，而於 1949 年遷臺後迅速成為全國最受歡迎的口腔護理品牌之一。憑藉多年來對口腔護理專業的熱誠，好來化工以嶄新的科技和創新的理念，不斷研發更新更優質的產品，致力滿足消費者與時並進的需要，讓他們展現健康而自信的笑容。

時至今日，Darlie 黑人牙膏已成為家傳戶曉的暢銷品牌，在中國、香港、臺灣、新加坡、馬來西亞和泰國均占有舉足輕重的領導地位。

好來化工將黑人牙膏的品牌理念，定位在「Darlie 代表了健康潔白牙齒和清新口氣，令你每天都充滿自信笑容」。

二、黑人牙膏第一品牌長青不墜的五大關鍵成功因素

本個案研究所獲致的第一個重要結論，即是歸納出黑人牙膏幾十年來，能夠站立國內牙膏市場第一品牌長青不墜的五大關鍵成功因素如下：

(一) 積極新產品研發，不斷創新求變：黑人牙膏商品開發部有很強勁的研發團隊與人才，近十年來，不斷開發出不同清新口味與不同潔白牙齒功能的新產品與好產品，幾乎每一、二年就會開發出一款新產品上市。目前，黑人牙膏已經有高達十七種不同口味與功能訴求的多元化牙膏產品；對消費者而言，其選擇的多元性與多樣性是相當便利的。黑人牙膏這種對新產品研發能力的不斷創新求變與推陳出新展現，正是黑人牙膏長青不墜的首要原因。

(二) 代言人策略成功，使品牌長青以保持年輕化：任何一個老品牌最怕的是品牌老化與僵化，但是黑人牙膏每一年度都利用當紅的偶像藝人做為代言人，例如陳妍希、楊丞琳、言承旭、楊謹華、陶晶瑩、藍正龍、桂綸鎂等代言人，再搭配電視廣告的強力播放，使得黑人牙膏始終保持年輕感與時尚感，而不會有品牌老化的感覺。這種與時代同步的新鮮與年輕的感受，也造就了黑人牙膏長青不墜的第二個關鍵因素。

(三) 與行銷通路關係良好，並密集布置據點：黑人牙膏擁有六十多年經營歷史，其業務部門與國內各行銷通路（例如各超市、各量販店等）關係良好，因此，舉凡各種新產品上架問題、陳列位置問題、促銷活動問題等都會得到較佳的對待。此外，黑人牙膏幾乎在各種零售據點都可以看得到及買得到。這些諸多原因，也帶動黑人牙膏在市場上良好的銷售占有率與品牌領導地位。

公司簡介及品牌理念定位

好來化工
1933 年成立於上海
1949 年遷臺後

成為全國最受歡迎的口腔護理品牌之一

在中國、香港、臺灣、新加坡、馬來西亞和泰國均占有舉足輕重的地位

品牌定位

Darlie代表了健康潔白牙齒和清新口氣，令你每天都充滿自信笑容。

黑人牙膏第一品牌長青不墜之5大關鍵成功因素

1. 積極新產品研發，不斷創新求變

近十年來，幾乎每一、二年就會開發出一款新產品上市。目前，黑人牙膏已經有高達17種不同口味與功能訴求的多元化牙膏產品。

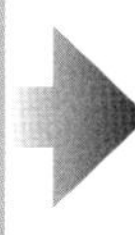

2. 代言人策略成功，使品牌長青以保持年輕化

黑人牙膏每一年度都利用當紅的偶像藝人做為代言人，再搭配電視廣告強力播放，使得黑人牙膏不會有品牌老化的感覺。

3. 與行銷通路關係良好，並密集布置據點

黑人牙膏擁有六十多年經營歷史，其業務部門與國內各行銷通路關係良好，舉凡新產品上架、陳列、促銷等都會得到較佳的對待。

4. 每年投入充足的行銷預算，打造並累積品牌力

黑人牙膏自2000年以來，至今合計投入了七、八億元去持續打造與累積黑人牙膏今日的品牌力與品牌資產價值。

5. 360 度整合行銷傳播操作效益的發揮

集中資源並運用跨媒體與跨行銷的整合性操作方式，以達到讓產品上市的最大曝光度與品牌知名度與喜愛度的形塑。

1-14 黑人牙膏第一品牌行銷成功祕訣 II

我們從黑人牙膏的年度行銷預算及其配置中可以發現到，電視廣告的播出及其廣告代言人，仍是最主要且最重要的預算支出，這應該是維繫黑人牙膏的品牌知名度、喜愛度及忠誠度的最首要媒介。

二、黑人牙膏第一品牌長青不墜的五大關鍵成功因素（續）

(四) 每年投入充足的行銷預算，打造並累積品牌力：黑人牙膏自 2000 年以來，每年大約都投入七、八千萬行銷與廣宣預算，合計十年來，亦投入了七、八億元不算少的錢，去持續打造與累積黑人牙膏今日的品牌力與品牌資產價值。因此，每年持續投入充足的行銷預算，對第一品牌的鞏固，也是一個關鍵因素。

(五) 360 度整合行銷傳播操作效益的發揮：黑人牙膏品牌行銷打造的成功，並不是仰賴某一種廣告宣傳方式或活動，而是採取了全方位 360 度整合行銷傳播操作手法，以集中資源並運用跨媒體與跨行銷的整合性操作方式，以達到讓產品上市的最大曝光度、品牌知名度與喜愛度的形塑。

三、黑人牙膏第一品牌長青不墜之 360 度整合行銷傳播操作項目

本個案研究所獲致的第二個結論，即是深入的了解到黑人牙膏過去在品牌行銷操作是採取了 360 度整合行銷傳播操作的方法，此操作方式，即是以有效率與有效能的跨媒體及跨行銷活動的組合方式，並在公司核准的行銷預算內，達成品牌資產（Brand Asset）的打造與公司業績目標的達成。這些整合性操作項目，包括代言人行銷、電視廣告、平面廣告、促銷活動、網路行銷活動、戶外廣告、記者會、店頭廣告陳列、公關報導露出、手機 APP 行銷、體驗行銷，以及公益行銷等十二個。

四、黑人牙膏第一品牌長青不墜之年度行銷預算及其配置

本個案研究所獲致的第三個重要結論，即是首次了解到黑人牙膏編列了多少行銷預算，以及如何配置在各種媒體和活動上，才能確保第一品牌印象知覺之鞏固。如右圖所示，黑人牙膏每年度行銷預算約為 7,500 萬元，占其全年度 25 億元營收額比例約在 3% 左右；此比例在該行業內或一般日常消費品尚屬合理比例。黑人牙膏花費行銷預算最多的係為電視廣告的播出及其廣告代言人，此二項合計金額即達 5,000 萬元，占比達 66%，是最主要且最重要的預算支出。此顯示電視廣告及其代言人，對黑人牙膏的品牌知名度、喜愛度及忠誠度維繫，應該是最首要的媒介。

黑人牙膏第一品牌長青不墜之360度整合行銷傳播操作項目

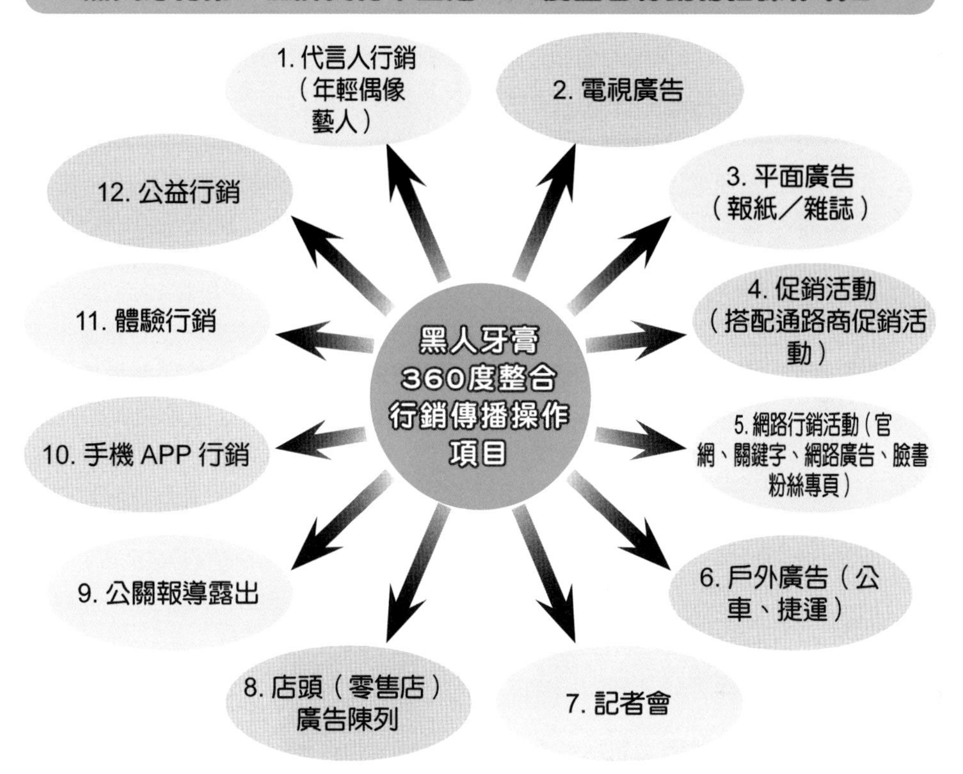

黑人牙膏第一品牌長青不墜之年度行銷預算及其配置

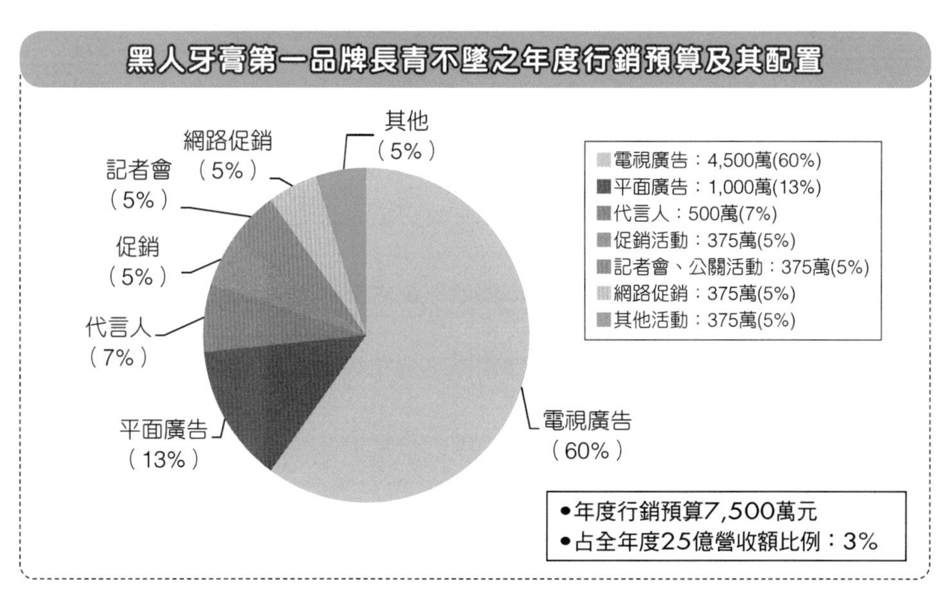

1-15 黑人牙膏第一品牌行銷成功祕訣 III

黑人牙膏行銷模式架構之獲致，有助於我們能夠從更周延與更有邏輯系統化的去理解如何做好全面性的整合行銷操作及其應注意之內容究竟為何。

五、黑人牙膏第一品牌長青不墜之整合行銷傳播模式架構與內涵

本個案研究所獲致的第四個研究結論，即是能夠歸納出黑人牙膏第一品牌長青不墜的完整性與系統性的整合行銷傳播模式架構與內涵（The Comprehensive Model of Integrated Marketing Communication）如右圖所示，計有以下六大項：

(一) 堅定品牌經營信念：好來化工憑藉多年來對口腔護理專業的熱誠，不斷研發更新更優質的產品，致力滿足消費者與時並進的需要，讓他們展現健康而自信的笑容。

(二) 品牌定位與品牌目標客層的明確化：強調「帶給您最自信與最健康的牙膏」，鎖定在全客層、全家人。

(三) 確定行銷傳播主軸訴求：高度運用偶像代言人策略，保持品牌年輕化，並以為廣大消費者帶來健康潔白牙齒與清新口氣，每天充滿自信心為訴求。

(四) 訂定行銷 4P 組合策略：包括產品策略、通路策略、定價策略，以及推廣策略。在通路策略方面，以超市及大賣場為主力。

(五) 創造行銷績效：包括市占率、品牌地位、年營收額、年獲利額，以及品牌知名度。

(六) 面對未來挑戰：包括新產品推陳出新、廣告與行銷再求創意，以及保持品牌年輕化。

六、研究發現

本個案研究除上述五大研究結論之外，還歸納出六項研究發現如下：

＜發現之 1 ＞持續品牌年輕化，是使老品牌長青不墜的最重要行銷策略方針。

＜發現之 2 ＞成功運用偶像代言人策略行銷，是確保老品牌年輕化的重要操作之一。

＜發現之 3 ＞在各種商品與行銷領域不斷求新求變，是老品牌長青不墜的核心根本所在。

＜發現之 4 ＞與通路商建立良好關係及密布通路據點，是公司業績長紅的重要關係。

＜發現之 5 ＞即使是多年知名老品牌，每年仍要投入充足行銷預算，才能確保品牌力不衰退。

＜發現之 6 ＞現代行銷操作手法，已是重視整合行銷傳播的方式表現。

黑人牙膏第一品牌長青不墜之整合行銷傳播模式架構與內涵

1. 堅持品牌化傳播經營理念

2-1. 品牌定位

・帶給您最自信與最健康的牙膏

2-2. 品牌目標客層

・全客層、全家人

3. 行銷傳播策略主軸訴求

・為廣大消費者帶來健康潔白牙齒與清新口氣，每天充滿自信。
・高度運用偶像代言人策略，保持品牌年輕化。

4. 行銷 4P 策略

4-4-1. 每年行銷預算 7,500萬

4-1. 產品策略

・多元化且完整的產品線組合
・對品質要求堅持不懈
・新產品不斷創新求變

4-2. 通路策略

・與通路商關係良好，爭取有利條件
・以超市及大賣場為主力

4-3. 定價策略

・採取平價策略
・經濟實惠、物超所值

4-4. 推廣策略

・採取360度全方位整合行銷傳播操作方式，為品牌最大曝光度

4-4-2. 外部協力公司

5. 創造行銷績效

・市占率：60%（第一名）
・年營收：25億（概估）
・獲利率：15%
・品牌地位：第一品牌
・年獲利：3.5億（概估）
・品牌知名度：90%以上

6. 面對未來挑戰

・新產品研發再求創新
・廣告與行銷再求創意
・保持品牌年輕化

1-16 茶裏王飲料第一品牌行銷成功祕訣 I

統一茶裏王茶飲料自 2001 年推出之後，即成功的上市，並在 2004 年奪下國內茶飲料市場的第一品牌、第一市占率及年度單一茶品牌營收額。直到如今，統一茶裏王茶飲之第一品牌的地位並未改變或被取代。

一、茶裏王長保第一品牌的七大關鍵成功因素

經過茶裏王品牌行銷小組二位主要成員的深度訪談及本個案各種資料的蒐集之後，獲致本研究的第一個結論，即歸納出茶裏王長保第一品牌的七個最主要關鍵成功因素如下：

(一) 成功掌握商機力：在 2001 年時，國內市場正在崛起一股喝健康綠茶的潮流風潮，包括有糖、低糖、無糖綠茶，均甚為國內消費者所歡迎。統一茶裏王行銷小組首先看見此股從日本飲料市場傳過來的潛在商機，並且及時投入研發試作，最終成功推出上市。茶裏王在十年前能夠率先預測、觀察及掌握健康綠茶飲料的潮流趨勢與消費者潛在需求，從而加以有效的把握，此正表現出統一企業茶飲料事業部的高度市場商機洞察力與掌握力。此種洞見能力，即為奠下茶裏王未來成功的第一個關鍵因素。

(二) 品牌定位與鎖定客層成功：茶裏王強調高品質茶葉與獨特製茶技術，其口味能夠「回甘，就像現泡」，使消費者朗朗上口。再者，當初茶裏王鎖定以「上班族小職員」為目標客層，成功打入這一個市場缺口，搶占這一塊空白市場，到今十年來，茶裏王的品牌定位及目標客層都沒有改變。

(三) 強而有力的產品力：就本質而言，茶裏王能夠保持七、八年來茶飲料的第一品牌地位，產品力是最本質的勝出因素。這個產品力的內涵，包括創新的單細胞生茶萃取技術、少糖及無糖綠茶飲料、寶特瓶包裝、品牌名稱獨特易記、具有多種口味、包裝與設計永遠有嶄新面貌，以及不斷提升各種茶葉原料的品質等級。

(四) 成功的廣告力：統一企業是國內食品飲料大廠，多年來一直擅長廣告宣傳，創造一個又一個的新品牌。茶裏王即是統一公司繼麥香紅茶及純喫茶等二個知名品牌之後，成功打造出來的第三個一線茶飲料品牌。當初的電視廣告片呈現，即是以上班族小職員為故事背景，拍出令人注目的 30 秒電視廣告片，使茶裏王品牌在很短時間內爆紅，成為媒體報導的對象。之後，陸續幾年來，茶裏王均秉持著這種為上班族小職員代言的品牌精神而毫無退色。

(五) 堅定的品牌經營信念：這是一種有形與無形兼具的企業文化與組織文化，統一企業做到了以「品牌經營至上」的核心主軸思想。凡是任何行銷活動有違背茶裏王品牌的定位與品牌精神，則這些行銷活動就不能執行。統一茶裏王品牌真正做到品牌核心價值堅持的工作。

茶裏王長保第一品牌7大關鍵成功因素

統一茶裏王在國內茶飲料市場幾乎沒有進入門檻且面對二、三十種茶飲料品牌的高度競爭下，能夠在這六、七年來均能長保14%~15%的第一市占率，實屬難能可貴。

1. 成功掌握商機力（健康綠茶崛起契機）

在消費品市場而言，率先推出某類創新產品的品牌，通常都會享有先入者（Pre-marketer）的競爭優勢，其品牌地位亦較易形成與鞏固。

2. 品牌定位與鎖定客層成功

十年來，「回甘，就像現泡」，成了廣大上班族小職員最貼心的日常茶飲料之首選品牌。

3. 強而有力的產品力

(1)擁有創新的單細胞生茶萃取技術，使茶飲料最甘甜。
(2)首次推出少糖及無糖綠茶飲料，滿足不吃糖的潛在消費族群。
(3)首創寶特瓶包裝，易於攜帶及容量較大。
(4)品牌名稱「茶裏王」，意涵「茶中之王」，非常獨特、易記、吸引人。
(5)具有綠茶、烏龍茶、紅茶等多種口味的完整產品線組合。
(6)定期創新改變包裝與設計，永遠有嶄新面貌。
(7)不斷提升各種茶葉原料的品質等級，用最上等的茶葉製造出最高品質的茶飲料。

4. 成功的廣告力

茶裏王每年固定投入3,000萬電視廣告播出預算，以鞏固它的忠誠消費大眾與品牌知名度。廣告力是精神面與心理面，而產品力是物質面與功能面，兩者相加，達成了最佳的行銷綜效。

5. 堅定的品牌經營信念

在本研究的訪談過程中，個人深深感受到統一企業對員工所灌輸的品牌經營的堅定信念與意見，幾乎每位員工都深刻身體力行品牌的經營理念。

6. 高素質人才團隊組織

統一茶裏王長保第一品牌的背後因素，追根究柢，其實就是人的因素與人才團隊因素。透過研發、生產、行銷密切的溝通、協調、開會、交換意見、充分討論，最終形成最好的共識、目標及作法，然後成功的打造出茶裏王的強大產品力。

7. 無所不在的通路力

統一企業擁有全國4,800家便利商店通路實力，茶裏王第一品牌成功的最後一個關鍵因素，即是無所不在的通路力。

1-17 茶裏王飲料第一品牌行銷成功祕訣 II

本研究獲致的第二個結論，即是歸納出「茶裏王長保第一品牌的完整行銷經營模式架構圖示」，計有六個步驟階段，以下說明之。

一、茶裏王長保第一品牌的七大關鍵成功因素（續）

（六）高素質人才團隊組織：好產品的呈現，背後一定會有一個高素質的合作團隊支撐。而在茶裏王中，就是由中央研究所的研發技術人員、統一工廠的生產與品管人員及行銷人員等三者所組合而成的黃金三角陣容。

（七）無所不在的通路力：在這個「通路為王」的時代中，誰擁有通路，誰就會有較高業績的表現。茶裏王透過全國縝密的便利商店通路系統，再加上該公司在全國的各鄉鎮經銷商通路系統，幾乎鋪天蓋地的覆蓋著所有的零售店，高度的方便了消費者的取拿購買，也形成了比競爭對手更強大的通路優勢。

二、茶裏王長保第一品牌的整合型品牌行銷模式架構

（一）聚焦品牌核心價值，滿足顧客需求：這是茶裏王長保第一品牌的首要步驟，即該品牌最重要的品牌行銷信念，即在如何投入、聚焦在品牌本身有形及無形的核心價值，讓品牌更有高度價值，並且以此高度價值來滿足顧客現在及未來的需求，爭取顧客成為該品牌的忠誠與信賴的使用者及愛用者。若能如此，品牌必可在市占率及心占率上均贏得第一。因此，廠商每天必須思考如何進一步創造出品牌的核心價值，並以此來滿足顧客不斷變化的需求。茶裏王過去八、九年來，不斷在產品力、製茶技術力及行銷力上深耕它的核心價值，並獲致良好結果。

（二）掌握健康消費潮流，抓住市場缺口，創造新商機：茶裏王十年前的一躍崛起，追溯起來，最大的原因，就是它能夠掌握整個茶飲料市場的健康消費潮流的迅速成形，並且即刻有效的抓住健康綠茶這一個無人供應的市場缺口，終於能夠創造出健康綠茶的飲料新商機。因此，品牌經理人或產品經理人在每天的思考上及觀察洞見上必須融入、掌握及預判出每一波的消費者潮流是什麼，每一次新市場缺口會是什麼，然後快速且適時推出能滿足消費潮流的新商品，必能創造出新商機。茶裏王做到了這些，創造出每年 25 億元營收的亮麗新商機。

（三）品牌定位與鎖定目標客層成功：茶裏王以「回甘，就像現泡」這一句短短的口號（Slogan），彰顯出該品牌口味的甘甜更勝別的茶飲料品牌，並且形成茶裏王品牌的獨特特色與銷售賣點。此外，茶裏王又鎖定當初沒有人以 25~35 歲的上班族小職員為主力訴求的目標市場，因此搭配的廣告策略亦以上班族小職員的心境為表現手法，果然廣告推出後，茶裏王就一炮而紅，形成青壯年上班族小職員們對茶飲料的首選品牌。

茶裏王長保第一品牌的整合型品牌行銷模式架構

1. 聚焦品牌核心價值，滿足顧客需求

2.Consumer Trend

掌握健康消費潮流，抓住市場缺口，創造新商機

3-1. 品牌定位成功

- 回甘，就像現泡
- 讓品質始終如一

3-2. 鎖定目標客層成功

- 從上班族小職員切入
- 25～35歲青壯年上班族為主力

4. 行銷 4P 戰力齊發

(1) Product（產品力）

- 創新的單細胞生茶萃取技術
- 少糖、無糖茶
- 首創寶特瓶包裝
- 品牌命名獨特成功
- 完整產品組合
- 不斷創新包裝設計
- 提升茶葉原料品質

(2) Price（定價力）

- 首創定價20元，市場接受度高

(3) Place（通路力）

- 通路全面性普及
- 加強通路陳列及店頭行銷

(4) Promotion（推廣力／廣告力）

- 每年4,500萬元行銷預算
- 投入70%行銷預算在電視廣告上
- 搭配促銷活動

5. 行銷績效（Marketing Performance）

- 市占率達14.5%
- 市場第一品牌
- 營收額25億
- 獲利額1.5億

6-1. 面對未來

- 思考從顧客與核心價值出發，把事情做到最好。
- 不斷創新、改變、進步。

6-2. 創新

- 產品創新
- 廣告創新
- 通路創新
- 促銷創新

1-18 茶裏王飲料第一品牌行銷成功祕訣 III

我們從前文可以提出，由於茶裏王在品牌定位（Brand positioning）及鎖定目標客層（Target Audience）的成功，奠定了往後在行銷 4P 策略上的相當成功。

二、茶裏王長保第一品牌的整合型品牌行銷模式架構（續）

(四) 行銷 4P 戰力齊發與行銷預算支援：第四步驟，即是做好完整的行銷 4P 組合策略的配套措施與規劃。茶裏王品牌成功的行銷 4P 戰力齊發，主要內容包括：

1. 產品力（Product）：茶裏王以創新的製茶技術、品牌命名的獨特性、創新的包裝設計、少糖與無糖飲料率先推出及不斷完善的產品線組合，確實滿足了消費者需求，並在每一個時期中，都能有一定的時間創新，領先競爭對手品牌。

2. 定價力（Price）：茶裏王當時剛推出時，打破市場行情，定價 20 元，比市場行情價還低 3 元，並且廣獲市場大眾接受，這個 20 元定價，至今已成為茶飲料市場的一般便利定價。

3. 通路力（Place）：茶裏王相較於其它飲料品牌，擁有自己 7-Eleven 4,800 家店的通路極大優勢，再加上全國其它鄉鎮綿密的經銷系統，使得茶裏王幾乎在每一個賣點都能方便買得到，此為其通路優勢。再加上茶裏王亦不斷加強重要通路據點的顯目陳列及店頭賣場內的 POP 廣告宣傳工作，因此，面對消費者在最後一哩通路據點上有利優勢，茶裏王品牌亦貫徹的很好。

4. 推廣力／廣告力（Promotion）：最後一個 P，即是以電視廣告力為推廣宣傳的主力，茶裏王與奧美廣告公司亦配合的很好。每年定期拍出幾支具有創意的，以上班族小職員為對象呈現的電視廣告，大大的打響了茶裏王品牌的知名度及形象度。茶裏王每年亦投入 4,500 萬元，適當的廣告量亦足夠提醒消費者並鞏固第一品牌的聲望。另外，配合各賣場的促銷活動，亦是必要的推廣措施。

(五) 行銷績效的呈現：第五階段，就是行銷績效的呈現。比較重要的幾項指標，就是該品牌的營收額、獲利額、市占率及品牌領導地位。茶裏王在這些指標到目前都有不錯的成績展現，包括市占率達 14.5%、市場第一品牌、營收額 25 億元、獲利額 1.5 億元等。茶裏王市占率居第一，仍領先後面緊緊跟隨的御茶園、每朝健康、爽健美茶、油切綠茶、雙茶花，以及自己品牌的統一麥香紅茶、純喫茶等各大競爭品牌。

(六) 創新，思考從顧客與核心價值出發，把事情做到最好：最後步驟，即是如何秉持不斷創新的原則，全方位的從產品創新、廣告創新、通路創新及促銷創新等具體作為，然後，思考從顧客與核心價值出發，把事情做到最好。茶裏王第一品牌的成功，就是秉持著此項終極的信念。

茶裏王長保第一品牌的公司內外部人才團隊組織模式

內部組織

1. 統一中央研究所
茶飲料研發部

茶裏王

2. 統一臺南茶飲料
工廠生產部、品管部

3. 統一茶飲料
事業部茶裏王品牌小組
（含企劃及業務）

外部組織

1.廣告代理商
・奧美、我是大衛廣告公司
・最佳廣告創意提供

統一茶裏王
品牌小組

2.媒體代理商（凱絡）
・最佳媒體組合、媒體購買、播放提供

3.公關公司（奧美）
・最佳公關與媒體報導、形象宣傳

1-19 貝納頌冷藏咖啡第一品牌行銷成功祕訣 I

貝納頌之所以能成為冷藏咖啡的第一品牌，主要是「符合消費者所要，與需求對味，品牌就會常駐於心。」味全食品工業公司乳品飲料事業部／冷藏飲料企劃部經理邵恬宜開宗明義地說出品牌經營至高的哲學。

一、貝納頌成為冷藏咖啡第一品牌的五大關鍵成功因素

(一) 成功掌握市場發展趨勢，滿足消費者需求：貝納頌冷藏咖啡推出的時點，正值國內喝咖啡市場正逐漸成熟，而且國人消費者對高品質咖啡與具歐洲經典風味的咖啡也有一定的需求性。貝納頌以「喝的極品」為訴求，正明顯掌握了這股潛在市場需求與消費趨勢，奠下成功的基石。

(二) 強而有力的產品力：一個咖啡的組成有三大因素，即咖啡豆、奶、糖。咖啡豆部分，在產品開發之初，日本 UCC 跟味全合作，提供咖啡豆原料並調配出貝納頌特有的口感與香氣。而乳製品部分一向是味全公司的強項，讓咖啡與奶調配出消費者最喜歡的黃金比例。貝納頌咖啡產品的主要對象是以 25 歲到 39 歲的都會上班族為主，上班族是即飲咖啡市場的主力，當然這部分的消費者相對的對產品的品質和品味的需求比較強烈。而貝納頌咖啡經市場證明在產品本身是具有優勢的，再配合廣告的成功操作，即為貝納頌能一炮而紅的關鍵因素。

(三) 精準產品定位成功：貝納頌咖啡以咖啡中「喝的極品」為品牌定位，並以都會區 25 歲到 39 歲的中產階級上班族為目標消費族群，兩者相互配合，並以優良品質的口味與產品力支持，使品牌定位能夠精準、有效、成功。2003 年，貝納頌歸建冷藏飲料，再回首市場早已是後發品牌，除了常溫及冷藏敵手眾多外，街道上連鎖咖啡店林立，四伏的危機讓貝納頌擔心不已，此也讓團隊傷透腦筋，而剖析對手對於咖啡的共通點，不外乎講究氣氛、強調音樂、人文等情感層面，對於產品品質未有著墨，因此貝納頌回歸產品本質面，以「喝的極品」做為定位，並在外形塑造上，以呼應貝納頌的「極品」定位。「顏色傳達著品牌個性堅持完美、講究質感的第一印象，灌輸消費者貝納頌就是高品質的咖啡，從而建立消費者的視覺觀感。」企劃部經理邵恬宜如此表達。

(四) 廣告創意操作成功，深植人心：廣告行銷方面，貝納頌的品牌定位為「極品中的極品」高品質咖啡，因此在廣告安排上也思考如何將極品的定位表現出來，所以就從咖啡館的師傅做操作。在歐洲有許多咖啡館，也能即時讓消費者感受到這是一個好咖啡，咖啡館的老師傅在喝了貝納頌之後，連自己的咖啡都不想賣了，表現出貝納頌的口感與品質，並且廣告是實地在歐洲捷克、義大利等地拍攝，也讓人有種喝貝納頌就像置身歐洲咖啡館的感受，成功的建立起貝納頌的形象，並深植消費者心中。

貝納頌冷藏咖啡第一品牌5大關鍵成功因素

貝納頌冷藏咖啡第一品牌5大關鍵成功因素

1. 成功掌握市場發展趨勢，滿足消費需求

「喝的極品」，確切掌握潛在市場需求與消費趨勢，奠下成功的基石。

2. 強而有力的高品質產品力

貝納頌在原料的搭配與口感的研發上受到消費者的喜愛。

過去消費者喝咖啡可能基於提神、解渴的角度，現在喝冷藏咖啡的人對口感的要求愈來愈高，消費者也開始注重風味與品味。

3. 精準產品定位成功

以「喝的極品」做為定位；在外形塑造上，以長形塑品，能表現出沉穩與質感的藍色、金色為瓶身基底，並以象徵性的盾牌圖騰來投射出歐洲與高品質的印象，以呼應貝納頌的「極品」定位。

4. 廣告創意操作成功，深植人心

一個品牌的形象訴求往往需要廣告來建立，貝納頌便透過**廣告**來傳達消費者，極品咖啡的定義。

廣告從咖啡館的師傅做操作，並實地在歐洲拍攝。

5. 包裝力具有質感且差異化

獨特的包裝塑材，容量是根據咖啡館與一般市面飲料的容量取一個均衡值，讓消費者能一次飲用完的適當容量。

1-20 貝納頌冷藏咖啡第一品牌行銷成功祕訣 II

廣告跟包裝是吸引消費者的第一步，但是產品的品質與內容才是使消費者持續購買的最關鍵因素。這也是貝納頌冷藏咖啡能夠成為第一品牌的關鍵因素。

一、貝納頌成為冷藏咖啡第一品牌的五大關鍵成功因素（續）

(五)包裝力具有質感與差異化：在包裝方面，當初思考的方向在於，第一是質感與品味，第二是與其他品牌差異化。在市面上的產品已有罐裝與杯裝，而貝納頌想要跳脫舊有包材的思考，使產品與市場既有商品做區隔，因此推出獨特的包裝塑材。容量是根據咖啡館與一般市面飲料的容量取一個均衡值，讓消費者能一次飲用完的適當容量。在售價上雖然以包裝咖啡來看屬於高品質產品價位，而會喝咖啡的消費族群往往對產品品質、質感的要求是高於價格層面的，消費者更會因為產品的包裝影響到品質的觀感。

二、貝納頌冷藏咖啡第一品牌打造成功的整合行銷模式

本個案研究所獲致的第二個研究結論，即是能夠歸納出貝納頌冷藏咖啡第一品牌成功打造的整合行銷傳播模式架構與步驟如右圖所示，計有以下九大項：

(一)品牌經營理念：貝納頌冷藏咖啡的成功經營，加深了味全公司對經營品牌的決心。在消費品通路上，通路商不斷要求促銷或降價，但是味全深知唯有堅持品牌經營，才能與通路商平起平坐。因此，品牌化（Branding）經營的強大信念，已成功在貝納頌過去及未來持續第一品牌打造的核心基礎。

(二)深入消費者洞察與市場調查：行銷成功的第二個步驟，即是要完整及全面性的做好消費者洞察及市場調查工作，因為了解及掌握消費者的需求、喜好、趨勢、消費行為與品牌態度，是最基本的行銷工作。基本工作做好了，才有後續的行銷任務推展出來，也才有正確的決策依據。

(三)S-T-P精準確定：行銷成功的第三步驟，即是做好S-T-P精準化與明確化：

1. S（Segmentation）：區隔市場。

貝納頌首攻的市場，即是當初較冷門的冷藏咖啡市場，而非強敵伯朗咖啡已攻占的常溫咖啡市場或雀巢三合一沖泡咖啡市場。

2. T（Target Audience）：目標客層。

貝納頌以25歲～39歲青壯年上班族為夏天愛喝冷藏咖啡的主要消費族群，非常明確且一致。

3. P（Positioning）：明確的產品定位。

貝納頌以「喝的極品」與「極品中的極品」，做為它在冷藏咖啡中的高品質與高級品牌形象，因此一炮而紅。

貝納頌冷藏咖啡第一品牌行銷成功的整合行銷模式與步驟

1. 品牌經營理念

2. 深入消費者洞察與市場調查

■焦點團體座談（質化研究）
■U&A問卷調查（量化研究）
■尼爾森零售點調查需求

3.S-T-P 精準確定

S：區隔市場
T：鎖定目標客層
P：精準品牌定位

4. 行銷 4P 組合策略

4-1. 主力
(1) 產品力
(2) 推廣力

4-2. 輔助
(3) 通路力
(4) 定價力

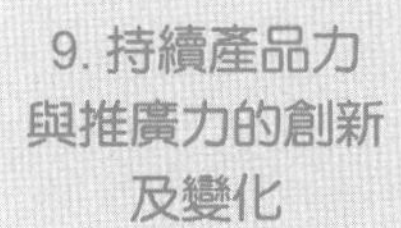

5. 行銷預算（含促銷費）（每年 1.5 億元）

6. 外部協力公司（廣告、公關、媒體代理商）

7. 行銷績效

■冷藏咖啡第一品牌
■冷藏咖啡市占率
■年營收：10億元
■年獲利：5,000萬元

8. 未來挑戰

(1)品牌忠誠度提升與鞏固
(2)如何持續做好自己，做好高品質
(3)全員品牌經營信念的強化

9. 持續產品力與推廣力的創新及變化

1-21 貝納頌冷藏咖啡第一品牌行銷成功祕訣 III

貝納頌冷藏咖啡為保持第一品牌的領先優勢，全年編列 1.5 億元的行銷預算，占總營收的 15% 之多，可謂支援火力強大。

二、貝納頌冷藏咖啡第一品牌打造成功的整合行銷模式（續）

(四) 行銷 4P 組合策略：第四步驟即是貝納頌研擬好行銷 4P 的組合策略，包括規劃產品力（Product）、推廣力（Promotion）、通路力（Place）、定價力（Price）。由於通路力與定價力比較穩定，不需要有太多的變化及創新需求；因此，在長期操作下，4P 中比較重要且需經常變化的，就在產品力及推廣力了。產品力即是針對新口味、新包裝、新設計等，不斷要加以創新及改變。推廣力則是針對電視廣告片、通路促銷活動、消費者促銷活動及公關活動等，不斷加以創新、改變及加強推展。

(五) 行銷預算 1.5 億元：為做好媒體廣告宣傳及通路促銷活動，以建立品牌知名度、喜愛度及促進購買慾望，充足行銷預算的編列支援則是必須的。貝納頌咖啡全年編列 1.5 億元的行銷預算，占總營收的 15% 之多，可謂支援火力強大。

(六) 外部協力行銷公司支援：消費品公司做品牌行銷工作，當然要仰賴外部協力專業公司支援。包括：

1. 廣告公司：每年不斷提出好的、成功的貝納頌電視廣告片的創意與表現，明顯有助於成功打響貝納頌品牌。

2. 媒體代理商：針對每年提撥的廣宣預算，如何做好媒體組合企劃及媒體購買，以發揮媒體刊播效益，把錢花在刀口上，得到最大的品牌形象與曝光度。

3. 公關公司：針對日常發新聞稿、舉辦記者會、舉辦活動等，做好媒體與消費者的公關任務。

(七) 行銷績效：品牌行銷的第七步驟，即是獲致行銷績效。貝納頌冷藏咖啡居同業第一品牌、市占率達 40% 之高、年營收 10 億元及年獲利 5,000 萬元之優良行銷成效。

(八) 未來挑戰：貝納頌雖然擁有高市占率，但是仍面臨未來各種挑戰，包括如何提升品牌忠誠度、如何持續做好高品質的產品並保持穩定性，以及如何強化全員品牌經營理念的深刻化。

(九) 持續產品力與推廣力的創新及改變：貝納頌咖啡為保持第一品牌的領先優勢，因此必須在產品力與推廣力方面，做更多的創新及改變工作，以滿足更高要求的消費者。而要做好這些持續性的工作，也就需要更深入的市場調查及消費者洞察工作。

貝納頌冷藏咖啡內部組織及與外部行銷協力單位之組織運作

飲料事業部

- 營業部
- 行銷企劃部
- 生產製造
- 中央研究所

外部行銷協力單位

- 廣告公司
- 媒體代理商
- 公關公司

1. 每年一次：
   訂定下年度貝納頌咖啡的行銷策略方向及重點。
2. 每月一次：
   舉行營業共識會議，由營業、行銷企劃、生產製造及研發人員共同參加。
3. 專案小組會議：
   舉辦新產品開發與上市專案會議。

1. 不定期機動與廣告代理商舉行電視廣告片之企劃、製作及播出後效果分析會議。
2. 不定期機動與媒體代理商舉行媒體預算、企劃會議，以及刊播後媒體效益分析會議。

貝納頌第一品牌成功的背後人才團隊因素

貝納頌第1品牌成功的背後人才團隊因素

1. 行銷人才
2. 研發人才
3. 生產與品管人才
4. 業務人才

組成第1品牌經營的堅強人才團隊

1-22 可口可樂碳酸飲料第一品牌行銷成功祕訣 I

可口可樂暢銷全球 200 多個國家，每天賣出 16 億杯（瓶）可口可樂，企業歷史達 125 年以上，它是怎麼做到呢？

一、可口可樂歷史簡介

1886 年，美國喬治亞州的亞特蘭大市，有個名叫約翰潘伯頓（Dr. John S. Pemberton）的藥劑師，有一天在自家後院，將碳酸水、糖及其他原料混合在一個三角壺裡，沒想到，清涼、舒暢的「可口可樂」就奇蹟般的出現了！潘伯頓相信這種產品可能具有商業價值，因此把它送到傑柯藥局（Jacob's Pharmacy）販售，開始了「可口可樂」這個美國飲料的傳奇。而潘伯頓的事業合夥人兼會計師法蘭克羅賓森（Frank M. Robinson），認為兩個 C 字母在廣告上可以有不錯的表現，所以就創造了“Coca-Cola”這個名字。但是讓「可口可樂」得以大展鋒頭的，卻是從艾薩坎得勒（Asa G. Candler）這個具有行銷頭腦的企業家開始。

二、可口可樂第一品牌長青不墜的六大關鍵成功因素

(一) 產品不斷創新：可口可樂在全球擁有強大的飲料技術創新中心，不斷推陳出新並且要力推年輕化，意圖成為全方位綜合型飲料公司，以應付全球碳酸飲料市場的不再成長之困境。

(二) 行銷通路密布，無所不在：可口可樂不僅進入主流通路，諸如便利商店，另外在餐飲通路、娛樂通路、自動販賣機等也積極搶入，全面性鋪天蓋地建立最密集的行銷通路，讓消費者很容易隨時隨地買到可口可樂的產品。

(三) 本土代言人策略成功：可口可樂近幾年來開始採用本土代言人行銷策略，除了來自全球化標準電視廣告之外，臺灣可口可樂近年來找來天后張惠妹及天王周杰倫分別擔任可口可樂及雪碧臺灣區代言人，成效都相當不錯。而美粒果找來陶晶瑩代言，上市不到一年，可口可樂臺灣分公司營收成長 15%。

(四) 整合行銷傳播策略成功：在整個年度的行銷操作中，它是非常強調整合行銷傳播的操作呈現，而以 360 度全方位呈現出可口可樂的品牌定位、品牌精神、品牌認同、品牌喜愛，最後並能促進銷售業績。

(五) 充足行銷預算支持：可口可樂碳酸飲料每年能夠獲得約 9,000 萬元的行銷預算支持，算是不低的數字，應該是夠大大打響並維繫可口可樂的品牌效應。

(六) 全球性品牌的信賴與資源：可口可樂企業歷史達 125 年以上，其在全球的品牌、研發、設計、廣告、產品祕方、人才等資源相當豐富，而且長久位居全球第一品牌的品牌價值評價，也使可口可樂先天上就獲得廣大消費者的信賴度，這也是它先天上的極大優勢與強點所在。

可口可樂歷史簡介

1886 年，美國藥劑師約翰潘伯頓將（碳酸水）、（糖）、（其他原料）混合在一個三角壺裡

↓

奇蹟般產生清涼、舒暢的飲料

↓

潘伯頓相信這種產品可能具有商業價值，將它送到傑柯藥局販售

↓

開始了「可口可樂」這個美國飲料的傳奇

↓

而「可口可樂」的大展鋒頭，卻是從具有行銷頭腦的企業家艾薩坎得勒開始

臺灣可口可樂品牌長青的關鍵成功因素

1. 產品不斷創新

產品不僅只有可口可樂，還推出diet可口可樂、可口可樂light、ZERO可口可樂，以及雪碧、芬達、美粒果、爽健美茶、運動飲料等。

2. 行銷通路密布，無所不在

(1)主流通路：便利商店、量販店、超市等。
(2)餐飲通路：麥當勞、火鍋、燒烤店等。
(3)娛樂通路：華納威秀等。

3. 本土代言人策略成功

可口可樂 代言人天后張惠妹＋ 雪碧代言人 天王周杰倫

↓ ↓

因其熱情、歡唱的感覺均與可口可樂的品牌精神一致，故成效相當不錯。

美粒果代言人 陶晶瑩的知性陽光的形象，以及與受到觀眾信賴的特質，也受到可口可樂公司的青睞。

4. 整合行銷傳播策略成功

可口可樂行銷做得好，是全球有口皆碑的，持續與消費者永保品牌歡樂的形象。

5. 充足行銷預算支持

6. 全球性品牌的信賴與資源

1-23 可口可樂碳酸飲料第一品牌行銷成功祕訣 II

可口可樂行銷配置比例，其實與國內日常消費品的比例配置，大致相符合。

三、可口可樂第一品牌長青不墜的整合行銷傳播操作工具

從右圖所示，我們可以得知，可口可樂靈活運用了十二種整合行銷跨媒體的操作工具，以產生出綜效的最大傳播效果，包括代言人行銷、電視廣告、平面廣告、戶外廣告、促銷活動、運動行銷、事件行銷、異業合作行銷、公益行銷、記者會、網路行銷，以及公關發稿。

透過這十二種操作工具的使用，使可口可樂能夠維繫住第一品牌的知名度、好感度、喜愛度、忠誠度及促購度等品牌權益價值及業績目標。

四、可口可樂第一品牌長青不墜的行銷預算及配置

本個案研究所獲致的第三個結論，即是可口可樂每年大概提撥營收額 3%，即約 9,000 萬元做為全年度行銷預算，以支援各種廣宣、公關、促銷等支出操作。我們從右下圖可以看出，代言人及電視廣告仍是可口可樂在整合行銷活動中，支出的最大比例，主要是因為這二者對第一品牌聲勢的維繫是效果最大的，其他則都屬輔助性行銷與媒體工具。

五、可口可樂第一品牌長青不墜的全方位整合行銷架構模式

本個案研究所獲致的第四個結論，即是繼全方位、全面性角度觀察可口可樂的整合行銷架構模式，可以獲致如下單元右圖所示的完整模式內容，計有七項邏輯性的項目，茲扼要說明如下：

(一)鮮明的品牌精神：可口可樂多年來均以大紅色包裝罐設計風格，並以「歡樂暢飲」為其活潑與歡笑的品牌精神，感覺可口可樂的無窮活力及受到喜愛。

(二)品牌年輕化—鎖定年輕族群：可口可樂非常強調品牌年輕化，一旦品牌老化就是品牌衰退的開始。因此，可口可樂不只品牌精神，品牌定位、品牌代言人、廣告片創意呈現及品牌 slogan（廣告詞），在在都顯示出它的年輕化與活力化，並且以鎖定消費者飲用量最多的年輕族群為其 TA（Target Audience，消費族群）。

(三)行銷 4P 組合策略：接下來，就是可口可樂展現行銷 4P 組合策略，在這方面可口可樂也做的非常出色，每個策略都很成功，包括：

1. 不斷求新求變的產品創新、設計創新及包裝創新。
2. 高度密集、無所不在的通路布局策略。
3. 採取年輕人都可接受的平價策略。
4. 360 度全方位的行銷推廣與媒體傳播策略。

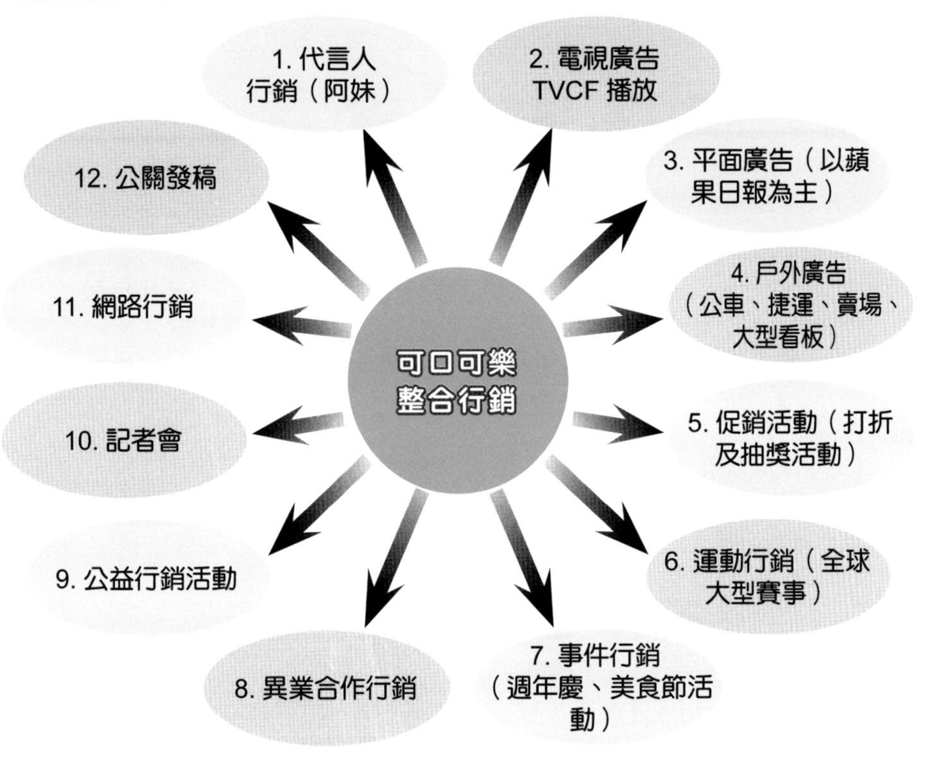
可口可樂第一品牌的整合行銷傳播操作工具
可口可樂
整合行銷
1. 代言人行銷（阿妹）
2. 電視廣告TVCF 播放
3. 平面廣告（以蘋果日報為主）
4. 戶外廣告（公車、捷運、賣場、大型看板）
5. 促銷活動（打折及抽獎活動）
6. 運動行銷（全球大型賽事）
7. 事件行銷（週年慶、美食節活動）
8. 異業合作行銷
9. 公益行銷活動
10. 記者會
11. 網路行銷
12. 公關發稿

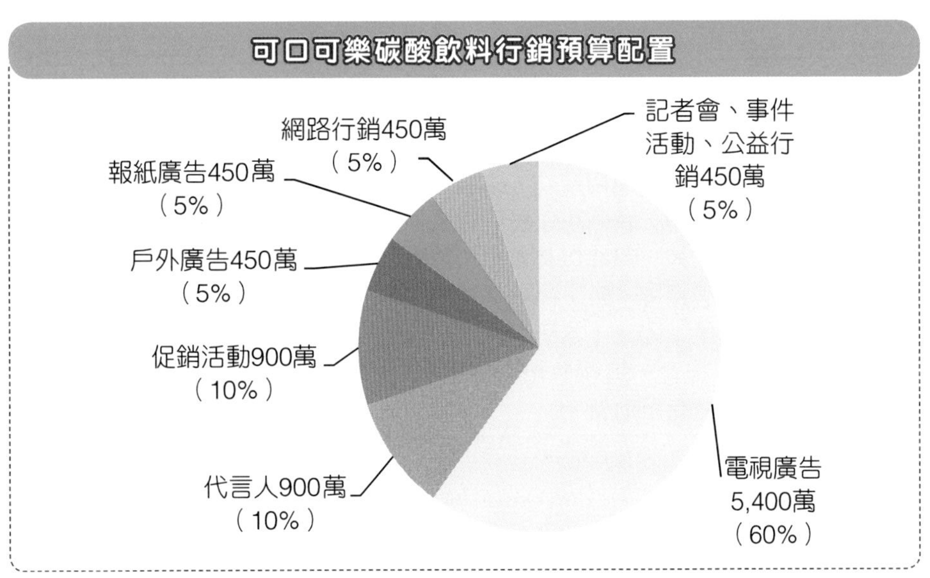
可口可樂碳酸飲料行銷預算配置
記者會、事件活動、公益行銷450萬（5%）
網路行銷450萬（5%）
報紙廣告450萬（5%）
戶外廣告450萬（5%）
促銷活動900萬（10%）
代言人900萬（10%）
電視廣告5,400萬（60%）

1-24 可口可樂碳酸飲料第一品牌行銷成功祕訣 III

本個案也獲致四點研究發現，首要發現是代言人運用成功奠定了品牌地位。

五、可口可樂第一品牌長青不墜的全方位整合行銷架構模式（續）

（四）充足行銷預算支援：要做好行銷推廣與媒體傳播策略，必須要有充足行銷預算支援，可口可樂每年估計投入 9,000 萬元上下預算，算是夠充分的。

（五）全球可口可樂資源協助：此外，臺灣可口可樂還得到全球可口可樂的各項有力資源協助，例如產品開發、全球標準化廣告片及設計包裝等，這些對於臺灣可口可樂來說，是不必傷腦筋的。基本上，臺灣可口可樂只要做行銷及布置好行銷通路，就可以水到渠成了。

（六）創造良好行銷績效：在上述幾個行銷操作完成之後，可口可樂即可獲得良好的行銷績效，包括品牌知名度、喜好度、市占率、銷售量、營收額及獲利額都會得到好成果。

（七）未來發展策略：最後，由於國內碳酸飲料市場已呈飽和狀態，成長不易，故臺灣可口可樂公司已開始轉往茶飲料、果汁飲料發展，最後希望成為全方位的綜合飲料公司，而不是只是一家碳酸飲料（可樂、冷水）公司的角色而已。

六、可口可樂第一品牌長青不墜的內外部行銷團隊分工合作

本個案研究所獲致的第五個結論，即是可口可樂行銷成功的背後，其實是有一支很強大及優秀的行銷人才團隊在操作。

可口可樂的行銷人才團隊，包括了內部組織，即業務部與行銷部的密切配合，定期與機動性的開會，隨時解決市場上出現的問題。

此外，在外部組織上，還仰賴專業的廣告公司、媒體、代理商及公關公司的專業有力的協助，才能成就可口可樂品牌行銷的成功。所以，這是一場內外部行銷人力總動員的展現，才能有可口可樂成功的結果。

七、研究發現

＜發現之 1 ＞代言人運用成功，確實會影響到品牌形象的成功維繫與提升。

從可口可樂個案中，我們可以看到該公司邀聘歌手天后阿妹（張惠妹）做為可口可樂臺灣區代言人，阿妹以其活潑、健康、歡樂的歌手型態剛好與可口可樂「歡樂暢飲」的品牌精神一致，而根據可口可樂民調顯示，消費者高度認同阿妹與可口可樂的相連結。因此，本研究發現，代言人運用成功，確實會影響到品牌形象的成功維繫與提升。這個發現也提醒所有行銷人員，必須慎選及慎用代言人，才能對品牌整體有所助益。

臺灣可口可樂品牌成功的全方位整合行銷架構模式

1. 鮮明的品牌精神

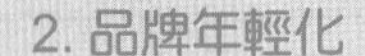

鎖定年輕族群（TA）

5. 全球可口可樂資源協助

3. 行銷 4P 組合策略

4. 充足行銷預算支援（9,000 萬元）

3-1. 產品策略（Product）

- 產品不斷創新
- 設計與包裝不斷求新求變
- 向非碳酸飲料邁進

3-2. 通路策略（Place）

- 多元、密集、無所不在
- 隨時隨地都可買到可口可樂

3-3. 定價策略（Price）

- 採取平價策略，人人買得起
- 各不同通路，定價略有不同

3-4. 整合行銷推廣策略（Promotion）

(1)代言人行銷
(2)電視廣告
(3)平面廣告
(4)促銷活動
(5)網路行銷
(6)記者會
(7)事件行銷
(8)公關發稿
(9)運動行銷
(10)公益行銷

(1)碳酸飲料市占率第一：60%
(2)營收及獲利目標均達成
(3)碳酸飲料品牌知名度：第一

7. 未來發展策略

朝非碳酸飲料推出新產品，成為全方位飲料公司。

1-25 可口可樂碳酸飲料第一品牌行銷成功祕訣Ⅳ

歷史悠久的可口可樂運用本土偶像明星代言人策略，以天后張惠妹之活潑、健康、歡樂的形象，結合可口可樂「歡樂暢飲」的品牌精神，成功的抓住年輕人的市場。

七、研究發現（續）

＜發現之 2 ＞整合行銷傳播的成功操作，確實對品牌資產鞏固與業績提升有所助益。

從本個案中可以發現，可口可樂的行銷操作，確實做到了整合行銷傳播的 360 度全方位的思考、規劃及執行的。它不只是重視代言人或電視廣告的綜效，而且在重要的促銷活動及通路行銷活動搭配上，它也充分考慮到，因此，這不僅是對品牌資產的鞏固，同時也對可口可樂業績提升帶來助益。

在行銷操作實務上，每個人都了解到整合行銷傳播最終的效益評估，不僅要對品牌資產有助益，更要對銷售業績有貢獻，這才算是成功的整合行銷傳播操作的目標。

＜發現之 3 ＞不斷維持全面性創新，是消費性品牌長青不墜的根本原則與立基所在。

從本研究中可以發現，可口可樂公司是一家追求不斷創新與進步的飲料公司。從瓶身設計、包裝設計、識別設計、口味設計、新產品設計、廣告設計、slogan 設計、代言人設計等各方面，可口可樂始終追求「不斷創新」的精神並強力實踐貫徹。

不斷推陳出新，使得可口可樂品牌並不會因為它已經 125 週年而顯出老化的現象，反而是一個永遠與年輕朋友們站在一起的長青樹。當然，可口可樂全球化的研發技術與創新中心的強大人才團隊，也成為可口可樂能夠有創新能力的重大根基所在。

＜發現之 4 ＞第一品牌的打造及長青不墜，其背後必定有一個優秀的行銷團隊在規劃及操作者。

從本研究中，我們也發現到可口可樂第一品牌的外在呈現，其實幕後是有一個極為優秀的業務與企劃人員所組成的行銷團隊，並且再結合外部專業十足的廣告公司、媒體代理商及公關公司等支援協助與專業分工操作，終於使得可口可樂美好的呈現在所有消費者面前。因此，優秀幕後行銷人才團隊的存在事實，是本研究感到的重要研究發現；正是由於有這些默默的幕後無名英雄，然後才會有這全球第一大品牌的長期存在保持著。

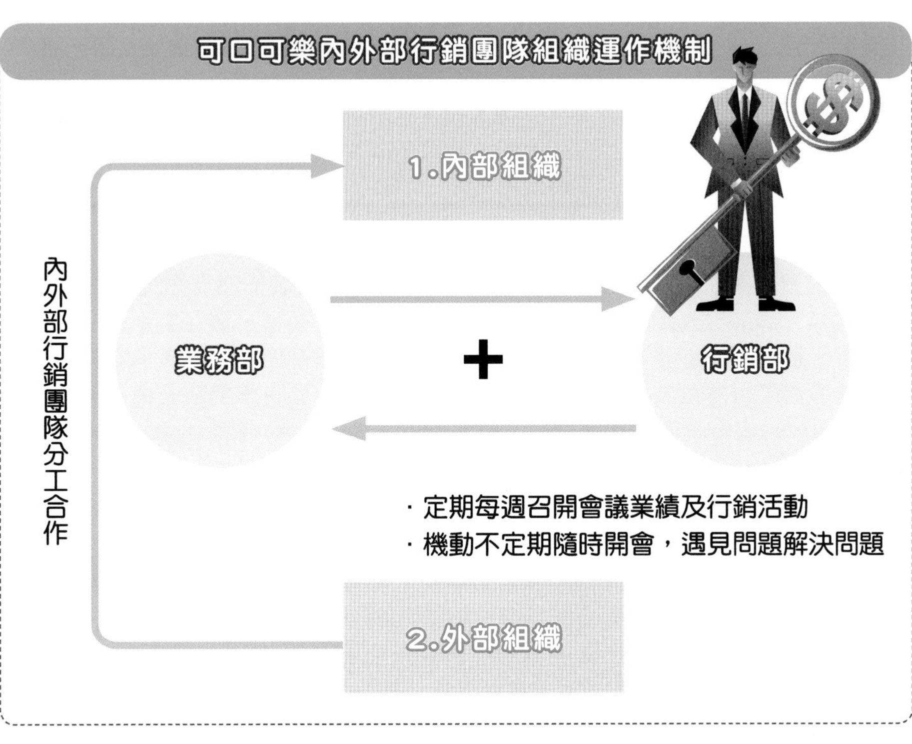
可口可樂內外部行銷團隊組織運作機制
1.內部組織
內外部行銷團隊分工合作
業務部
+
行銷部
· 定期每週召開會議業績及行銷活動
· 機動不定期隨時開會，遇見問題解決問題
2.外部組織

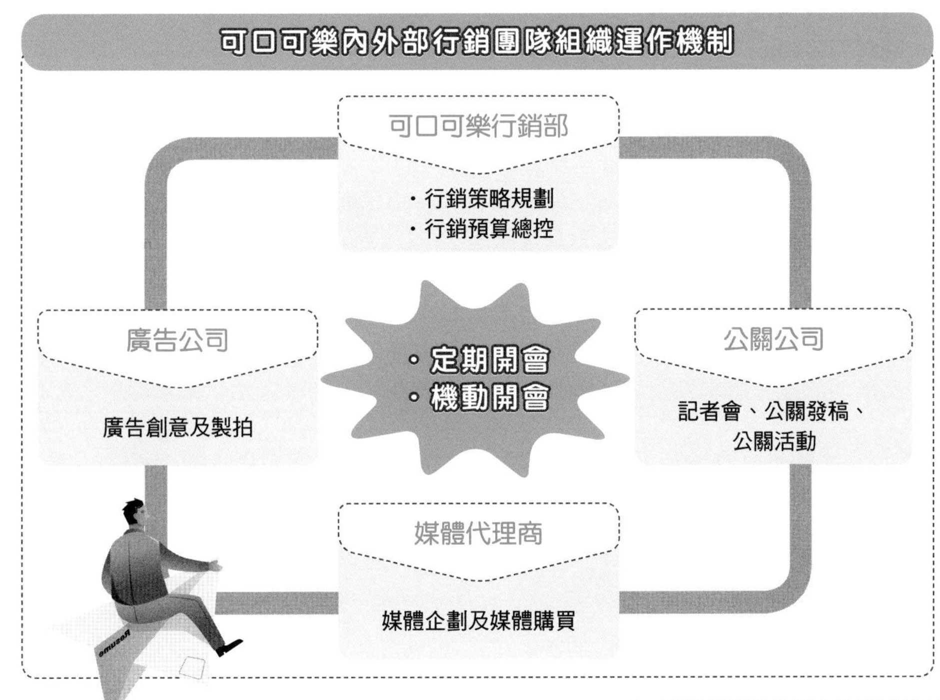
可口可樂內外部行銷團隊組織運作機制
可口可樂行銷部
· 行銷策略規劃
· 行銷預算總控
廣告公司
廣告創意及製拍
· 定期開會
· 機動開會
公關公司
記者會、公關發稿、公關活動
媒體代理商
媒體企劃及媒體購買

1-26 健康茶飲料「爽健美茶」行銷成功祕訣 I

「爽健美茶」是日本複合茶領導品牌，自 1994 年起在日本全國販售，風行日本已十六年，同時也是可口可樂公司旗下第一大的複合茶品牌。2010 年 5 月，「爽健美茶」正式跟臺灣的消費者見面。

一、「爽健美茶」的品牌故事

「爽健美茶」融合了清爽、健康、美麗特色，盛裝於鑽石型瓶身內，由薏仁、玄米、綠茶、大麥、普洱茶、魚腥草、決明子、菊苣、發芽玄米、月見草、玉蜀黍、枇杷葉、紅豆、杜仲及蒲公英根等十五種有健康概念的天然素材調和而成。喝一口「爽健美茶」，讓身體沉浸在十五種天然成分調和的大自然恩賜中，由內而外，為消費者帶來去油解膩、清新提振、身體輕暢、精神舒爽、容光煥發，以及滋養溫潤的全新愉快感受。

臺灣遠東可口可樂公司總經理高文宏表示：「2010 年我們要將日本另一個尚未在臺灣開發的茶飲類別複合茶引進臺灣，希望藉由推出可口可樂在日本風行十六年的產品『爽健美茶』帶起臺灣另一波的茶飲新趨勢。最近市場上許多同業都在蠢蠢欲動，即將推出類似的產品，我們雖然樂見大家一起來共創複合茶的風潮，但也同時再次強調，『爽健美茶』才是日本複合茶的代表品牌。」

二、新產品開發上市成功七大關鍵因素

經前述個案內容分析，本研究歸納出「爽健美茶」新產品開發上市成功的七大關鍵因素如下：

(一) 切實做好行銷研究與市調：「爽健美茶」產品專案開發小組從一開始就高度重視事前的充分行銷研究與市場調查工作，包括赴日本可口可樂公司考察爽健美茶風行日本市場十六年不墜的關鍵成功因素及策略。回國後各種調查等，幾乎完美做到高度顧客導向與洞察消費者等行銷研究與市調的深度工作，才能奠下「爽健美茶」上市行銷成功的基本根基。

(二) 找出新產品獨特銷售賣點：「爽健美茶」找到以十五種天然成分所組合而成且對身體有助益的機能性複合茶飲料，以區別於過去眾多大眾化訴求的茶飲料，形成「爽健美茶」自身很獨特的銷售主張與廣告宣傳核心點。此亦是新品上市成功的重大訴求點及對消費大眾的利益所在，此亦彰顯出行銷策略的主打所在。

(三) 精準品牌定位：「爽健美茶」以從日本市場引進市占率占七成，且已上市十六年值得信賴的日本知名健康機能複合茶飲料的十五種天然原料成分配方，然後在臺灣高品質製造；而且以低於日本價位的平價位在國內供應為此產品基本定位所在。

「爽健美茶」的品牌故事

1994 年，「爽健美茶」是日本複合茶領導品牌

2010 年 5 月，「爽健美茶」正式跟臺灣的消費者見面

由15種有健康概念的天然素材調和而成，由內而外，為消費者帶來去油解膩、清新提振、身體輕暢、精神舒爽、容光煥發，以及滋養溫潤的全新愉快感受。

日本一直是臺灣茶飲市場的風向球，2010 年跟隨日本的腳步，臺灣市場陸續推出許多針對消脂、促進新陳代謝的無熱量單一配方機能茶，為臺灣茶飲市場創造新的商機。尤其是日本可口可樂公司一直引領茶飲市場的趨勢，也經常是臺灣茶飲市場參考及模仿的對象。

爽健美茶新產品開發上市成功7大關鍵因素

1. 做好行銷研究與市調

包括赴日本可口可樂公司考察爽健美茶風行日本市場16年不墜的關鍵成功因素、產品策略、定價策略、推廣與廣告策略及通路策略等。回國後各種試喝測試、代言人焦點座談會討論及上市後口味喜愛問卷調查等。

2. 找出新產品獨特銷售賣點

「爽健美茶」由別於過去眾多訴求綠茶、紅茶、烏龍茶等傳統大眾化的茶飲料，找到以15種天然成分所組合而成且對身體有助益的機能性複合茶飲料，形成「爽健美茶」自身很獨特的銷售主張與廣告宣傳核心點，奠下關鍵成功的第二因素。

3. 精準品牌定位

簡單說，即以日本高品質品牌定位，並凸顯與既有市場的前三名茶飲料「茶裏王」、「御茶園」及「每朝健康」等有所區隔，並形成自身品牌特色。此為關鍵成功因素之三。

4. 整合行銷傳播操作成功

5. 打造品牌成功

6. 定價策略成功

7. 通路策略成功

1-27 健康茶飲料「爽健美茶」行銷成功祕訣 II

「爽健美茶」新產品上市之初，臺灣可口可樂展現高度企圖心，大力支援二波段歷時二個月強打廣告的 6,000 萬高額行銷預算，使該公司行銷部能夠有充分子彈援，全力成功強打新品牌知名度。

二、新產品開發上市成功七大關鍵因素（續）

(四) 整合行銷傳播操作成功：行銷小組配合廣告公司一口氣仿造日本找一群高知名度藝人做廣告代言人的操作手法，找了戴佩妮、侯佩岑及張鈞甯等三位形象良好與高知名度藝人做「爽健美茶」第一年度的品牌代言人，並搭配成功吸引人的廣告創意，令人留下深刻印象，「爽健美茶」品牌知名度因此一炮而紅。此外，亦搭配大量廣告及公關報導露出、入口網站網路廣告與網路討論，以及零售賣場的特殊陳列布置與廣宣招牌等配合，使得整合行銷傳播的效益達到最高點，此對新產品品牌知名度打造及促進上市業績銷售均帶來明顯助益。

(五) 打造品牌成功：「爽健美茶」透過做足行銷研究功課，找出新產品獨特銷售賣點、精準的區隔市場與品牌定位，然後透過 360 度整合行銷傳播有效的操作成功，在短短三個月內，即把爽健美茶打造品牌成功，步入品牌化經營之路。

(六) 定價策略成功：「爽健美茶」雖然天然原料來自高所得水準的日本，但卻以略高於一瓶 20 元傳統茶飲料的 25 元平價上市供應，也算是成功的定價策略。由於「爽健美茶」具有健康機能性複合配方的茶飲料功效，消費大眾應可接受。

(七) 通路策略成功：臺灣可口可樂長期以來已與國內各大零售通路商建立良好的業務關係。因此，爽健美茶一上市即能取得較佳賣場的陳列位置與高度的普及便利性；再加上上市期間的促銷活動，有效吸引顧客購買飲用。通路策略布局的成功，也是「爽健美茶」新品上市成功的關鍵因素之一。

三、產品（品牌）定位與訴求

「爽健美茶」以從日本進口十五種天然原材料，在臺灣製造（made in Taiwan, MIT），同時採用與日本相同的外包裝——鑽石瓶身，為消費者帶來去油解膩、清新提振、身體輕暢、精神舒爽、容光煥發，以及滋養溫潤全新愉快感受的高品質複合茶為訴求，並強調「爽健美茶」才是日本複合茶的代表品牌。

十六年前，日本可口可樂公司即已推出「爽健美茶」，風行日本十六年，計賣出超過 150 億瓶，在日本複合茶市場占有率即高達七成之多。

「爽健美茶」即融合為消費者帶來清爽、健康、美麗三種特色的複合茶，並盛裝於鑽石瓶身內，口感極為清新。並強調從先進國家日本正式引進的第一複合茶經典品牌。

爽健美茶新產品開發上市成功7大關鍵因素

1. 做好行銷研究與市調

2. 找出新產品獨特銷售賣點

3. 精準品牌定位

4. 整合行銷傳播操作成功

代言人之外的配套措施

搭配臺北都會區的公車廣告、捷運廣告及媒體消費版大量公關報導露出，以及入口網站網路廣告與網路討論等，此等均有效吸引年輕上班族群的好奇與目光；再加上各大超市、量販店、便利商店零售賣場的特殊陳列布置與廣宣招牌等配合，使得整合行銷傳播的效益達到最高點。

5. 打造品牌成功

任何日用消費品或耐久性消費品新產品上市的第一要務，就是要把品牌打響，要貫徹品牌化經營，才會有長期的行銷生命可言。「爽健美茶」可說是做足行銷研究功課。

6. 定價策略成功

具有健康機能性複合配方的茶飲料功效以略高於一瓶20元傳統茶飲料的25元價格平價上市供應，一般消費者應可接受。

7. 通路策略成功

「爽健美茶」因為臺灣可口可樂長期以來經營臺灣飲料市場，已與國內各大零售通路商建立良好的業務關係。因此，一上市即能取得較佳賣場優勢，有效吸引顧客購買飲用。

上市前，充分行銷研究與市場調查

臺灣可口可樂公司的「爽健美茶」為何能在短短時間內，就締造出如此好的銷售佳績，賴明珠行銷總監表示：「這與團隊成員的功課做得夠深有關。我們是鴨子划水，在產品推出前，做很多測試，到很多國家考察，不只看產品，還包括溝通及定位，深入思考在臺灣是否有勝出機會與空間。」在尋找產品的過程中，賴明珠行銷總監發現「爽健美茶」在日本銷售長達十六年，卻一直保持市場領先地位。她說：「『爽健美茶』在日本健康複合茶市場的市占率高達七成，一定有它本質上很棒的地方。」賴明珠總監表示，在產品正式上市推出前，還要經過市場測試；經過多次的試喝及焦點座談會的市調，充分掌握消費者的喜好後，才敢上市銷售，可見該公司行銷部門對新產品上市前思考的嚴謹度。

1-28 健康茶飲料「爽健美茶」行銷成功祕訣 III

臺灣可口可樂公司的「爽健美茶」為何能在短短時間內，就締造出如此好的銷售佳績，關鍵因素在於上市前，充分做好行銷研究與市場調查。

四、鎖定上班族目標消費族群

行銷總監賴明珠表示，「爽健美茶」的 TA（Target Audience，目標消費群）係鎖定在 25～39 歲的年輕上班族；這群消費者也是健康茶飲的主力客層，消費總人口數達 400 多萬人。

五、區隔市場的選擇

「爽健美茶」以健康複合茶或機能茶飲料市場為其選定的區隔市場（segment market），以區別於一般大眾的綠茶、烏龍茶等茶飲料市場。隨著消費者及上班族健康意識的崛起，一般茶飲料與複合機能茶飲料市場均有顯著的成長性。尤其，最近一、二年來機能複合茶飲料市場已逐漸浮出檯面，並被視為極具潛力與具有產品獨特賣點的新興茶飲料的嶄新區隔市場。

賴明珠行銷總監表示，日本飲料市場發展趨勢比臺灣快二十三年，如今日本複合機能茶飲料已有成功的實例，相信移植到臺灣後，必會占到一席之地。

六、爽健美茶整合行銷成功模式

本研究所獲致結論與發現及對「爽健美茶」新產品開發上市與行銷成功，歸納出一個完整架構模式如右圖所示，並簡述如下：

(一)新產品概念產生：「爽健美茶」新產品概念產生，主要是此產品在日本市場已有十六年的行銷歷史，而且此品牌在日本市占率達到 70% 之高，歷久不衰，必有其成功奧妙之處，值得評估考量引入。

(二)深入行銷研究：接著，臺灣可口可樂公司及派遣考察團隊赴日本可口可樂公司進行深入參訪，包括對產品、定位、推廣、銷售等全方位洞悉日本「爽健美茶」為何能夠成功經營與行銷的祕訣。換言之，臺灣可口可樂公司的行銷專案小組，對此新產品在事前是做足了功課，以非常謹慎與認真的態度，深入了解此產品的各種面向問題。

(三)可行性研究：出國參訪完成之後，回臺灣即展開各種可行性研究，包括從原物料進口到臺灣、複合茶製造配方研究與引進、國內市場的可接受度、產品特色與賣點的研析、價格競爭力、未來生產線的配合等問題面向，做一個全面性的可行性評估、檢討及最後的確定。

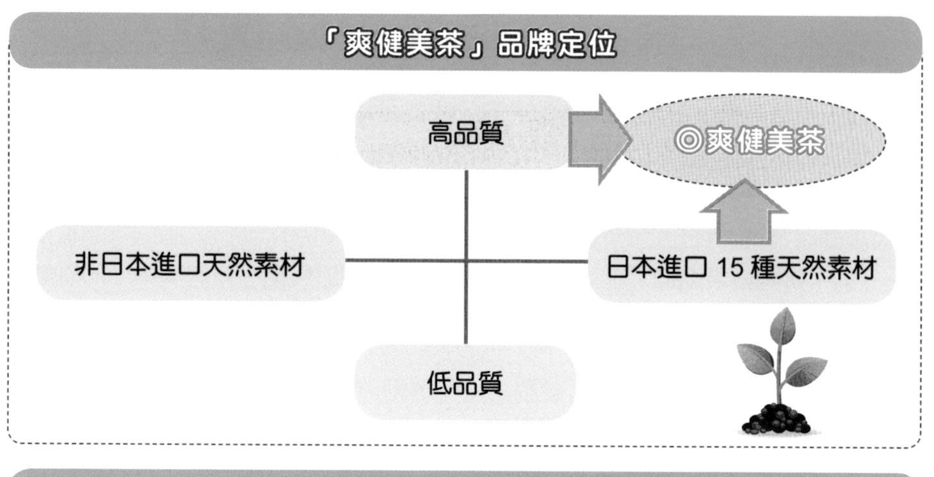
「爽健美茶」品牌定位
高品質
◎爽健美茶
非日本進口天然素材
日本進口 15 種天然素材
低品質

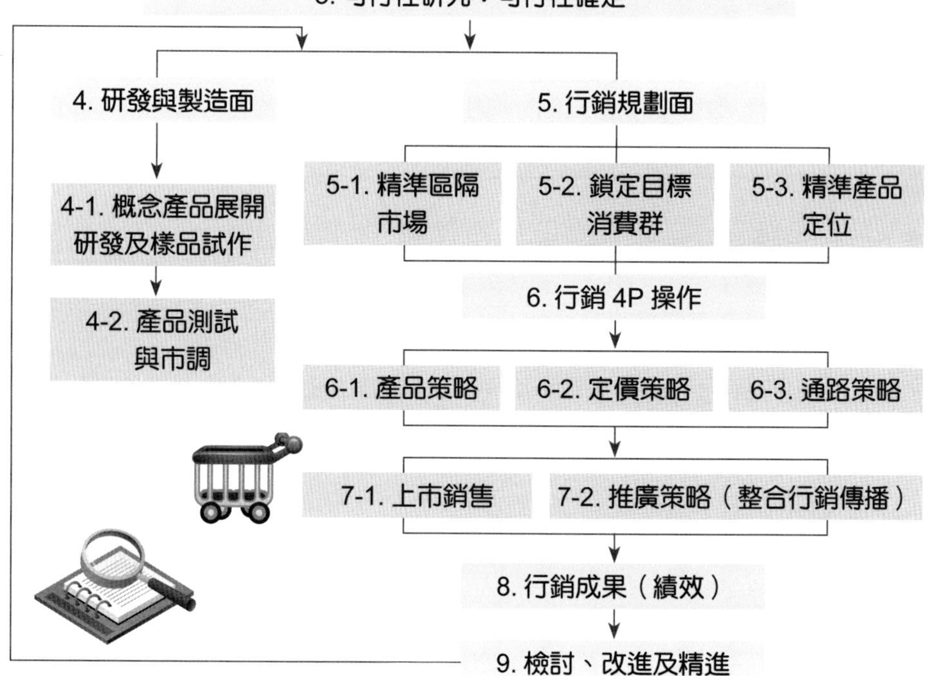
可口可樂「爽健美茶」新產品開發上市與整合行銷傳播成功操作架構
1. 新產品概念產生：引進國外成功產品
2. 深入行銷研究：出國參訪借鏡（產品、定位、推廣）
3. 可行性研究：可行性確定
4. 研發與製造面
5. 行銷規劃面
4-1. 概念產品展開研發及樣品試作
4-2. 產品測試與市調
5-1. 精準區隔市場
5-2. 鎖定目標消費群
5-3. 精準產品定位
6. 行銷 4P 操作
6-1. 產品策略
6-2. 定價策略
6-3. 通路策略
7-1. 上市銷售
7-2. 推廣策略（整合行銷傳播）
8. 行銷成果（績效）
9. 檢討、改進及精進

1-29 健康茶飲料「爽健美茶」行銷成功祕訣Ⅳ

從「爽健美茶」日用消費品個案中，我們可以發現產品代言人的有效運用及電視廣告媒體的高度曝光效益，對行銷上市成功所扮演的角色及重要性所得到的啟發。

六、爽健美茶整合行銷成功模式（續）

（四）研發與製造面：在可行性確定之後，接著即展開「爽健美茶」的研發、樣品試作、產品測試及口味試喝市調。追求新產品一定要做到試喝消費者的高度滿意才可以。

（五）行銷規劃面：在產品研發與試作的同時，行銷人員亦同步展開行銷的策略規劃面，包括 S-T-P 架構分析與確定，即精準區隔市場、鎖定目標及產品定位。

（六）行銷 4P 操作：在產品研發完成並經消費者口味試喝滿足之後，即等待上市。但在上市之前，必須做好行銷 4P 的操作，包括產品品牌、包裝、特色策略；定價多少才有競爭力策略；通路布置普及其促銷策略等問題的思考與操作規則。

（七）上市銷售與推廣策略：在所有產品、定價、通路生產等準備妥當之後，即要準備上市銷售與推廣宣傳的總攻發動，並且區分幾個波段廣告宣傳，一口氣要把「爽健美茶」的品牌知名度衝到最高點。

（八）行銷成果（績效）：產品正式上市開賣及整合行銷宣傳鋪天蓋地發出之後，即要密切觀察每天、每週及每月的各種通路賣場的銷售情況，以掌握訊息。

（九）檢討、改進及精進：最後，則是針對各種通路的銷售情況與市場反應狀況，立即展開檢討改善與精進的回應對等，包括產品、定價、通路、廣告、宣傳、公關、報導、消費者等。

七、行銷預算配置

由本個案內容分析可看出，「爽健美茶」新品上市的整合行銷傳播預算配置上，仍以代言人及電視廣告占大部分，此二者比例達到 82%，顯示對日用消費品而言，代言人行銷及電視廣告的播出，仍是新產品上市成功與新品牌打造成功的最主要操作工具。這與過去傳統整合行銷傳播理論上，並沒有特別強調配置比例有很大的發現及不同。

過去，教科書學理上只提出要有完整配套的整合行銷傳播媒體活動與行銷活動的組合規劃，才能發揮整合的綜效出來。但並沒有告訴我們各種不同產品的不同廣宣預算配置重點比例為何。本個案是一個傳播組合工具的極佳案例，同時也由此案例中，發現其實在跨媒體整合行銷傳播的操作中，其實是有不同預算與不同媒體的著重點所在，然後才可以獲致較佳的行銷效益出來。

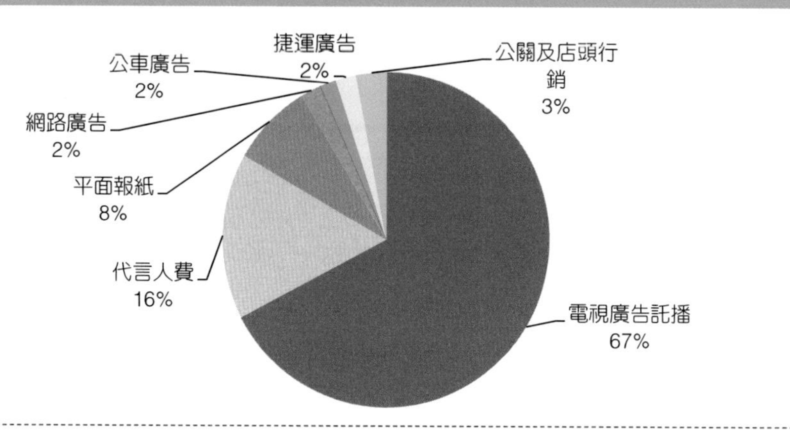

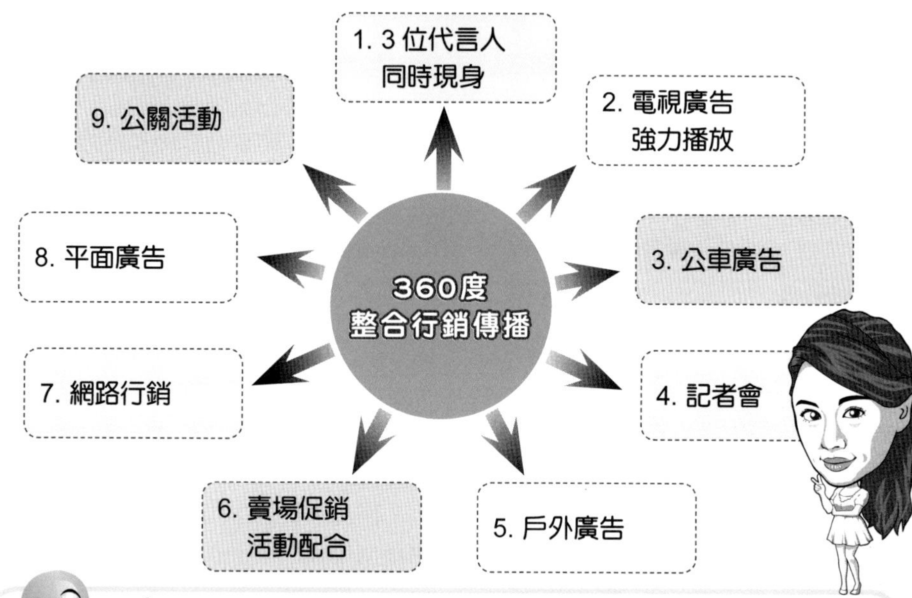

四大命題推論

本個案研究除獲致上述的結論與發現之外，擬再提出有關日用消費品新產品開發上市及整合行銷成功操作的四大命題推論如下，共為未來後續相關此研究者研究之參考用。

<命題之 1 > 新產品開發上市成功與事前充分行銷研究及市調，有充分相關性。

<命題之 2 > 整合行銷傳播成功操作與新產品品牌打造，有充分相關性。

<命題之 3 > 代言人的成功，對新產品品牌打造，有加分效果。

<命題之 4 > 充分的行銷支出預算與新產品上市成功，有充分相關性。

1-30 女性內衣第一品牌「華歌爾」行銷成功祕訣 I

華歌爾有限公司（株式会社ワコール，Wacoal Corp.）是一家以日本為基地的跨國企業，以生產及販售胸罩為其主要業務，其總公司位於日本京都。

一、華歌爾公司簡介

(一) 公司宗旨：親切第一。

所謂美好的生活，沒有絕對，華歌爾（Wacoal）堅持讓明日永遠比今日過得更美好，這是一種屬於華歌爾的美學主張，不斷追求對品質的提升，對美好生活的提升。

(二) 經營方針：包括對產品做到使人人喜愛、對顧客做到最低的成本、對同事做到最高的待遇，以及對股東做到最高的利潤四點。

(三) 臺灣華歌爾成立：民國 59 年，臺灣華歌爾引進日本母公司的品牌與技術，並在桃園中壢設立合資公司與工廠，正式開啟日系華歌爾品牌在臺灣的經營；迄今，已達四十四年歷史了。

二、多品牌策略，攻下各種客層消費者

臺灣內衣市場由華歌爾與黛安芬集團旗下品牌二分天下，瓜分超過七成市場，其中華歌爾更勝一籌，市占率高出黛安芬七個百分點。華歌爾品牌涵蓋所有年齡層，分眾做得很好。目前，華歌爾旗下計有十三個品牌：華歌爾、莎薇、莎露、嬪婷、寶貝媽咪、摩奇 X、Une nana cool、Fun Time Club、Mr. Dadado、華歌爾睡衣、金華歌爾、麗曼瑪義乳胸罩、Just @ Cool。其中，主力品牌有下列四個，同時我們也將華歌爾第一品牌的關鍵成功因素，歸納成右圖所示四項。

(一) 華歌爾：此品牌是符合各階層品味且講究機能與感性，適合各種女性的基礎綜合內衣，是成熟、優雅的內衣。歷年來的系列產品，均得到廣大消費大眾一致的好評。如開前胸罩、記形胸罩、無縫胸罩等，使現代女性更具現代美。

(二) 莎薇：莎薇的特色在於知性與感性兼具的實力派內衣，最適合大專女學生、社會新鮮人、年輕婦女選用，提供價格大眾化的產品，使年輕女性更具清麗、明媚。

(三) 莎露：莎露完全是自國外進口，它具有歐洲都會風情的、成熟的高級商品，適合高品味的職業婦女或貴婦人，使高貴婦女更成熟、婉約。

(四) 嬪婷：嬪婷少女內衣和休閒服是專為 12~22 歲的新人類而設計，同時也傳授購買內衣的基本常識及保養方法，與如何正確穿著搭配的教育工作，讓女性新人類更具青春、歡笑、成長的喜悅。

華歌爾多品牌策略

華歌爾13個品牌

1. 華歌爾（Wacoal）

使現代女性更具現代美

2. 莎薇（SAVVY）

清麗、明媚

3. 莎露（Salute）

成熟、婉約

4. 嬪婷（Been Teen）

青春、歡笑、成長的喜悅

5. 其他品牌

(1) 寶貝媽咪
(2) 摩奇 X
(3)Une nana cool
(4)Fun Time Club
(5)Mr. Dadado
(6) 華歌爾睡衣
(7) 金華歌爾
(8) 麗曼瑪義乳胸罩
(9)Just @ Cool

華歌爾行銷成功關鍵因素

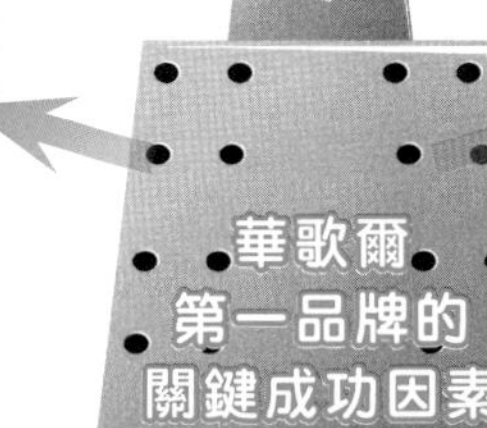

1. 多品牌策略發展成功
2. 成功洞察消費者，滿足消費者需求
3. 強而有力的研發設計及高品質產品
4. 整合行銷推廣成功

1-31 女性內衣第一品牌「華歌爾」行銷成功祕訣 II

華歌爾公司對品牌宣傳，是採取 360 度整合行銷傳播的操作手法，以達到最佳廣宣效果。

三、華歌爾 360 度整合行銷傳播操作

(一) **代言人行銷**：華歌爾主力四個品牌經常運用知名藝人做代言人。行企部呂宗賢協理表示，代言人行銷為華歌爾產品帶來了品牌年輕化功能，並對鞏固品牌市占率及業績也帶來正面效果。

(二) **電視廣告**：這費用約占促銷費用的 50%。時機是在春秋兩季較多。因為春秋兩季是服裝換季時，而在新季時正是新產品推出的最好時機。同時必須針對產品訴求來打廣告，右圖以嬪婷少女廣告及話題性廣告説明之。

(三) **報章雜誌廣告**：定期的在時報周刊、儂儂、薇薇、家庭月刊、韻、黛、BAZAR、Ladies 等雜誌，及不定期的在報紙上刊登廣告。

(四) **看板廣告**：在臺北捷運站及其他縣市各大火車站架設廣告看板，因為地點多是人潮聚集的地方，藉此來增加消費者對華歌爾產品的印象。

(五) **網路廣告**：添加新產品的宣傳網路廣告，讓進入華歌爾網站的消費者可以很快就從網站上獲知消息。

(六) **特賣週年慶**：如公司成立滿二十五週年舉行週年慶，所有公司產品在此段期間皆打九折或類似特賣期間打九五折，以及零碼內衣，以成本價來吸引顧客。

(七) **贈送活動**：凡購買超過 1 千元，即附送小產品，如透明肩帶等活動。

(八) **店頭活動**：在百貨公司和各門市專賣店增添新產品的看板、人形模特兒看板和展示招牌來增加銷售效果。

(九) **目錄（DM）**：做為新產品介紹的 DM，但華歌爾不採主動分送方式，其主要功能是讓想對華歌爾產品有興趣的消費者有參考依據，採自行於門市專賣店和百貨公司索取。

(十) **人員推銷**：消費者在購買產品時，同時銷售人員可向消費者推薦目前公司所推出的其他相關產品或新產品。

(十一) **到學校教學**：此為華歌爾公司的政策，主要對象為臺灣地區 12~14 歲的學生，以影片為輔，由具有專業素養的老師來教導少女怎樣保護身體、如何選購第一件內衣、如何穿著、洗滌與保養等課程，同時也在塑造公司的企業形象。

(十二) **記者會**：凡是遇有新代言人或新產品、新品牌上市，華歌爾都會舉辦記者會，以達到公關報導宣傳效果。

(十三) **內衣秀秀展**：華歌爾大致每二年都會舉辦大型內衣秀秀展，以展示新設計產品，並達到廣宣效果。

華歌爾第一品牌成功的360度整合行銷傳播操作

由專業老師到學校教導少女怎樣保護身體、如何選購第一件內衣、如何穿著、洗滌與保養等課程，同時也在塑造公司的企業形象。

過去歷年來的代言人，包括林若亞、錢帥君、陳怡蓉、溫嵐、張立蕾、王怡仁、吳亞馨等。

如嬪婷以少女廣告為主，並且於每一季新產品上市前，企劃與流行資訊相結合的廣告活動，引起消費者注意，帶動購買風潮。如話題性廣告，以GOOD UP系列來說，則在雙月型立體剪裁記形鋼圈功能加強下，可使乳房向內集中，向上提高，安定、前挺。

華歌爾品牌360度整合行銷傳播操作

1. 代言人行銷
2. 電視廣告
3. 報章雜誌廣告
4. 戶外看板廣告
5. 官網行銷，例如臉書粉絲專頁行銷
6. 週年慶促銷活動
7. 贈送活動
8. 店頭廣告
9. 產品介紹目錄
10. 人員銷售組織團隊
11. 到學校教學
12 記者會
13. 內衣秀秀展活動

1-32 女性內衣第一品牌「華歌爾」行銷成功祕訣 III

華歌爾之所以能夠成功不墜的重要行銷策略與核心價值，乃在於多品牌與區隔市場行銷策略。

四、華歌爾行銷成功的整合行銷模式

（一）品牌經營理念：華歌爾品牌的成功經營，加深了該公司對經營品牌的決心。在女性內衣與胸罩消費品通路上，通路商不斷要求促銷或降價，但是華歌爾深知唯有堅持品牌經營，才能與通路商平起平坐。因此，品牌化（Branding）經營的強大信念，已成功在華歌爾過去及未來持續第一品牌打造的核心基礎。

（二）深入消費者洞察與市場調查：行銷成功的第二個步驟，即是要完整及全面性的做好消費者洞察及市場調查工作，因為了解及掌握消費者的需求、喜好、趨勢、消費行為與品牌態度，是最基本的行銷工作。基本工作做好了，才有後續的行銷任務推展出來，也才有正確的決策依據。

（三）多品牌與區隔市場行銷策略：華歌爾在面對市場二十多個國內外各種內衣品牌的強大競爭壓力下，以多品牌及區隔市場策略，成功的打進高價位、中價位及平價位的各種不同客層，滿足多元化消費的不同需求。這可說是華歌爾成功不墜的重要行銷策略與核心價值。

（四）行銷 4P 組合策略：第四步驟即是華歌爾研擬好行銷 4P 的組合策略，包括產品力（Product）、推廣力（Promotion）、通路力（Place）及定價力（Price）四種。

（五）行銷預算 1 億元：為做好媒體廣告宣傳及通路促銷活動，以建立品牌的知名度、喜愛度及促進購買慾望，充足行銷預算的編列支援則是必須的。華歌爾全年編列 1 億元的行銷預算，占年營收 3%，其比例適中，亦足夠打造累積華歌爾的品牌資產。

（六）外部協力行銷公司支援：各種消費品公司做品牌行銷工作，當然要仰賴外部協力專業公司支援，包括廣告公司、媒體代理商及公關公司，詳細說明如右。

（七）獲致行銷績效：華歌爾居同業第一品牌、市占率達 40% 之高、年營收 38 億元及年獲利 3 億多元之優良行銷績效。

（八）未來挑戰：華歌爾雖然擁有高市占率，但是仍面臨未來各種挑戰，包括如何提升品牌忠誠度、如何持續做好高品質的產品，並保持穩定性，以及如何強化全員品牌經營理念的深刻化。

（九）持續產品力與推廣力的創新及改變：華歌爾為保持第一品牌的領先優勢，因此必須在產品力與推廣力方面，做更多創新及改變，以滿足更高要求的消費者。而要做好這些持續性的工作，也就需要更深入的市場調查及消費者洞察工作。

華歌爾第一品牌行銷成功的整合行銷模式

1. 品牌經營理念的堅定

2. 深入消費者洞察與市場調查

3. 多品牌與區隔市場行銷策略

4. 行銷 4P 組合策略

5. 每年 1 億元行銷預算投入推廣活動

4-1. 產品策略（Product）	4-2. 通路策略（Place）	4-3. 定價策略（Price）	4-4. 推廣策略（Promotion）
· 創新設計 · 高品質	· 直營專櫃、直營門市、一般店及網購多元並進	· 高價位、中價位、平價位，滿足消費者需求	· 整合行銷傳播操作，讓旗下四大品牌充分出現

6. 外部 **廣告**、**媒體**、**公關** 公司的協助

6-1.廣告公司

每年不斷提出好的、成功的華歌爾電視廣告片的創意與表現，明顯有助於成功打響華歌爾品牌。

6-2.媒體代理商

針對每年提撥的廣宣預算，如何做好媒體組合企劃及媒體購買，以發揮媒體刊播效益，把錢花在刀口上，得到最大的品牌形象與曝光度。

6-3.公關公司

針對日常發新聞稿、舉辦記者會、舉辦內衣秀秀展活動等，做好媒體與消費者的公關任務。

7. 行銷績效

· 市占率：40%
· 年營收：38億（概估）
· 年獲利：3億（概估）
· 市場地位：第一品牌

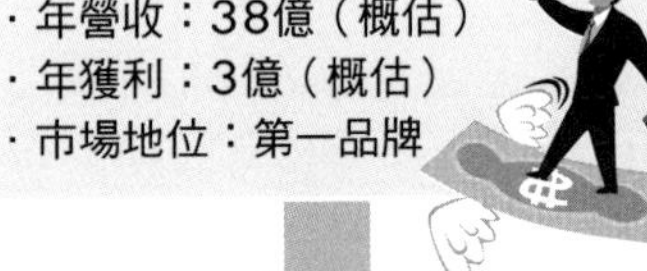

8. 未來挑戰

· 品牌忠誠度鞏固
· 品牌經營信念鞏固
· 強化研發設計，做好創新與品質

9. 持續產品策略與推廣策略的創新及變化

1-33 女性內衣第一品牌「華歌爾」行銷成功祕訣Ⅳ

華歌爾公司的行銷預算，僅占每年營收額的3%左右，不算多，但也不算少。其中，仍以電視廣告的費用為最大宗。

五、華歌爾行銷預算的配置

談到華歌爾旗下諸多品牌的行銷及促銷預算時，該公司每年大約編列 1 億元的行銷預算，占每年營收額38億元約僅3%，此預算比例算是合理的，不算多，但也不算少。至於這 1 億元配置於各項行銷活動的比例，大致如下表：

項目	電視廣告	代言人	報紙及雜誌廣告	店頭廣告	促銷活動	其他各項	合計
金額	5,000萬	500萬	1,000萬	1,000萬	1,000萬	1,500萬	1億
占比	50%	5%	10%	10%	10%	150%	100%

六、華歌爾年度行銷策略的制定

華歌爾公司行銷企劃部每年年底（12 月）均會針對下年度的旗下各品牌訂出年度行銷策略。這個年度行銷策略計畫書，主要有下列三大項目，然後經過決策高層的核定後，即按此目標與內容去執行。

1. 提出下年度的行銷策略方向與重點所在。
2. 提出下年度營業預算與損益預算。
3. 提出下年度的行銷支出預算、配置比例及主要行銷作法說明。

而年度行銷策略計畫書的制定，主要是由負責華歌爾的 PM（Product Manager，產品經理人員），依據今年度的市場發展狀況、競爭狀況、銷售狀況、市場調查狀況、品牌經營狀況及消費者狀況，經過深入分析、評估、討論，然後提出計畫報告內容。

七、華歌爾內部組織配合運作狀況

華歌爾公司是採取功能部的組織制度，因此業務銷售、生產製造、研發設計及行銷企劃彼此的溝通協調也很快速，除了每週、每月、每季的固定會議之外，還是不定期隨時機動召開的會議，隨時以解決問題及達成各種營運目標而做。此外，還有新產品推出專案會議，從對產品的概念討論到研發進度、到正式製造量產及行銷上市等，均依照既定作業模式運作。

華歌爾第一品牌成功的行銷預算配置

其他：1,500萬元（15%）
促銷活動：1,000萬元（10%）
店頭廣告：1,000萬元（10%）
報紙及雜誌廣告：1,000萬元（10%）
代言人：500萬元（5%）
電視廣告：5,000萬元（50%）

華歌爾內部組織與外部行銷協力單位之組織運作

華歌爾公司

- 營業部
- 行銷企劃部
- 生產製造部
- 研發設計部

外部行銷協力單位

- 廣告公司
- 媒體代理商
- 公關公司

1. 每年一次：
   訂定下年度華歌爾的行銷策略方向及重點。
2. 每月一次：
   舉行營業共識會議，由營業、行銷企劃、生產製造及研發人員共同參加。
3. 專案小組會議：
   舉辦新產品開發與上市專案會議。

1. 不定期機動與廣告代理商舉行電視廣告片之企劃、製作及播出後效果分析會議。
2. 不定期機動與媒體代理商舉行媒體預算、企劃會議及刊播後媒體效益分析會議。

1-34 化妝品第一品牌「SK-II」行銷成功祕訣 I

來自日本，走高檔路線化妝品及護膚品品牌的 SK-II，為何能在臺灣競爭激烈環境下，保持第一品牌地位長達二十五年而不墜，主要歸功於六個成功因素。

一、第一品牌打造成功的關鍵成功因素

(一) 品牌年輕化重新定位及操作成功：任何數十年的品牌，不免會有品牌及顧客群老化的危機，SK-II 雖然也曾面臨此問題，但該公司近五年來，積極扭轉老化印象，採取了推出以都會年輕及輕熟女上班族為主訴求目標對象。陸續推出 SK-II 青春露等年輕化產品系列，成功達成品牌活化及年輕化目標，而使 SK-II 消費族群從過去 40~55 歲族群，重新回到 30~45 歲的年輕且使用量大的消費族群。這一大轉變及長時間的保持，終使 SK-II 屹立國內化妝保養品牌第一位於不墜。

(二) 高品質的產品力：SK-II 屹立不搖的成功因素之二，即是在它強而有力的高品質產品。臺灣 SK-II 源自日本 SK-II 總公司非常強大陣容的 1,000 位研發人員及研發技術中心資源，使得臺灣 SK-II 能夠不斷的開發出最新與最好的保養品及彩妝化妝品，使臺灣女性都能因使用 SK-II 的高品質產品而能永保青春美麗。

(三) 強而有力遍布全國的行銷通路與美容顧問師銷售組織：SK-II 除了強而有力的品質產品口碑之外，它那遍布全國行銷通路人員銷售組織體系，也與一般化妝保養品品牌有很大不同。

(四) 成功與出色的整合行銷傳播操作：依前述，SK-II 品牌年輕化改造成功、高品質產品力及遍布全國的行銷通路三大成功因素外，其實，成功與出色的整合行銷傳播操作，亦是 SK-II 品牌能夠長青不墜的重要因素之一。特別是 SK-II 大量與高成本投入，請兩岸知名藝人擔任代言人的行銷策略，使臺灣消費者會深深感受到 SK-II 是來自高檔化妝保養品的深刻品牌印象，從而有好的肯定口碑。此外，SK-II 也 360 度全方位整合行銷觀點，高度有效的運用整合行銷工具，以求發揮行銷綜效產生，包括電視廣告、報紙廣告、雜誌廣告、戶外廣告、節慶促銷活動、網路行銷、會員經營、展示活動、公關活動等跨媒體與跨行銷的整合行銷行動。

(五) 深化與堅定品牌經營原則：SK-II 在日本已有三十五年以上歷史，始終是日本第一品牌，而在臺灣也有二十五年歷史，而 SK-II 的宗旨始終都在創造女性美好人生，並且堅定與深化 SK-II 三十年來優質的品牌形象，這種堅定的品牌精神，已融入日本、臺灣及亞洲任何一個國家的 SK-II 在地企業文化、組織文化與行銷文化。

(六) 適當且足夠的行銷預算投入：一年的營業額大約 40 億元，該公司提撥 1.5 億元做行銷廣宣預算支出，占營業額比例約 4%，占比並不算高，但預算應已夠用。由於化妝保養品產業必須有足夠的金額去做廣宣活動之用，才能維繫品牌的市場地位於不墜。

SK-II 品牌簡介

1980年，SK-II品牌及商標被寶潔公司收購，並授權在日本的寶潔公司負責品牌的全面生產，其主要成分Pitera為鎮牌之配方，無香料。

Pitera 的發現

1980年代，日本科學家在參觀釀造米酒廠時，發現釀酒工人雙手皮膚細緻，研究發現在米酒提煉過程中產生的天然酵母菌具有護膚成分，並把天然酵母菌提煉成Pitera。

SK-II 發展的願景

帶領消費者邁向「晶瑩剔透」的人生皮膚旅程。

SK-II 第一品牌打造成功的關鍵成功因素

1. 品牌年輕化重定位及操作成功
2. 擁有高品質產品力
3. 強而有力遍布全國行銷通路與美容顧問師銷售組織
4. 成功與出色的整合行銷傳播操作
5. 深化與堅定品牌化經營原則
6. 適當足夠行銷預算的投入

SK-II從企業文化到研發精神、新產品開發、生產製造、廣告拍攝、代言人選擇、廣告slogan（廣告語）、人員銷售組織、公關活動、公益行銷、品牌定位等，都以如何長期確保SK-II美好口碑與優質形象的品牌化經營為根本大原則。

SK-II第一品牌長青不墜6大行銷策略

1.重定位策略	·品牌老化改造成功 ·品牌年輕化 ·鎖定輕熟女市場
2.產品策略	·高品質 ·高安全 ·產品線組合完整
3.代言人策略	·大量使用兩岸一線藝人、演員、歌手、女模，吸引目光，創造氣氛
4.通路策略	·百貨公司專櫃陳列
5.服務策略	·SK-II 美容服務中心（北、中、南三個中心）
6.整合行銷傳播策略	·360 度全方位跨媒體、跨行銷整合行銷傳播呈現

1-35 化妝品第一品牌「SK-II」行銷成功祕訣 II

SK-II 之所以能在臺灣長達二十五年都能在數十個品牌激烈競爭的化妝保養品業界中永保第一品牌，這可歸功其成功的全方位整合行銷模式了。

二、SK-II 第一品牌成功打造的全方位整合行銷模式

(一)堅定品牌化經營理念：SK-II 在日本有三十年歷史，在臺灣也有二十五年歷史，SK-II 在臺灣或亞洲消費者眼裡，是一個值得信賴的優良品牌。而臺灣 SK-II 在任何經營面向及行銷面向的操作，都深刻秉持著如何做好、做穩、做強、做大這個三十年不墜的品牌，這種歷史使命感與責任感是長久存在於所有的員工心上。

(二)深入消費者洞察與市場調查：行銷成功的第二個步驟，即是要完整及全面性的做好消費者及市場調查工作，因為了解及掌握消費者的需求、喜好、趨勢、消費行為與品牌態度，是最基本的行銷工作。基本工作做好了，才有後續的行銷任務推展出來，也才有正確的決策依據，資生堂品牌也做到這些重要工作。

(三)S-T-P 精準確定：第三個步驟，即是做好 S-T-P 精準化與明確化。

1. S（Segmentation，區隔市場）：SK-II 產品線非常廣泛，從輕熟女到熟女的階層均有所涵蓋，而彩妝、保養、防曬分三大產品系列也都有提供，形成一個全客層全產品線的完整供應者。

2. T（Target Audience，目標客層）：SK-II 以 25～50 歲女性為主力消費群。

3. P（Positioning，明確的產品定位）：SK-II 以高品質、日系優質品牌形象及精緻服務為其明確的產品定位。

(四)行銷 4P ／ 1S 組合策略：第四步驟即是 SK-II 研擬好行銷 4P/1S 的組合策略，包括產品力（Product）、推廣力（Promotion）、通路力（Place）、定價力（Price），以及服務力（Service）。由於通路力、定價力及服務力比較穩定，不需要有太多的變化及創新需求，因此，在長期操作下，4P/1S 中比較重要且需經常變化的，就在產品力及推廣力了。

(五)行銷預算：為做好媒體廣告宣傳及通路促銷活動，以建立品牌知名度、喜愛度及促進購買慾望，充足行銷預算的編列支援則是必須的。SK-II 全年編列 1.5 億的行銷預算，占 40 億總營收的 4%，可謂支援火力強大。

(六)外部協力行銷公司支援：消費品公司做品牌行銷工作，當然要仰賴外部協力專業公司支援，包括廣告公司、媒體代理商、公關公司。

(七)獲致行銷績效：SK-II 居同業第一品牌、年營收 40 億元及年獲利 4 億元之優良行銷成效。

(八)未來挑戰

(九)持續產品力與推廣力的創新及改變

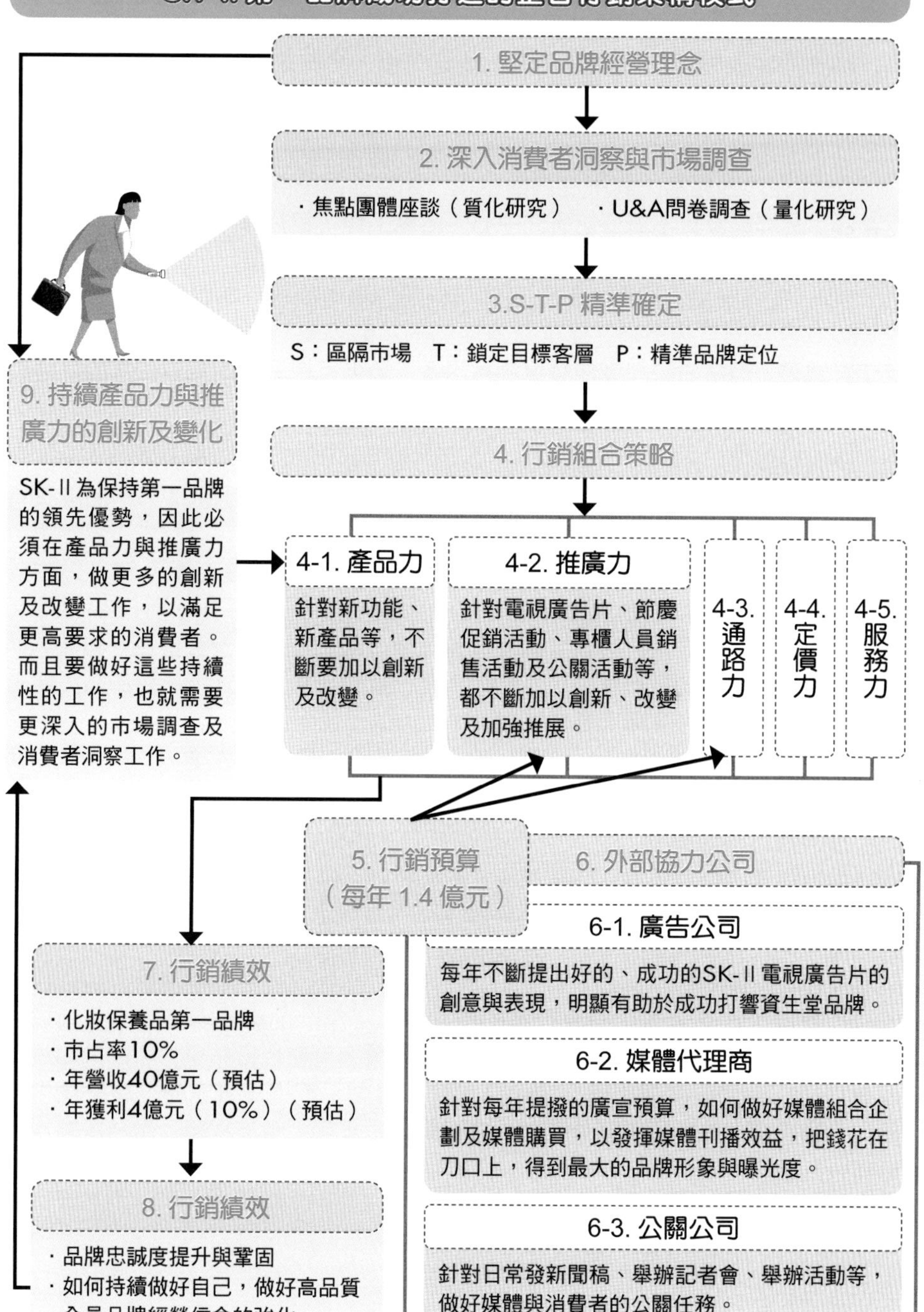
SK-II 第一品牌成功打造的整合行銷架構模式
1. 堅定品牌經營理念
2. 深入消費者洞察與市場調查
・焦點團體座談（質化研究）
・U&A問卷調查（量化研究）
3.S-T-P 精準確定
S：區隔市場
T：鎖定目標客層
P：精準品牌定位
4. 行銷組合策略
4-1. 產品力
針對新功能、新產品等，不斷要加以創新及改變。
4-2. 推廣力
針對電視廣告片、節慶促銷活動、專櫃人員銷售活動及公關活動等，都不斷加以創新、改變及加強推展。
4-3. 通路力
4-4. 定價力
4-5. 服務力
5. 行銷預算（每年 1.4 億元）
6. 外部協力公司
6-1. 廣告公司
每年不斷提出好的、成功的SK-II 電視廣告片的創意與表現，明顯有助於成功打響資生堂品牌。
6-2. 媒體代理商
針對每年提撥的廣宣預算，如何做好媒體組合企劃及媒體購買，以發揮媒體刊播效益，把錢花在刀口上，得到最大的品牌形象與曝光度。
6-3. 公關公司
針對日常發新聞稿、舉辦記者會、舉辦活動等，做好媒體與消費者的公關任務。
7. 行銷績效
・化妝保養品第一品牌
・市占率10%
・年營收40億元（預估）
・年獲利4億元（10%）（預估）
8. 行銷績效
・品牌忠誠度提升與鞏固
・如何持續做好自己，做好高品質
・全員品牌經營信念的強化
9. 持續產品力與推廣力的創新及變化
SK-II 為保持第一品牌的領先優勢，因此必須在產品力與推廣力方面，做更多的創新及改變工作，以滿足更高要求的消費者。而且要做好這些持續性的工作，也就需要更深入的市場調查及消費者洞察工作。

1-36 化妝品第一品牌「SK-II」行銷成功祕訣 III

SK-II 第一品牌成功打造的背後，有著行銷、研發及業務等三大方面的優良人才團隊，才能打造出長期的第一品牌領先地位。

三、SK-II 第一品牌成功打造的內外部組織協力運作機制

(一) 在內部組織：SK-II 在內部組織，非常強調團隊分工與凝聚精神，包括營業部、品牌部及日本總公司研究中心等組織工作，包括每年一次的行銷策略會議、每月一次的營業共識會議及特別的專案小組會議等方式。

(二) 在外部協力組織：SK-II 品牌與外部的廣告公司、媒體代理商及公關公司，也有很好的互動溝通。SK-II 負責產品的策略規劃、定位分析、賣點創造、鎖定客層等。而廣告公司就能發揮創意想像，透過電視廣告而把資生堂的品牌形象更加令人注目及喜愛。

四、研究發現

本個案除了前述研究結論外，還有下列三項發現，均對 SK-II 第一品牌長青不墜發生了最根本的影響力。

＜發現之 1 ＞永保危機，持續不斷行銷各領域創新精進：臺灣 SK-II 源生於日本 SK-II，受其企業經營理念、企業文化及政策指標影響甚深。而日本 SK-II 長久以來即經常強調公司必須保持高度危機意識，因此在各經營管理及行銷領域都必須保持高度競爭的危機意識，不斷改革自己及創新精進，才能不斷的領先競爭對手，然後永保第一品牌而長青不墜。

＜發現之 2 ＞強大的研發能力：SK-II 能夠長久在亞洲地區、日本及臺灣都能保有第一品牌聲望與市場地位，背後支撐的實質力量就是日本資生堂旗下的研發人才團隊及其研發能力。SK-II 全球合計有 1,000 人的研發團隊，包括皮膚研究、生化研究、基因研究、美學研究、彩妝研究、保養研究、抗曬研究等各領域的研發人員，所以才能不斷持續開發出有效果的各種化妝與保養品新產品出來，並且確保高品質控管的效果。這股強大的研發團隊及能力，即是 SK-II 品牌廣受信賴與長青不墜的根本支撐。

＜發現之 3 ＞全方位整合行銷的成功操作：第一品牌成功打造除了前述的永保危機意識及強大研發能力的支援之外，還需要有整合行銷全方位的策略規劃及戰術操作，才能得以實現。這包括代言人規劃、電視廣告宣傳、報紙廣告宣傳、公關宣傳、美容顧問師培訓、節慶促銷活動規劃、會員經營、服務策略規劃等都包括在內。

SK-II內部組織與外部組織行銷協力單位之組織運作機制

SK-II（臺灣） ＋ **外部協力單位**

SK-II（臺灣）	外部協力單位
營業部	廣告公司
品牌行銷部	媒體代理商
研究中心 日本總公司	公關公司

SK-II（臺灣）：

1. 每年一次：
   訂定下年度資生堂的行銷策略方向及重點。
2. 每月一次：
   舉行營業共識會議，由營業及品牌企劃共同參加。
3. 專案小組會議：
   舉辦新產品開發與上市專案會議。

外部協力單位：

1. 不定期機動與廣告代理商舉行電視廣告片之企劃、製作及播出後效果分析會議。
2. 不定期機動與媒體代理商舉行媒體預算、企劃會議及刊播後媒體效益分析會議。

SK-II第一品牌成功的背後人才團隊因素

SK-II第一品牌成功打造的背後人才團隊因素 →

1. 品牌企劃人才
2. 研發人才（日本總公司）
3. 業務人才

→ 堅強人才團隊組成第一品牌經營的

1-37 統一超商 7-SELECT 自有品牌行銷成功祕訣 I

「7-SELECT」自有品牌的行銷首要步驟，就是確認品牌化經營的重要信念。

一、堅持「7-SELECT」品牌化經營信念

負責統一超商自有品牌行銷任務的前行銷群副總蔡篤昌表示，長久以來統一超商就是很重視品牌化經營的一家公司。過去很成功塑造出自有品牌產品，諸如 City Café、icash、ibon、OPEN 小將、御便當等都是案例。蔡篤昌副總再深入的詮釋表示：「品牌是任何事物與任何產品進入市場的識別證與信賴表徵。唯有將產品品牌化經營，這個產品才會有生命及銷售成績。統一超商歷來做行銷工作的首要重點，就是堅持與堅定的品牌化經營；一定會把品牌化當成是頭等大事來看待。」

從以上的說法來看，「7-SELECT」自有品牌的行銷工作的第一個步驟，就是確認品牌化經營的重要信念。

二、「7-SELECT」的宣傳主軸與品牌定位

前行銷群副總蔡篤昌表示，7-SELECT 在各媒體廣告宣傳的主軸訴求點，就是八個字：「平價時尚，正在流行」。他解釋說：「平價是當今大部分消費者的共同需求，也是 M 型社會下大多數消費者的共同心聲。而時尚，則代表著產品的高品質、設計美感，以及與時代同進步的象徵性意義；同時，也是大多數消費者所喜愛的。因此，7-SELECT 自有品牌產品，同時兼具平價與時尚這二個消費者心中共同的需求與元素，就能抓住廣大消費者的內心。這也是 7-SELECT 注定會成功的基本定位所在。」

三、統一超商自有品牌的商品策略

（一）2007 年推出「7-11」品牌：商品部黃經理表示 2007 年 5 月統一超商首度推出的自有品牌名稱為「7-11」品牌，並且以茶飲料為首要產品。黃經理進一步解釋說：「我們當時有經過縝密研究與討論，認為茶飲料市場每年有 200 億市場規模，是最大的單一產品市場；如果切入這個市場的成功率就會比較高。後來，上架銷售的價格策略，我們採取『平價茶飲』策略，別人一瓶約 20 ～ 25 元，但統一超商自有品牌茶飲料，只要 17 元，是別品牌的八折價格。一推出後，就銷售 3,200 萬瓶，算是暢銷成功的案例。」

（二）2009 年推出「7-SELECT」商品系列：2009 年統一超商再次推出第二個「7-SELECT」自有品牌以來，品項已達 200 多項，若再加計「7-11」自有品牌，則兩個主力自有品牌的品項則已超過 300 多項。目前「7-SELECT」的主要商品系列計有右圖所示十五大系列等多元化主要商品。

堅持「7-SELECT」品牌化經營

7-11 自有品牌

City Café | ibon | OPEN小將 | 7-11 | 7-SELECT

唯有品牌才能走遠！

堅決走自有品牌之路！

陸續推出7-11及7-SELECT品牌

2007年

・推出 7-11 茶飲料　・平價茶飲料暢銷上市

2009年

・推出 7-SELECT 系列多元化商品，計有 15 種系列等多元化主要商品。

(1)涼感衣系列　(2)洋芋片系列　(3)經典茶飲系列
(4)隨手包零食系列　(5)微波冷凍食品　(6)山茶花水感保養系列
(7)美味輕食系列　(8)人氣飲品系列　(9)烘培食材
(10)美容保健品　(11)便利日用品　(12)優質紡織品
(13)茶攤手搖風系列　(14)蜜餞系列　(15)暢銷零嘴系列

・以「平價，時尚」正在流行，為總訴求、總定位！

・迄今，非常成功，已成為主力品牌商品！

黃經理表示到現在，「7-SELECT」自有品牌的知名度及產品品項已超過「7-11」自有品牌了。因此，統一超商自有品牌的第一大主力，即是「7-SELECT」。

1-38 統一超商 7-SELECT 自有品牌行銷成功祕訣 II

統一超旗下有「7-11」與「7-SELECT」兩大自有品牌的品項數高達 300 項，從穿的衣服、冷凍食品到零食、點心無所不包，占統一超商的年營收約 10%，換算營收逾 100 億元。

四、發展自有品牌堅持高品質——找一線廠商代工生產

在臺灣，「7-SELECT」茶飲料三年內賣出 1 億瓶；才推出的瓶裝水與隨手包零食，迄今也分別賣出 362 萬瓶與 500 萬包；冷凍食品單月銷售量更超過 100 萬包，帶動市占率從原先的 10% 飆高至 32%，甚至高於超市冷凍食品市占率。

前行銷群副總蔡篤昌進一步分析表示：「發展自有品牌，品質是決勝關鍵，統一超商的『7-SELECT』以平價時尚為主訴求，為了確保品質，產品都委由一線大廠進行代工，以爭取消費者的信賴。也因為規模及設備投資較少，平均售價至少比市面低 20% 至 30%。」根據蔡篤昌副總所提供的資料顯示，右圖所列為統一超商代工自有品牌的一線大廠。

五、「7-SELECT」設計力——設計代表品牌的時尚與質感

(一) 精緻包裝設計，延請日本設計大師操刀：日本便利商店的經驗，讓統一超商的商品採購部門看見「設計」強大的銷售力。因此，統一超商自 2007 年 8 月開始發展自有品牌商品，便確立以「設計」做為主要賣點。商品部黃經理表示：「過去，連鎖賣場的自有品牌商品，總給人難免的廉價感，這次統一超商刻意透過設計，展現獨特品牌精神，加碼賣點則是特別延請的 25 家日本專業設計公司，包括日本包裝設計大師水野學、卷波宰平，以及名插畫家古夜冬考。」

(二) 美感取勝，平價茶飲打開市場：統一超商系列茶飲，價格極具競爭性，以低於市場平均售價 2~3 元的 17 元為定價。結果，以「賣相」、「價格」雙面夾擊，這系列茶飲，在不打廣告、幾乎是悄悄上市的情況下，推出後已銷售 3,200 萬瓶。不少網友在網路上發表自己購買時的決策過程，普遍是「不知口味如何，但因為包裝很美就買了。」

(三) 每年投入 3,000 萬委外設計費：商品部黃經理進一步解釋，傳統廠商推出的商品，經常重功能而忽略美觀，因此，統一超商決定用設計質感與其他傳統製造商區隔。「我們的強項在於包裝設計，因為我們肯投資。統一超商每年投入的設計費高達 3,000 萬元。」統一超商以設計力做為自有品牌的重點，還有一個重要考量，就是設計力不易被模仿及跟進。日本設計大師水野學曾表示：「包裝可以創造品牌形象，也代表著商品的個性與特質，當消費者透過包裝與品牌有了第一次接觸，就能感受到 7-SELECT 的質感與價值。」

7-SELECT：設計力

7-SELECT

以「設計」為主要賣點！

延請多家專業設計公司，
彰顯 7-SELECT 設計的獨特感與美感！

統一超商委外代工的自有品牌

品類	一線代工大廠			
飲料	統一企業	維他露		
零食	華元公司	聯華公司	旺旺	萬歲牌
護唇膏	日本近江兄弟公司			
肉乾	新東陽	美珍香		
衛生紙	金百利公司			
食品	統一企業	華元公司		
酒	日本山多利公司			

備註：目前為統一超商自有品牌代工的一線大廠，已超過20家以上，中小企業廠也超過30家以上。

1-39 統一超商 7-SELECT 自有品牌行銷成功祕訣 III

統一超商雖是眾所皆知的企業品牌，但它對於 2009 年才開創的「7-SELECT」自有品牌仍不敢掉以輕心，並決心打響這個自有品牌。

六、「7-SELECT」的代言人行銷操作

前統一超商行銷群副總蔡篤昌指出，根據他個人的多年經驗顯示，要在短期內有效打響一個新品牌知名度，必得利用代言人行銷策略是最快的行銷操作方式與作法。

前行銷副總蔡篤昌進一步表示，五年前，統一超商打響 City Café 這個自有品牌咖啡，最關鍵的成功因素之一，就是選用了桂綸鎂做 City Café 代言人，並以「整個城市，就是我的咖啡館」做為廣告金句與定位精神。如今，在選用 7-SELECT 自有品牌的代言人時，首先思考到的是這個代言人，必須符合「平價時尚，正在流行」這樣的品牌定位與精神。

因此，經過深思考並與廣告公司多次討論後，決定起用當時極具知名度且形象良好、頗有時尚感的藝人隋棠做為 7-SELECT 的代言人。後來，又加入另一位男性知名藝人高以翔搭配女藝人隋棠，成為雙代言人，以代表更多數的男、女性消費者的喜愛。這二、三年來，事實已證明這個雙代言人的操作是成功的，不論在 7-SELECT 的知名度、好感度或銷售業績方面，每午都有很大的成長率。統一在代言人的投資已得到回收。

七、「7-SELECT」的行銷預算與配置

在「7-SELECT」自有品牌每年度行銷預算方面，前行銷群副總蔡篤昌表示，每年大約 4,000 萬行銷預算支出，占整個「7-SELECT」每年度營收額 50 億的 8% 左右，這應算是合理的比例。行銷預算的分配：「二位代言人年度代言費用，大約是 1,000 萬元；媒體廣告費用，每年大約 2,500 萬元，主要用在電視廣告上，占約 2,000 萬元，其次為報紙廣告 500 萬元；其他剩下的 500 萬元，則包括公關記者會、戶外公車廣告、捷運廣告、官網、網路活動、公關活動、促銷抽獎活動、臉書粉絲專頁、手機 APP 行銷等項目。」

前行銷副總蔡篤昌認為，未來「7-SELECT」年度營收額必會不斷成長，而每年行銷廣告預算支出大概會固定在 4,000 萬元左右即已足夠；那時行銷預算占營收的比例即會下降。另外，蔡篤昌也指出，「7-SELECT」的行銷傳播仍是採取 360 度整合行銷傳播的角度來配置各種媒體與各種行銷活動，以求達到最大的行銷效益目標與品牌目標。

「7-SELECT」代言人行銷

為快速打響 7-SELECT 品牌，
決定引入代言人行銷操作！

↓

尋找代言人，
要符合「時尚、平價」概念

↓

找到：隋棠及高以翔二位代言人

↓

廣告上檔後，快速引起知名度，
對業績成長帶動很大助益！

↓

成功的
雙代言人！

「7-SELECT」每年4,000萬元行銷預算配置

其他活動：記者會、公關活動、戶外廣告、網路活動、店頭行銷、促銷活動500萬元（12.5%）

代言人費用
1,000萬元
（25%）

報紙廣告
500萬元
（12.5%）

電視廣告
2,000萬元
（50%）

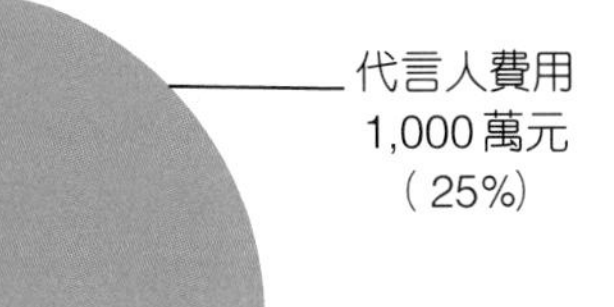

1-40 統一超商 7-SELECT 自有品牌行銷成功祕訣 IV

統一超商之所以發展自有品牌「7-SELECT」的主要原因，乃是因為店數成長已呈飽和，故轉向店質的提升，尋求發展自有品牌以突圍。

八、統一超商發展「7-SELECT」自有品牌四大原因

(一)面對總店數成長瓶頸，為確保整體獲利不衰退：統一超商總店數到達 4,800 家店，即遇到臺灣地區便利商店的成長瓶頸危機，此將牽連到獲利衰退。統一超商轉向店質的提升，故尋求自有品牌的發展與突圍。

(二)因應 M 型化社會發展，消費者有強烈平價產品的需求：面對 M 型化社會發展趨勢與貧富差距的拉大，以及大部分消費者的所得水準，這十多年來並沒有太顯著提升，大家對低價或平價商品的需求愈來愈殷切。而發展自有品牌，在成本上可比向傳統製造商品牌進貨便宜 10 ～ 30%；換言之，自有品牌產品定價將可便宜一到三成，消費者必會大表歡迎。

(三)能創造統一超商與別家超商不同的差異化特色經營，並與同業區隔：統一超商自有品牌的推出成功，例如：City Café、7-SELECT、OPEN 小將、icash、ibon、關東煮、御便當等，不管在實質產品提供上或行銷宣傳印象上，都成功與其他便利商店產生區隔，進而形成差異化與特色化經營。

(四)自有品牌產品相對於全國性廠商產品，享有較高毛利率：自有品牌係直接向外面代工大廠下訂單生產，中間不經過任何批發商、經銷商等通路，所以可省下一筆通路商的利潤抽取。另外，也不用像全國性大廠投入不少的廣告行銷費用，這方面也可省下來。最後，還可省下上架費支出。這些合計起來，同樣品質的消費性產品，統一超商自有品牌會比原來大廠品牌，至少便宜 10 ～ 30%，從而提升了統一超商的利潤率。

九、「7-SELECT」自有品牌成功的五大關鍵因素

本個案經過深度訪談與次級資料蒐集的分析及歸納之後，得出「7-SELECT」自有品牌行銷成功的最主要五大關鍵因素如下：

(一)堅定品牌化經營理念：統一超商是國內品牌行銷傳播操作最成功的典範之一。這是植基於該公司從最高層領導者到所有基層人員都樹立這樣的品牌化經營理念與精神。這是它自有品牌可以成功的最根本要素。

(二)定位精準成功：「7-SELECT」定位在簡單的八個字，即「平價時尚，正在流行」這樣的廣告訴求語，可說簡單又有力。平價是大部分消費者迫切所需；時尚代表不落伍、很先進；而正在流行代表一種必然趨勢。這樣有效與精準的品牌定位成功，奠下「7-SELECT」明確的品牌特色、品牌精神與品牌位置。

統一超商為何發展自有品牌4大原因

統一超商為何發展自有品牌的原因

1. 面對總店數成長瓶頸，為確保整體獲利不衰退。

2. 因應M型化社會發展，消費者有平價產品的強烈需求性。

3. 能創造統一超商與別家超商不同的差異化特色經營，並與同業區隔。

4. 自有品牌產品相對於全國性廠商產品，享有較高毛利率。

「7-SELECT」自有品牌成功5大關鍵因素

7-SELECT自有品牌成功的關鍵因素

1. 堅定品牌化經營理念

2. 品牌定位精準成功

平價時尚，正在流行！

3. 堅持高品質產品力

4. 成功的精緻設計力

5. 代言人行銷成功

1-41 統一超商 7-SELECT 自有品牌行銷成功祕訣 V

統一超商「7-SELECT」十五個產品系列品質，早已不輸全國性製造商的品牌產品，究竟是怎麼做到呢？

九、「7-SELECT」自有品牌成功的五大關鍵因素（續）

(三) 堅持高品質產品力：過去，臺灣通路商自有品牌沒有很成功的發展，主要因素就是雖然平價、低價，但卻伴隨著低品質及品質不穩定的抱怨與事實。最近幾年來，統一超商了解到消費者心中的最大疑慮，乃來自於對自有品牌品質水準的不信賴，因此，設定了高品質的要求，包括從找一線大廠到原料品質控管、生產製造品質控管等，都建立了一套嚴格與高標準的標準作業流程（SOP）。

(四) 成功的精緻設計力：統一超商自有品牌最初始，即找到日本最尖端的設計公司及設計師，並且每年花費 3,000 萬元設計委託費用，為「7-SELECT」十五個產品系列，設計吸引人的產品型式、包裝與色系，此種高水準精緻的設計力展現，也是「7-SELECT」成功的背後要素之一。

(五) 代言人行銷成功：統一超商是行銷高手，深知要成功打造一個產品高知名度與可接受度，不是一件簡單的事。因此，他們就從挑選高知名度、形象良好，而且與品牌定位相符合的代言人下手。他們挑選了知名藝人隋棠及高以翔，以雙代言人方式出擊，並由廣告公司製拍一系列吸引人的電視廣告片，佐以「平價時尚，正在流行」這樣好叫的廣告金句，終於成功的打造出「7-SELECT」的品牌印象，深烙在其目標族群內心中。

十、「7-SELECT」自有品牌品牌化整合行銷模式架構

本個案研究所獲致的第三個結論，即是得到一個完整的自有品牌品牌化的整合行銷架構模式如右圖所示，計有以下六大項：

(一) 堅持品牌化傳播行銷理念：推出 7-SELECT 七大超質選內容。

(二) 品牌定位與品牌目標客層的明確化：提出「平價時尚，正在流行」，鎖定在 20 ～ 35 歲年輕上班族群為主力客層。

(三) 制定品牌傳播策略：以知名藝人與雙代言人搭配策略出擊。

(四) 品牌化整合行銷傳播操作：展開完整的行銷 4P 組合操作策略，包括在產品策略方面，陸續推出最受消費者需求的十五種產品系列；在定價策略方面，以低於同類產品市價 10 ～ 30% 的平價位，深獲消費者物超所值感；在通路策略方面，以全臺 4,800 家門市店的優勢，全面上市，便於各地消費者都能買得到；在推廣策略方面，以足夠的行銷預算，每年約 4,000 萬元，主打於電視廣告，把「7-SELECT」成功打響品牌知名度與好感度。

「7-SELECT」自有品牌品牌化整合行銷模式架構

1. 堅持品牌化傳播行銷理念
推出7-SELECT 7大超質選

2-1. 精準品牌定位
平價時尚，正在流行

2-2. 鎖定目標客層
20～35歲年輕上班族

3. 品牌傳播策略
雙代言人策略成功

4. 品牌化整合行銷傳播操作
行銷4P操作策略

4-1. 產品策略
· 15種產品系列

4-2. 定價策略
· 低於市價10～30%

4-3. 通路策略
· 4,800家市上市

4-4. 推廣策略
· 電視廣告、報紙廣告、記者會、公關活動、網路活動、促銷活動

4-5.
· 每年4,000萬元行銷預算支持

5. 創造優良行銷績效
· 年營收：50億元（預估）
· 年獲利：5億元（預估）
· 未來3年：朝100億元營收邁進
· 占總營收：目前5%，未來10%

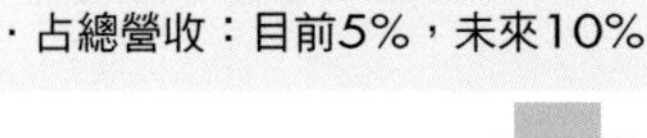

6. 保持品牌長青

1-42 統一超商 7-SELECT 自有品牌行銷成功祕訣 VI

統一超商之所以能夠成功拓展出一個自有品牌「7-SELECT」系列產品，除了其將強勢的通路轉向質的提升外，抓住 M 型化社會發展趨勢推出平價產品，確實能滿足市場需求性。

十、「7-SELECT」自有品牌品牌化整合行銷模式架構（續）

(五) 創造出優良行銷績效：「7-SELECT」自有品牌推出才三年多，其每年營收額都有顯著的高速成長率，目前已做到年營收 50 億元，年獲利 5 億元。未來三年目標將成長到年營收 100 億元，占全公司營收額占比 10% 之高效益貢獻。

(六) 持續保持品牌長青：「7-SELECT」自有品牌將持續從產品研發力、品質水準保持、精緻設計力與廣告宣傳行銷力等多方面更加努力投入，必能確保該品牌永遠在消費者心中。

十一、「7-SELECT」背後的組織團隊運作機制

本個案研究所獲致的最後一個結論，即是了解到通路商成功拓展一個自有品牌，應該有怎樣的組織團隊運作。

統一超商「7-SELECT」自有品牌的經營，主要是先在商品部下面成立「自有品牌專案小組」，由商品部經理擔任召集人；然後下面又分四個小組，依其專長而分工合作，包括商品組、行銷組、門市營業組及廠商組等；每個小組都有其職掌與功能。

此專案小組透過定期與不定期開會模式，制定及展開自有品牌產品開發、上市行銷及門市營業等工作。若有遇到問題，亦隨時透過機動開會以解決問題。

十二、研究發現

＜發現之 1 ＞在 M 型化社會發展趨勢下，通路商推出平價自有品牌產品，確實能滿足市場需求性。

＜發現之 2 ＞通路商發展自有品牌成功，至少應掌握好二大關鍵點，即「平價」與「高品質」必須同時兼顧才可以。

＜發現之 3 ＞通路商自有品牌仍須投入適當行銷預算，並找有效知名代言人，才能成功打造出自有品牌的高知名度與喜愛度。

＜發現之 4 ＞通路商自有品牌成功的經營，確實可帶來差異化與區隔化的經營特色。

＜發現之 5 ＞通路商自有品牌行銷成功的首要步驟，仍與一般全國性製造商品牌一樣，亦即它要有一個成功與精準的「品牌定位」才行。

「7-SELECT」背後的組織團隊運作機制

商品部

自有品牌專案小組

召集人：商品部經理

1. 商品組

(1)負責商品系列評估、市調及規劃

(2)尋找廠商並展開試作及生產製造

2. 行銷組

(1)負責品牌定位

(2)負責年度品牌整合行銷計畫訂定與執行

(3)打造自有品牌知名度

3. 門市營業組

陳列及店頭行銷配合

配合自有品牌在門市店上架、

4. 廠商組

(1)試做樣品

(2)展開製造

(3)控管品質

廣告公司支援（→ 2. 行銷組）

1-43 空調冷氣第一品牌大金行銷成功祕訣 I

來自日本的大金變頻冷氣，雖然 1992 年才由和泰代理，進入臺灣市場較晚，因此如何為大金品牌定位，並創造與現有品牌的差異性，是負責行銷工作的重責大任。

一、大金空調品牌定位——日本一番

和泰興業戰略總處副總經理林鴻志表示，臺灣冷氣市場規模一年約 110 萬臺，是個成熟、穩定的市場，在消費者對品質的要求下，變頻冷氣成了市場發展的主流；雖然大金自 1992 年由和泰代理，進入臺灣市場較晚，但是如何與現有品牌一較長短，並說服消費者改用變頻冷氣，如何為大金定位，並創造品牌的差異性，是負責行銷工作的重責大任。

首先，大金把品牌定位為日本第一（日本一番），在廣告中採用相撲選手比賽，傳達出大金是純日系血統的領導品牌，成功的和一般冷氣廣告，以產品為主要訴求的表現區隔開來。

二、大金空調第一品牌打造成功的關鍵因素

本個案研究獲致近五年來，大金變頻空調冷氣在國內持續位居銷售第一品牌的關鍵成功因素如下：

（一）日本大金高品質產品力支撐：臺灣大金空調產品，全數均由日本大金空調總公司進口，而日本大金總公司在日本的變頻空調市場本來就是第一品牌，口碑極佳，市占率極高，其技術與高品質更獲日本消費者肯定。因此，和泰興業代理大金空調產品在臺灣市場銷售，有此來自日本高品質產品力的支撐，自是造成大金空調在臺灣能夠勝出的第一個根本因素。

（二）廣告策略成功：臺灣大金空調產品，在 2001 年首度推出電視廣告，並以「日本一番」（日本第一）為廣告語句，引起大家的矚目；加以電視廣告片的男主角，正是由該公司董事長親自穿日式和服上陣演出，更是引起媒體話題；終於，來自日本第一的大金，在國內知名度一炮而紅。往後，每年推陳出新的廣告片，均令人印象深刻，「大金」這個品牌形象與資產乃逐漸累積鞏固而成。

（三）每年投入充足 2 億行銷預算支援：自 2001 年起，大金空調投入 7,000 多萬大手筆做起廣告宣傳活動，直到 2012 年止，該年度的行銷預算隨著年營收額的增加，也逐步增加到約 2 億元的預算，占年營收 80 億的比例，約為 2.5%，此比例尚屬合理；但每年 2 億元已不算小金額，可以充分支援大金品牌在各種媒體與行銷活動之曝光。此為其第一品牌成功的關鍵因素之一。

大金的定位成功

定位？

大金空調第一品牌打造成功5大關鍵因素

1.日本大金高品質產品力的支撐

2.廣告策略成功

3.每年投入充足2億行銷預算支援

4.360度整合行銷傳播操作成功

5.綿密經銷通路商布置成功

大金空調第一品牌打造成功5大關鍵因素

1-44 空調冷氣第一品牌大金行銷成功祕訣 II

「他們在爭什麼啊？他們在爭日本第二，第二有什麼好爭？因為第一已經確定了。」這個廣告對話，讓大金品牌知名度與銷售量快速上升。

三、大金空調第一品牌打造成功之 360 度整合行銷傳播操作項目

本研究所獲致的第二個研究結論，即是了解到大金空調在第一品牌操作方面，確係採取 360 度整合行銷傳播操作，以跨媒體及跨行銷活動等操作方式，達到品牌曝光的最大效益與目標，並使每一筆行銷預算都能發揮效果。其整合性行銷項目，包括代言人行銷、電視廣告託播、報紙廣告刊登、雜誌廣告刊登、戶外廣告刊登、促銷活動、網路廣告、公仔行銷、記者會、刊物出版、邀請記者考察日本之旅、媒體報導宣傳、公益行銷，以及通路廣告行銷等十四種。

四、廣告策略成功

大金空調在 2001 年時，首度推出第一支電視廣告就一炮而紅；該支廣告首次喊出「日本一番（日本第一）」廣告語，其中的對話是：「他們在爭什麼啊？他們在爭日本第二，第二有什麼好爭？因為第一已經確定了。」從此，大金品牌知名度與銷售量都快速上升。

此外，另一個廣告策略成功點是廣告片的主角是由和泰興業公司董事長蘇一仲親自演出，而不找其他藝人代言。

行銷企劃經理李承芸進一步詮釋，目前臺灣空調產品的廣告宣傳，往往只強調產品有多好，卻缺少了人味。為了促銷大金空調系列，包括董事長自己、小女兒都亮相，希望能加入一些溫馨的感覺，並對自家的產品有加分作用。

自家人推薦商品，好處不少：一是省下昂貴代言費又可避免以知名人物代言的雷同性高，形象不易管理，以及容易被媒體轉移焦點的缺失。更重要的是取得日本大金代理，強調「日本一番」，要做最好的產品，自己擔任代言，也不會讓總公司輕易取消代理權。董事長堅持只有親身用過才知道最好，產品好才能推薦給消費者，以打動消費者的購買意願。

五、「用大金，省大金」榮獲廣告金句獎

鼓勵在廣告金句創意上努力不懈的廣告主和社會人士及學生發揮創意、創作金句，由動腦俱樂部、臺灣廣告主協會主辦的 2012「廣告流行語金句獎」及「廣告流行語金句創作比賽」，公布年度優勝名單，和泰興業代理的大金空調（DAIKIN）再度以「用大金、省大金」第三次入圍，成為「永恆金句」的得主。「用大金、省大金」之所以再度成為廣告金句，請參右圖說明。

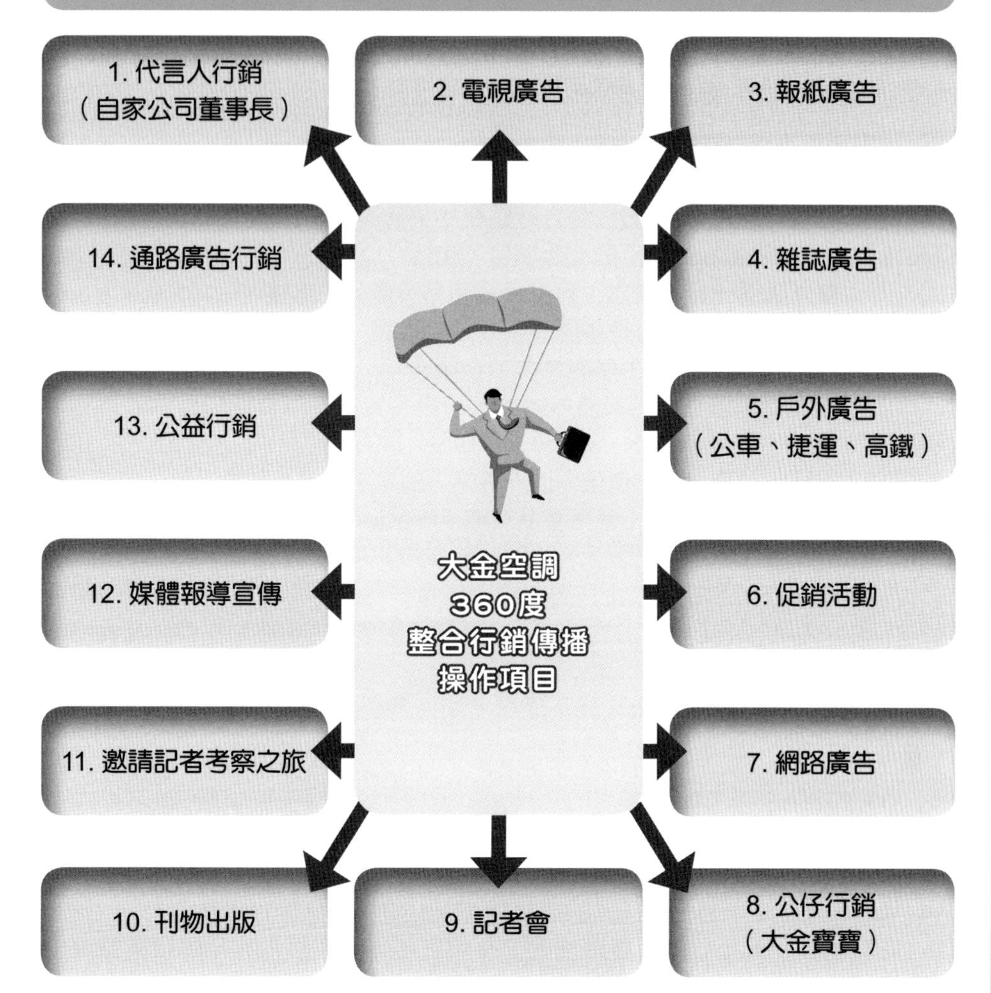

「用大金、省大金」為何成為永恆金句？

和泰興業代理的大金空調（DAIKIN）再度以「用大金、省大金」第三次入圍，成為「永恆金句」的得主。和泰興業副總經理林鴻志指出，「用大金、省大金」忠實傳達大金空調的品牌實力與產品形象，和泰興業將消費者最關切的節能省電問題，與品牌名稱巧妙的結合，增加消費者的記憶度，有效傳達品牌與商品的內涵與優勢，2012 年在報名的百件廣告流行語勝出，透過簡單又不艱澀的創意，觸動消費者的心靈。

1-45 空調冷氣第一品牌大金行銷成功祕訣 III

大金空調能夠長期位居空調第一品牌的市場地位，除了成功的品牌定位與廣告策略外，全方位的整合行銷模式架構，也是成就其大業的主要因素。

六、大金空調第一品牌成功打造之整合行銷模式架構

本個案研究所獲致的第三個研究結論，即是有系統化的歸納出大金空調能夠長期位居空調第一品牌之全方位整合行銷模式架構與內涵，能夠見樹又見林的整理出這個結論模式如右圖所示的七個項目，包括：

(一) 堅定品牌化經營信念：日本大金高品質產品力支撐。

(二) 品牌定位與品牌目標客層的明確化：強調「日本一番（日本第一）」，鎖定中上所得、中產階級以上家庭為主力客層。

(三) 制定行銷傳播主軸策略：以奠定市場品質第一形象並以自家公司董事長親身代言見證，引起話題。

(四) 確認行銷傳播核心價值：以「專業、創新、服務及技術品質」為訴求。

(五) 研訂行銷 4P 策略：包括產品策略（Product）、通路策略（Place）、定價策略（Price），以及推廣策略（Promotion）。

(六) 創造行銷績效：大金高居空調冷氣第一品牌，市占率在家用空調部分占約 18%，商用空調部分則占約 30%；年營收 80 億元、年獲利 4 億元及獲利率 5% 之優良行銷成效。

(七) 面對未來挑戰：未來要不斷思考如何讓產品與技術再創新，以及如何加強廣告與行銷再創新。

七、研究發現

最後，除了上述研究結論之外，本研究還整理出六項研究發現如下：

＜發現之 1 ＞第一品牌打造成功的最根本要件是要有高品質產品力為支撐。

＜發現之 2 ＞廣告創意策略的成功，可以一炮打響品牌知名度。

＜發現之 3 ＞第一品牌長期維繫仍有賴每年度持續投入充足的行銷預算支持才行。

＜發現之 4 ＞綿密與優質的經銷通路商布建，對銷售業績仍屬相當重要。

＜發現之 5 ＞現代任何品牌的行銷操作，都已經朝向整合行銷傳播操作方式，才能發揮更大的品牌效果。

＜發現之 6 ＞任何品牌打造成功，仍須仰賴外部協力單位的專業協助，例如廣告、媒體、公關代理商。

大金空調第一品牌成功打造之整合行銷模式架構

1. 堅持品牌化經營信念

2-1. 品牌定位精準

・日本一番（日本第一）

2-2. 鎖定目標消費族群

・以中上所得、中產階級以上家庭為對象

3. 制定行銷傳播主軸策略

(1)喊出slogan日本一番（日本第一），奠定市場品質第一形象。
(2)以自家公司董事長親身做廣告代言人見證，引起話題。

4. 確認行銷傳播核心價值

・強調「專業、創新、服務及技術品質」為訴求

5. 研訂行銷 4P 策略

5-1. 產品策略

・產品線完整齊全
・高品質技術
・全機3年保證，壓縮機7年保證

5-2. 通路策略

・採取全臺各縣市認證合格之經銷通路商
・以超市及大賣場為主力

5-3. 定價策略

・採取中高價位策略，比本土品牌貴5～20%

5-4. 推廣策略

・採取360度整合行銷傳播策略，一半預算花在電視廣告

5-4-1. 每年2億行銷預算

5-4-2. 廣告、媒體、公關代理商協助

6. 創造行銷績效

・市占率：家用空調18%，商用空調30%
・品牌地位：第一名
・年營收額：80億（預估）
・年獲利：4億（預估）
・獲利率：5%

7. 面對未來挑戰

・產品與技術再創新
・廣告與行銷再創新

1-46 空調冷氣第一品牌大金行銷成功祕訣IV

從前文研究發現，我們可以得知，大金空調能夠成功打造成第一品牌的最根本要件是有來自日本高品質產品力為支撐。然後，才是讓它一炮打響品牌知名度的廣告創意策略。而這中間當然要有充足的行銷預算及綿密與優質的經銷通路商的布建。

上述所提的一切，全部都要建構在內外部組織團隊運作機制之上，才能打造出成功的第一品牌。

八、大金空調之年度行銷預算及配置

本個案研究所獲致的第四個研究結論，即是了解到大金空調為維繫其領先市場的第一品牌，以及為達成每年成長的業績要求，今年大約花費 2 億元的行銷預算支出，占其年營收 80 億元的比例，約在 2.5% 的合理範圍內。

其各項支出項目占比，如右圖所示，仍以電視廣告支出占最大宗，金額達 1 億元，占比為 50%；其次為戶外廣告，金額為 4,000 萬，占比為 20%；再次為平面廣告、促銷活動、網路廣告及其他行銷活動等支出。

九、大金空調之內外部組織團隊

本個案研究所獲致的第五個結論，即是深入了解到大金空調的成功，並不是那一個個人或單一部門的功勞，而是仰賴內外部門多個單位的組織團隊所打造出來的，包括：

(一) 內部組織：

1. 產品力打造：日本總公司技術本部
2. 品牌力打造：行銷企劃部（臺灣）
3. 戰略規劃：戰略總處（臺灣）
4. 業務銷售：業務部（臺灣）

(二) 外部組織：

1. 廣告執行
2. 媒體執行
3. 公關執行

這些內外部組織與成員，都是透過定期與機動開會討論，共同集思廣益，隨時發現問題並解決問題，以達成每年業績成長目標。

大金空調第一品牌打造成功之年度行銷預算及配置

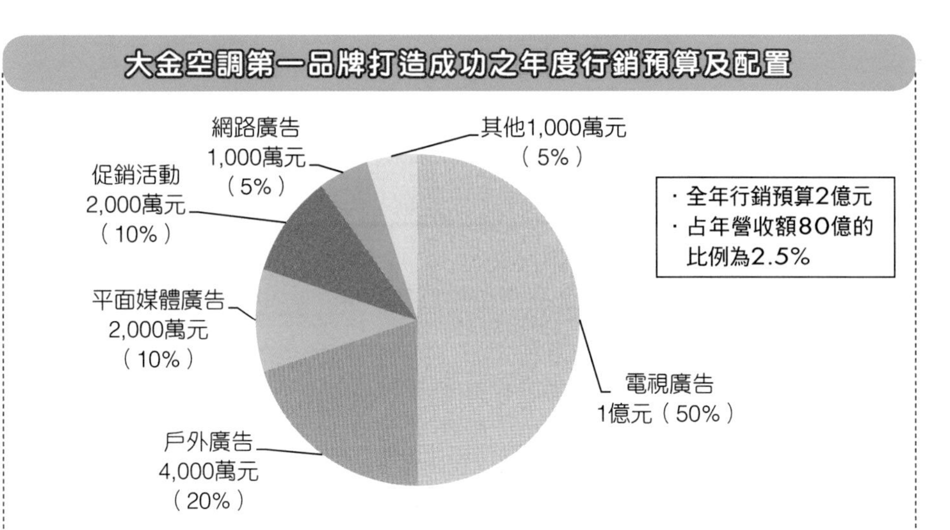

大金空調第一品牌打造成功之內外部組織團隊因子

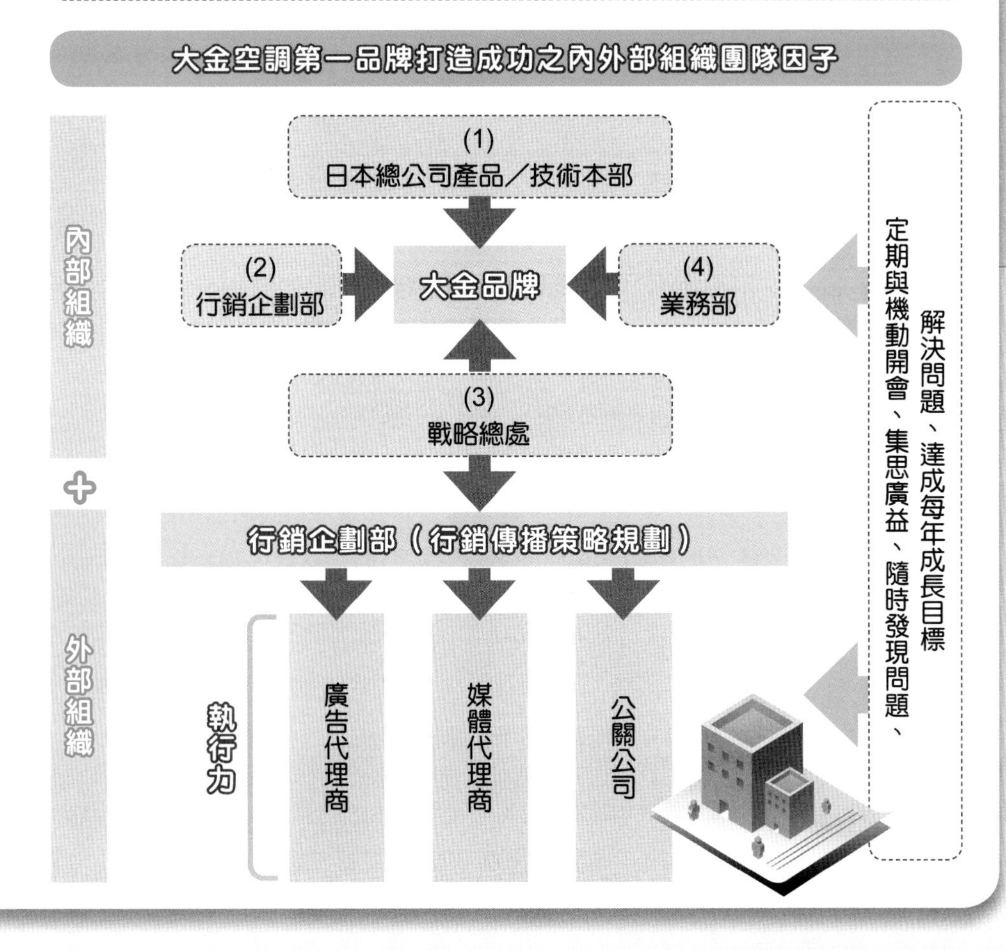

1-47 SOGO 百貨忠孝館週年慶整合行銷成功祕訣 I

SOGO 百貨忠孝館營業部課長表示，每次「週年慶」的業績占全年度 30% 的業績量，是最重要的年度大型促銷活動。其他二個重要的促銷活動是「春節新年」及「母親節」，合計為全年三大檔期活動，占全年度營收 60% 以上比例。

一、週年慶活動的規劃與決策流程

企劃部課長表示，整個週年慶活動的籌劃準備期，大約從五個月前，就開始規劃準備了。主要決策流程如右圖所示。

二、SOGO 百貨忠孝館週年慶活動的五大成功關鍵

SOGO 百貨忠孝館二位課長，共同對此次週年慶能夠成功運作並達成業績目標任務，她們歸納出下列五項關鍵成功因素：

(一) 產品力：SOGO 百貨是零售通路型態，不管有沒有各種推廣活動舉辦，它們對產品力的重視，無疑是放在第一優先的地位。而忠孝館產品力的呈現，包括專櫃廠商要不斷有新產品上架、知名品牌要呈現一流品牌百貨公司模樣、有些產品只在 SOGO 獨賣、專櫃產品的定價要有實惠感，以及產品與品牌要有特色等五點。

(二) 販促力：販賣促進（販促）正是一般百貨零售行業極為重視的整合行銷活動之一環。尤其在面對 2008~2009 年全球及臺灣經濟景氣低迷的時刻，消費者普遍消費保守，斤斤必較，採取理性消費、必要性消費、比較性消費、低價消費，以及促銷折扣期消費的新型態變化。因此，百貨公司站在零售業第一前線更必須有大手筆的販促活動的加碼舉辦。今年，忠孝館在週年慶所投入的販促費用比以往要多出五倍以上，可見販促力的關鍵成功要素了。

(三) 廣宣力：廣宣力也算是週年慶的成功要素之一，但由於 SOGO 百貨知名度很高，主顧客群也很鞏固，因此，廣宣力的作用，就不像產品力及販促力那樣的具有關鍵地位。

(四) 直效行銷力：百貨公司的經營，70% 是鞏固的卡友會員主顧客，30% 才是流動性顧客。因此，忠孝館每次週年慶都要寄出 20 萬份以上的販促目錄（DM），成本高達 900 多萬元，此種直效行銷的操作效益，過去都有 30% 以上回購成果。此外，在鞏固會員經營上，母公司遠東集團旗下鼎鼎行銷公司的 Happy go 卡紅利積點優惠平臺的成功經營，亦間接有助於來 SOGO 百貨公司消費的潛在性誘因。

(五) 異業結盟力：異業結盟在週年慶活動上，主要是指銀行信用卡 0 利率分期付款的配合誘因。由於週年慶期間，消費者購物金額都比平常時期要高出很多倍，這些都必須有信用卡刷卡及 0 利率分期付款的金流搭配，才會完成消費者的整個交易流程。

SOGO百貨週年慶企劃3階段

1. 提案階段

販促部企劃課先提案

2. 跨部門討論階段

與營業部長官召開共同會議並經討論、修正及確認

3. 定案階段

最後，再由各店店長向高階的副總經理及總經理呈報及開會討論後定案

SOGO百貨臺北忠孝館週年慶關鍵成功5要素

1. 產品力

2. 販促力（促銷力）

忠孝館在週年慶所投入的販促費用（例如來店禮、滿6,000送600、滿額禮等）支出高達1億元以上，此遠比2,000萬的廣宣費用支出，要多出5倍以上。

3. 廣宣力

近年來，週年慶的廣宣力，已偏重要平面媒體及電視媒體的新聞性報導，以及消費者口碑相傳的效益。因此，它與一般消費品行業的某一種新產品或新品牌上市，要大打全國性電視廣告的模式是不相同的。因此，廣宣力是一種補助性與支援性的工具表現。

4. 直效行銷力

百貨公司是地區性、地域性、商圈性經營的特色相當重的，70%是鞏固的卡友會員主顧客，30%才是流動性顧客。因此，各館百貨公司必須相當重視現有主顧客的會員經營活動。

5. 異業結盟力

週年慶期間，消費者購物金額都比平常時期要高出很多倍，超過5,000元、1萬元、幾萬元的不在少數，更有名媛貴婦的數十萬元，這些都必須有信用卡刷卡及0利率分期付款的金流搭配，才會完成消費者的整個交易流程。因此，若有更多、更好的銀行加入，並提出優惠贈品措施，則其扮演促進消費總金額的貢獻是很大的。

1-48 SOGO 百貨忠孝館週年慶整合行銷成功祕訣 II

SOGO 百貨忠孝館週年慶的成功，是從四個面向加以貫串而成的，與過去傳統理論模式並不完全相同，這是一個嶄新的傳播模式。

三、建構 SOGO 百貨忠孝館週年慶活動成功的整合行銷傳播架構

本研究所獲致的第二項結論，即是有系統以及從多元面向，去分析、歸納及建構出 SOGO 百貨忠孝館週年慶成功的整合行銷傳播架構模式如右圖所示。此觀念性、全方位的架構模式係從四個面向加以貫串而成的，這四個完整面向如下：

(一) 內部組織要素面向：包括販促部（企劃、公關、宣傳）、營業部（一部到六部），以及資訊部等必須提前五個月準備，一起分工合作、合力攜手，並充分溝通協調、腦力激盪。

(二) 整合行銷傳播面向：整合行銷關鍵成功是五力並進，即產品力、販促力、廣宣力、直效行銷，以及異業結盟力，這樣才能達到成果，包括達到預定週年慶業績目標、全年全館業績與獲利目標，並進一步鞏固主顧客群、持續累積品牌資產，以及維繫廠商良好的互利效果。

(三) 資訊科技面向：包括忠孝館資訊部與鼎鼎行銷公司的 Happy go 卡的合作。

(四) 專櫃廠商面向：專櫃廠商全力配合忠孝館提出的販促活動及產品。

從這四個面向所架構出來一個嶄新的，與過去傳統理論模式並不完全相同的模式，是本研究發現及貢獻的地方。

四、百貨公司週年慶整合行銷傳播架構模式與傳統 IMC 模式不同

過去傳統整合行銷傳播理論架構模式，如前述文獻研討部分的證明，顯示它比較著重單一面向，即從整合行銷傳播的作法與媒介工具著手分析並建構模式。但此次 SOGO 百貨個案研究結果發現，其實整合行銷的成功，應該從更多元的面向，甚至屬於經營面向的角度，做更深入、更完整與更全面性的思考及判斷，這樣的結果，可能是比較客觀與比較顧及各種層面的角度，亦比較確定的來看待所建構出來的 IMC 模式。茲圖示如下：

傳統 IMC Model

單一角度：
1.整合行銷傳播面向

此個案的新 IMC Model

多元且完整角度：
1.整合行銷傳播面向
2.內部組織要素面向
3.資訊科技面向
4.專櫃廠商面向

SOGO百貨忠孝館週年慶整合行銷傳播完整型架構模式

一、內部組織要素面

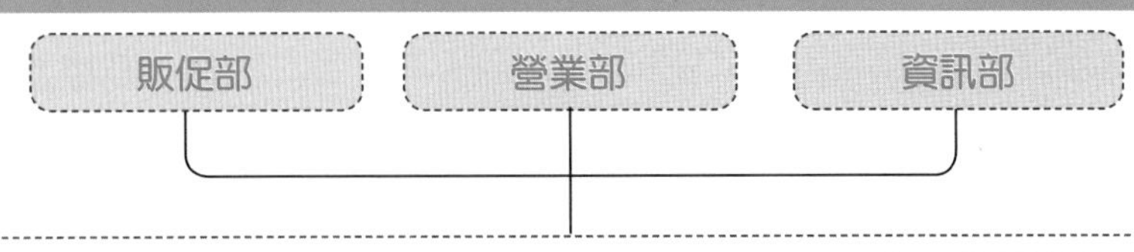

1. 分工合作
2. 合力攜手
3. 充分溝通協調
4. 不斷腦力激盪
5. 提前 5 個月的準備

二、整合行銷傳播面

整合行銷關鍵成功 5 力並進

1. 產品力
   - (1)新品上市
   - (2)獨賣商品
   - (3)品牌齊全
   - (4)差異化、特色性
2. 販促力
   - (1)全館同慶8折起
   - (2)化妝品滿6,000送600
   - (3)限日限量熱賣商品
   - (4)首日限量熱賣商品
   - (5)刷卡贈好禮
   - (6)only SOGO買貴奉送600元
3. 廣宣力
   - (1)平面媒體廣告特刊刊登
   - (2)平面媒體大量公關報導
   - (3)捷運、公車廣告
4. 直效行銷力
   - DM目錄20萬份寄給會員
5. 異業結盟力
   - (1)與15家銀行合作0利率12期付款
   - (2)刷卡禮

整合行銷成果

1. 達成預定週年慶業績目標
2. 達成全年全館業績目標
3. 達成全年全館獲利目標
4. 主顧客群進一步鞏固
5. SOGO百貨品牌資產與品牌價值的持續性累積
6. 廠商關係維繫良好且互利效果

三、資訊科技面

＋

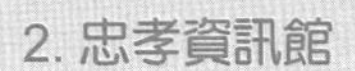

四、專櫃廠商面

專櫃廠商全力配合忠孝館提出的販促活動及產品

1-49 SOGO 百貨忠孝館週年慶整合行銷成功祕訣 III

SOGO 百貨忠孝館週年慶所運用到的十一種 IMC 工具，打響了它週年慶的超大知名度與集客力。

五、SOGO 週年慶 360 度整合行銷工具

SOGO 百貨忠孝館週年慶 360 度整合行銷傳播操作工具彙整如右圖所示，此次 SOGO 百貨忠孝館週年慶運用了 360 度全方位整合行銷傳播的大部分操作工具，打響了 SOGO 週年慶的超大知名度與集客力，可以說是一個成功的 IMC 操作個案。

此次 SOGO 週年慶所運用到的 IMC 工具，包括促銷活動（全館 8 折起、超市 9 折起、化妝品滿 6,000 元送 600 元、卡友來店禮、0 利率分期付款、刷卡禮、限日限量特價品、only SOGO 抵用卷）、直效行銷活動（DM 刊物寄發）、報紙（NP）專刊大篇幅廣告、電視廣告、公車廣告、捷運廣告、店內廣告招牌布置、網路廣告、異業合作（銀行免息分期付款）、公關媒體報導，以及 Happy go 卡紅利積點等十一種。

六、SOGO 週年慶行銷預算配置

SOGO 百貨週年慶整合行銷支出費用中，以促銷費用占比居最高。另外，此次週年慶的行銷支出預算合計約 1 億元，各項費用支出占比如右圖所示，其中，仍以促銷費占 70% 居最高，報紙廣告與 DM 印製寄發各占 10%，其他項目比例較少。此顯示在週年慶活動中，仍以實惠的滿千送百促銷誘因占最重要位置，支出達 7,000 萬元，占 70% 之高。

小博士的話

SOGO 百貨忠孝館的五種產品力呈現

SOGO 百貨是零售通路型態，對產品力的重視，無疑是放在第一優先的地位。而忠孝館產品力的呈現如下：

1. 專櫃廠商要不斷有新產品上架，因為消費者來百貨公司購物，大都希望看到有不一樣的新商品出現。
2. 知名品牌要齊全、整齊，呈現一流的品牌百貨公司模樣。
3. 有些產品要獨賣，即「ONLY SOGO」（只有在 SOGO 賣）的口號能叫得出來。
4. 專櫃產品的定價要有實惠感，消費者感到這是合理的好價錢，SOGO 忠孝館並非高價位的定位館別，反而是一種實惠的感受。
5. 產品及品牌要有特色，區隔化、差異化及優惠化。

臺北SOGO百貨忠孝館週年慶360度整合行銷傳播操作工具

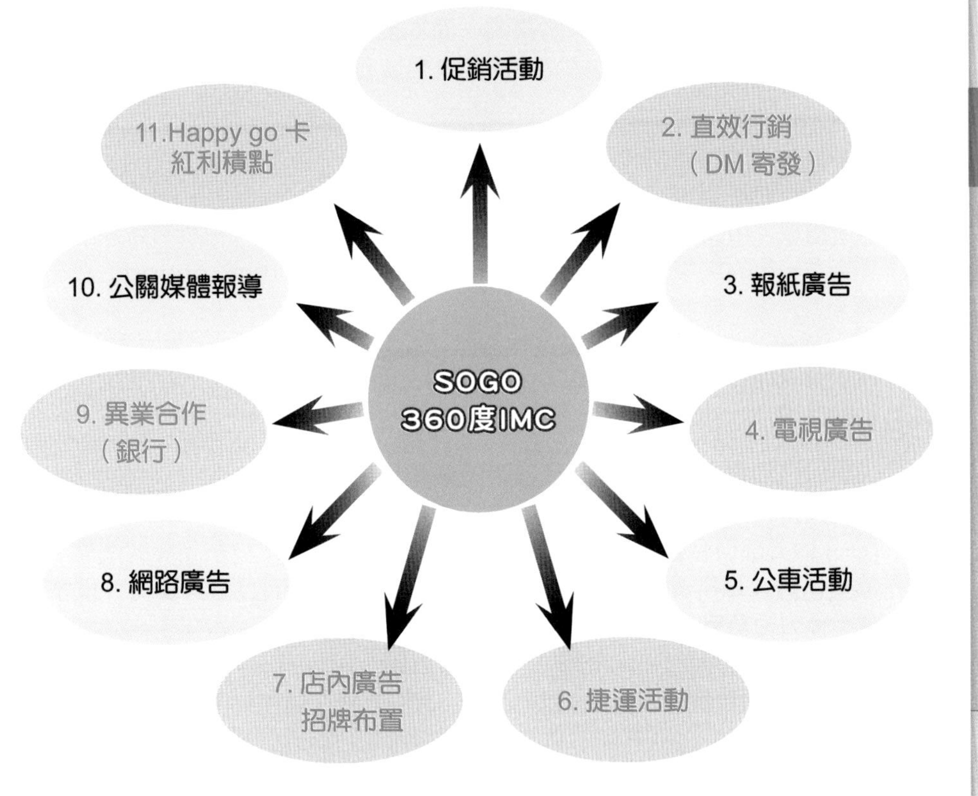

臺北SOGO百貨忠孝館週年慶1億元行銷支出預算各項費用占比

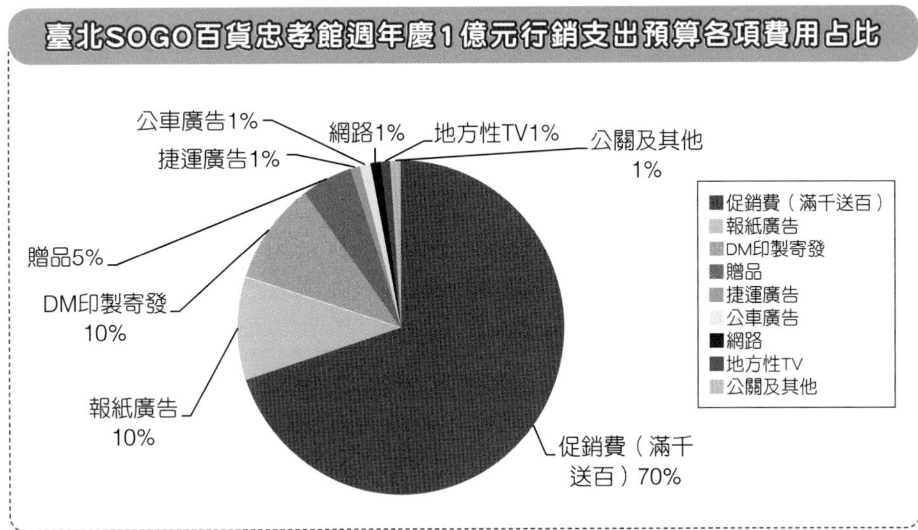

1-50 本土汽車業自創品牌 LUXGEN 行銷成功祕訣 I

LUXGEN（納智捷）汽車，是臺灣一間本土汽車公司，為裕隆汽車於 2008 年 5 月轉投資成立的子公司，於 2009 年 9 月 6 日正式發表 LUXGEN 汽車自有品牌。

一、LUXGEN 汽車的品牌核心

LUXGEN 的品牌核心為奢華（Luxury）與智慧（Genius），LUXGEN 即由這兩字所組成。中文「納智捷」為直接音譯，並有廣納百川、把所有智慧跟好的事情集合在一起的定義，並以「預先設想，超越期待」（Think Ahead）做為品牌精神。

第一款產品為 MPV 七人座之休旅車「Luxgen 7 MPV」；第二款產品為 SUV 運動休旅車；第三款產品為「Luxgen 7 CEO」高級房車於 2011 年 3 月推出及銷售。

二、LUXGEN 自創品牌成功的六大關鍵因素

本研究獲致 LUXGEN 自創品牌能夠成功的六項關鍵因素如下：

(一) 內外部研發技術資源成功大結合：裕隆 LUXGEN 自創品牌的汽車，不僅是靠自己的汽車研發設計中心 600 多位工程師人才，而且還與國內外很多的汽車零組件公司及電子公司等合作研發，透過多方的技術資源大集合，才能開發出屬於自創品牌的 LUXGEN 出來。

(二) 具高品質與高設計產品力：裕隆 LUXGEN 在國內外高技術研發團隊共同努力下，成功開發出具有好口碑的高品質與六大功能設計的優良汽車，其產品力是受到購車消費者肯定的，也是自創品牌成功的基本條件。產品力好這個基本條件，為 LUXGEN 奠下了可大可久的根本能力。

(三) 整合行銷與廣告策略成功：有了好的技術力與產品力之後，接下來就是如何將 LUXGEN 品牌行銷打響的主要議題了。LUXGEN 品牌電視廣告片第一波請到了宏碁施振榮、宏達電周永明、琉璃園王俠軍等形象良好且知名度夠高的企業家站臺為 LUXGEN 發聲推薦；第二波則由裕隆董事長嚴凱泰親自上場，在新聞頻道廣告時段大量播出，把 LUXGEN 品牌知名度在很短時間內成功打響。除了電視廣告策略外，LUXGEN 新品牌上市也運用了整合行銷傳播的各種媒體工具及行銷活動的組合，有效的整合出行銷傳播效果出來。

(四) 擁有專屬行銷通路與服務策略：LUXGEN 自創品牌的汽車銷售據點並不與過去一般的裕隆日產或中華汽車關係企業的經銷店、展示店放在一起，而是開拓出 20 多個 LUXGEN 招牌的專屬展示店做為銷售通路，並對汽車銷售人員進行完整的招聘與培訓，成為優良高級的銷售人員，以配合 LUXGEN 自創品牌的好形象。此外，LUXGEN 也推出業界首創的「全時守護六大承諾」的優質服務措施，為 LUXGEN 的品牌內涵再予以加強鞏固，而獲致購買車者的好評。

LUXGEN自有品牌的推出及品牌核心

裕隆汽車於2008年5月轉投資成立的子公司

臺灣本土汽車公司 → LUXGEN（納智捷）汽車

2009年正式發表 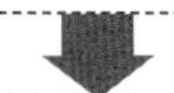 自有品牌

品牌核心：Luxury（奢華）＋ Genius（智慧）

品牌精神：預先設想，超越期待

LUXGEN自創品牌成功6大因素

LUXGEN自創品牌的成功因素

1. 內外部研發技術資源成功大結合

內部600多位工程師與外部汽車零組件及電子公司合作研發。

2. 具高品質與高設計產品力

成功開發出具有好口碑的高品質與六大功能設計的優良汽車。

3. 整合行銷與廣告策略成功

LUXGEN品牌電視廣告片分兩波刊播，第一波請形象良好且知名度夠高的企業家站臺發聲推薦；第二波則由裕隆董事長嚴凱泰親自上場。

4. 擁有專屬行銷通路與服務策略

開拓出20多個LUXGEN招牌的專屬展示店，並對汽車銷售人員進行完整的招聘與培訓，以配合LUXGEN自創品牌的好形象。

5. 定價合宜，具物超所值感

定價在80～100萬元之間，與市場上TOYOTA、NISSAN等日本車系同級車售價相近，競爭力高。

6. 行銷預算充足

LUXGEN新產品上市的行銷預算編列2億元，行銷預算是充足的。

1-51 本土汽車業自創品牌 LUXGEN 行銷成功祕訣 II

總結來說，LUXGEN（納智捷）有很好的產品力與技術力做為基本支撐點，再加上鋪天蓋地 360 度的全方位整合行銷的操作與包裝，必然使 LUXGEN 達到成功行銷的境界。

二、LUXGEN 自創品牌成功的六大關鍵因素（續）

(五)定價合宜，具物超所值感：LUXGEN 2.0 的休旅車或高級房車的售價大約在 80 ～ 100 萬元之間，與市場上 TOYOTA、NISSAN 等日本車系同級車售價相近，競爭力高，對消費者而言，會有物超所值感；此亦顯示出 LUXGEN 定價的成功，使得中產階級 35 歲以上上班族的目標族群都不會嫌車太貴。

(六)行銷預算充足：LUXGEN 品牌上市能夠成功的最後一個因素，就是它的行銷預算充足。此次，LUXGEN 新產品上市的行銷預算編列 2 億元，算是充足的，可以支應整合行銷傳播活動的各項支出，使其能夠成功的為 LUXGEN 做好行銷宣傳，終能打造出高的品牌知名度及品牌形象。

三、LUXGEN 自創品牌成功的整合行銷傳播操作工具

本研究所獲致的 LUXGEN（納智捷）自創品牌成功的整合行銷傳播操作與公關活動操作如下：

(一)LUXGEN（納智捷）的整合行銷操作：包括電視廣告（企業家名人代言）、報紙廣告（廣編特輯稿）、雜誌廣告、公關活動、網路行銷、戶外廣告、通路行銷，以及其他等八種操作工具。

(二)LUXGEN（納智捷）的公關活動操作：包括臺北聽障奧運指定用車、臺北縣低碳博覽會秀出電動車、金鐘獎指定用車、金馬獎指定用車、參加中東杜拜車展，以及臺北國際花卉博覽會指定用車等六種公關活動操作。

LUXGEN（納智捷）透過這一系列有計畫性與有系統性的推出整合行銷與公關活動操作，終於能夠在新車上市的第一年內，成功的打造出 LUXGEN（納智捷）自創品牌的知名度與形象度。

小博士的話

Luxgen 有位超級業務員，多年來的表現讓公司高層相當滿意。但他升遷為業務主管之後，初期不是很適應，因為他一直習慣單打獨鬥。後來他究竟如何轉換心態與工作方式，成功轉型成為一位超級主管呢？其中的關鍵，來自他主管的一句話，「你要繼續做一個單打的武士？或是領隊的將軍呢？」。這句話如當頭棒喝，他覺悟到自己之前的成功，來自於他很懂得激勵自己。但從現在起，他的任務不僅是如此，他要激勵的對象，不僅是自己，而是一整個團隊。

LUXGEN（納智捷）自創品牌新上市整合行銷操作工具

1. 電視廣告－找名人代言
2. 報紙－談跨出國際
3. 雜誌－說性能優越
4. 公關－創熱門話題
5. 網路－有導航功能
6. 戶外廣告打品牌
7. 通路－高科技感

LUXGEN（納智捷）公關活動操作項目

2009.9
臺北聽障奧運會指定用車

2009.9
臺北縣低碳博覽會秀出電動車

2009.10
金鐘獎定用車

2009.11
金馬獎指定用車

2009.12
參加杜拜車展

2010.11
臺北國際花卉博覽會指定用車

1-52 本土汽車業自創品牌 LUXGEN 行銷成功祕訣 III

電視廣告對打開自創品牌汽車的廣泛知名度，仍是最首要的媒體工具。

四、LUXGEN 自創品牌成功的行銷預算與配置

本個案研究所獲致的第三個結論，即是得到 LUXGEN（納智捷）自創品牌成功在行銷預算的編制與各媒體間的配置比例，使我們了解到一個自創品牌新車款上市成功的預算狀況為何。如下圖所示，可以顯示汽車這項耐久性消費財，仍以電視廣告為支出最大比例，高達 70% 之多，達 1.4 億元；此亦顯示電視廣告對打開自創品牌汽車的廣泛知名度，仍是最首要的媒體工具與最有效的途徑。

另外，此次 LUXGEN（納智捷）自創品牌所編列的 2 億元預算占整體營業收入占比約為 2%，比率並不算高，這是因為汽車售價很高，與一般日常消費品不同。

至於其他媒體或行銷活動預算金額的配置比例都不算很高，但都有一些配置，以顯示整合行銷的組合性操作方式。

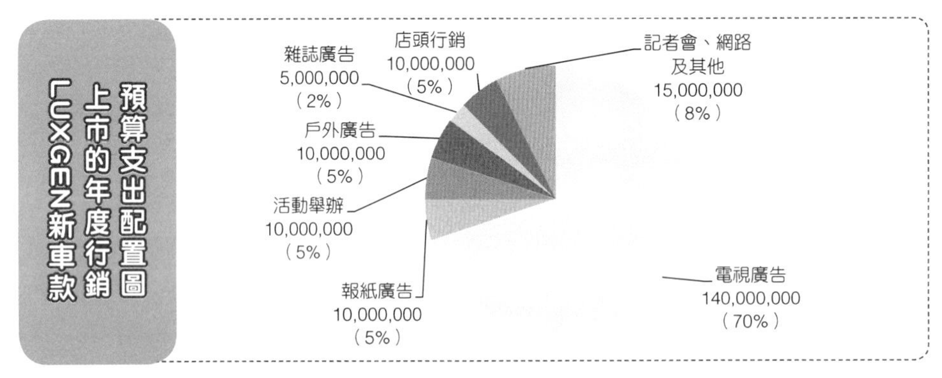

五、LUXGEN 自創品牌成功的內外部行銷組織運作模式

LUXGEN 自創品牌能夠順利成功，其背後必有一個很成功而不為人知的內部行銷組織團隊運作機制與模式。如右圖所示，即本研究所獲致的第四個研究結論，LUXGEN 的成功，係由內外部組織攜手合作所造就的，包括：

(一) 內外組織：主要由行銷部偕同業務部及研發技術中心，負責行銷策略主導規劃、品牌打造與提升策略思考。其中行銷部包括行銷處、公關處，以及廣告處。

(二) 外部組織：偕同外部優良的廣告公司、媒體代理商及公關公司，由他們負責執行出最好的廣告創意與製作、媒體企劃與購買，以及諸多公關活動等，以使外部行銷包裝達到最佳的狀態。

上述內外部組織經常透過定期會議與不定期機動會議，充分討論行銷活動執行後的成效如何，以及如何改善精進，以達到對 LUXGEN 品牌知名度、喜愛度、促購度及忠誠度最高的成果出來。

LUXGEN自創品牌成功的內外部行銷組織運作模式

內部組織

行銷部
- (1)行銷處
- (2)公關處
- (3)廣告處

· 負責行銷策略規劃
· 負責品牌打造與提升策略思考

業務部　　研發技術中心

+

- (1)定期召開動腦會議
- (2)機動召開行銷對策會議
- (3)充分討論、分工合作、團隊出擊

外部組織

廣告公司

· 負責廣告創意發想及廣告製作
· 負責媒體播放企劃與購買
· 負責公關活動策略執行

媒體代理商　　公關公司

· 達成品牌打造目標
· 達成銷售目標
· 達成市占率目標

1-53 本土汽車業自創品牌 LUXGEN 行銷成功祕訣Ⅳ

本個案研究所獲致的重要結論，即是歸納彙整出 LUXGEN 自創品牌成功的全方位整合行銷策略架構模式如右圖所示，每個關卡內涵都對 LUXGEN 自創品牌的成功營運，都帶來重要的影響。

六、LUXGEN 自創品牌成功的全方位整合行銷策略架構模式

本個案研究所獲致的這個重要的完整性架構，包括七大關卡內涵，玆扼要說明如下：

(一) 消費者洞察與顧客導向：首先，要對新車款的設計方向，展開購車者的消費者洞察與堅守顧客導向，才能掌握消費者的真實需求與創新需求。

(二) 新產品研發技術合作與創新：然後，搭配國內外研發技術合作與創新，才能夠順利打造出這款新車，技術力條件的配合與支援，是非常重要的。

(三) 品牌命名與品牌定位：車子打造出來之後，即要進行行銷的準備；第一步即是品牌命名與品牌定位。LUXGEN 是由「奢華」（Luxury）與「智慧」（Genius）所組合，具有智慧科技車及預先設想（Think Ahead），超越期待的品牌精神與品牌定位。

(四) TA（目標顧客群）設定：TA 設定在 35 歲以上中壯年族群、中產階級上班族的男性消費者為主力，此目標客層也與 LUXGEN「預先設想，超越期待」品牌精神蠻相一致的。

(五) 行銷 4P/1S 策略組合規劃：接下來展開行銷 4P/1S 策略組合規劃的執行操作，包括產品策略、定價策略、廣告與公關宣傳策略、通路策略，以及服務策略等五大面向的規劃與落實執行，以求有效的打響 LUXGEN 新創品牌的知名度及形象度。其中定價策略方面，強調物超所值感；而廣告與公關宣傳策略方面，則分二波由企業家及自家董事長代言。

(六) 整合行銷績效：再來，即是檢視整合行銷的績效成果。LUXGEN 上市二年來，已算是成功的存活下來，早期有些人並不看好國內本土汽車能夠自創品牌成功，但 LUXGEN 卻奇蹟的做到了，並打破國內汽車市場全部被日系汽車所獨占的市場現象。LUXGEN 自創品牌汽車，目前每年賣出 1.6 萬輛汽車，第二年即已達到損益平衡而不虧錢的良好現象，並位居國內繼 TOYOTA、NISSAN、中華、福特及 MAZDA 之後的第六位品牌汽車，實屬不易。

(七) 面對未來挑戰：最後，未來 LUXGEN 長遠的路還要走很遠，如何在技術研發面持續創新精進，以及如何透過創新行銷，以鞏固及強化 LUXGEN 品牌形象，是未來努力方向。

LUXGEN自創品牌成功的全方位整合行銷策略架構

1. 消費者洞察與顧客導向

2. 新產品研發技術合作與創新

3. 品牌命名與品牌定位

4.TA（目標顧客群）設定

5. 行銷 4P/1S 策略組合規劃

5-1. 產品策略（Product）	5-2. 定價策略（Price）	5-3. 廣告與公關宣傳策略（Promotion）	5-4. 通路策略（Place）	5-5. 服務策略（Service）
高品質、高設計	物超所值感	企業家代言廣告	專屬通路展示店	全時守護六大承諾

5-3-1. 行銷預算（營收額2%）

5-3-2. 廣告、媒體、公關等代理商協助

6. 整合行銷績效

(1)於2年內晉升為第6大汽車品牌
(2)於2年達損益平衡
(3)每年賣出1.6萬輛車
(4)外銷中東國家
(5)進軍中國大陸合資
(6)存活下來

7. 未來挑戰

- 持續創新、精進
- 鞏固與強化品牌形象

1-54 醫美保養品第一品牌 DR.WU 行銷成功祕訣 I

本土品牌 DR.WU 之所以能成為國內醫美保養品第一品牌，主要在於其創辦人是皮膚科醫生的佼佼者，非常了解亞洲人肌膚的優弱特性與需求，然後以「醫療級」、「專業級」醫美產品為根本定位，再搭配強大的研發配方能力，還花費很多精神到國內外找不同的最佳代工工廠做配合，以確保 DR.WU 不同系列醫美產品都有其最好的高品質製造出來。

一、DR.WU 品牌簡介

臺灣 NO.1 醫美保養品牌 DR.WU，由臺大皮膚科臨床教授吳英俊及吳奕叡父子於 2003 年所創立，DR.WU 研發團隊深入了解亞洲人肌膚的優弱特性與需求，透過其創新研發的三合一導入液，進行高度美白、保溼、抗皺效能的美容保養，不但受到時尚名流、演藝圈人士的推薦與肯定，也奠定了 DR.WU 第一醫美保養品牌的領導地位。而後 DR.WU 研發團隊進一步研發一系列強調「高效能、低敏感」的專業美容保養品，讓注重肌膚保養的現代人，即使在家也能延續專業美容的護膚機制，創造「簡單擁有好膚質」的頂級保養概念。

二、 DR.WU 成為醫美保養品第一品牌行銷成功的五大關鍵因素

本研究所歸納獲致 DR.WU 成為國內醫美保養品第一品牌行銷成功的五項關鍵因素如下：

(一) 定位精準，獨特成功：DR.WU 雖為本土品牌，不像國外品牌既有資源雄厚可比；但 DR.WU 以創辦人吳英俊先生本身身為知名皮膚科醫生且為臺大醫學系畢業，具有二、三十年執業豐富經驗，可以説是此行業出身。因此，DR.WU 以「醫療級」、「專業級」醫美產品為根本定位，恰能彰顯出其獨特性與優越性的定位精神與實質內涵，可謂為首要的關鍵成功因素之一。

(二) 研發力強大：DR.WU 除了創辦人具有皮膚醫美的專業知識外，該公司又聘請了接近 30 位在此領域的專業碩博士級的醫美產品研發人員，不斷研發出比其他競爭品牌更有療效的產品配方，其研發力的強大，已成為 DR.WU 醫美產品廣受消費大眾肯定的最根本核心關鍵因素所在。

(三) 高品質力支撐：DR.WU 除了有強大研發配方能力外，還花費很多精神到國內外找不同的最佳代工工廠做配合，而不是只有找同一家代工廠。如此作法，確保了 DR.WU 不同系列醫美產品都有其最好的高品質製造出來。此種最終的高品質力展現在消費者實際使用中，就會獲得最佳的口碑與滿意，並且成為高忠誠度的消費者。因此，高品質力的支撐，成為 DR.WU 行銷成功的第三個關鍵因素。

DR.WU 品牌簡介

由台大皮膚科臨床教授吳英俊父子 2003 年創立

針對亞洲人肌膚的優弱特性，研發 三合一導入液美容保養 → 高度美白、保溼、抗皺效能

受到時尚名流、演藝人士的推薦與肯定

奠定了 DR.WU 醫美保養品牌的 No.1

進一步研發一系列「高效能、低敏感」的專業美容保養品

創造在家「簡單擁有好膚質」的頂級保養概念

DR.WU醫美保養品第一品牌行銷成功5大關鍵因素

DR.WU醫美第一品牌關鍵成功因素

1. 定位精準，獨特成功

以「醫療級」、「專業級」醫美產品為根本定位。

2. 研發力強大

除了醫美專業創辦人外，又聘請近30位專業醫美產品研發人員。

3. 高品質力支撐

在國內外找不同的最佳代工工廠做配合。

4. 網路口碑傳播成功

從透過參與fashion-guide美妝網站的市調大隊評選得獎與認證，奠下良好口碑傳播。

5. 通路密布，購買便利

(1)初期以屈臣氏及康是美二家藥妝連鎖店做為通路上架之處。
(2)近期才開始進入較高檔次的百貨公司設立專櫃。

1-55 醫美保養品第一品牌 DR.WU 行銷成功祕訣 II

除了前述定位精準獨特成功及研發力強大與高品質力支撐外，接下來就是看這個品牌及產品如何做行銷了。

二、DR.WU 成為醫美保養品第一品牌行銷成功的五大關鍵因素（續）

（四）網路口碑傳播成功：任何品牌從沒有知名度到有高知名度及高接受度，一定要從行銷操作下手才行。DR.WU 在較早期剛上市時，因係為中小企業，公司財力並不是很足夠，因此無法像國外品牌這樣花大錢做電視廣告；DR.WU 只有從花小錢的網路行銷操作做起，透過參與 fashion-guide 美妝網站的市調大隊評選得獎與得到認證，奠下 DR.WU 在各種社群網站的良好口碑傳播，再加上其他節目與名人的證言，終使 DR.WU 品牌知名度逐年暴紅起來。

（五）通路密布，購買便利：DR.WU 醫美產品首先布局的通路，它選定以普及率相當高的屈臣氏及康是美二家藥妝連鎖店做為通路上架之處，其銷售據點數達七、八百家之多，對大眾消費者而言，是相當便利的。這種開架式藥妝通路比百貨公司專櫃更適合本土品牌以及剛剛推出的品牌上架。直到近二、三年來，DR.WU 品牌受到肯定之後，才開始進入較高檔次的百貨公司設立專櫃，躋身與國外一流化妝保養品牌相競爭並提高自身身價。

三、建立 DR.WU 成為醫美第一品牌之整合行銷傳播模式架構

本個案研究所獲致的第二個研究結論，即是從全方位面向建立起 DR.WU 成為醫美保養品第一品牌之整合行銷傳播模式架構如右圖所示，計有以下五大項：

（一）品牌定位：醫療級醫美產品。

（二）行銷傳播策略：初期以網路口碑行銷為主力。

（三）行銷 4P 策略：展開完整的行銷 4P 組合操作策略，包括在產品策略方面，推出完整八大產品系列，滿足各種消費群；在通路策略方面，包括密布藥妝連鎖店近 1,000 個銷售點、進入一級百貨公司設櫃、海外設點，以及網路購物等多元化通路，便於各地消費者都能買得到；在定價策略方面，在藥妝連鎖開架銷售採中等價位策略，而百貨公司之通路則採中高價位銷售；在推廣策略方面，以網路行銷為主力，再輔以其他宣傳管道，例如雜誌廣告、名人證言、促銷活動、記者會、公關採訪報導等進行行銷推廣。

（四）行銷（經營）績效的產生：包括年度營收 10 億元、年獲利 2 億元、市占率 30%、高居第一品牌市場地位。

（五）面對未來挑戰：DR.WU 將持續讓研發力不斷領先、高品質水準再加強並提升，以及品牌力的再深耕。

DR.WU成為醫美第一品牌之整合行銷模式架構

1. 品牌定位

醫療級醫美產品

1-1. 強大研發團隊支撐

2. 行銷傳播策略

初期：以網路口碑行銷為主力

3. 行銷 4P 策略

3-1. 產品策略

(1)推出完整8大產品系列，滿足各種消費群。
(2)不同產品線找不同代工廠，以確保品質。

3-2. 通路策略

(1)密布藥妝連鎖店近1,000個銷售據點。
(2)進入一級百貨公司設立專櫃。
(3)海外市場設立據點。
(4)網購通路也上架銷售。

3-3. 定價策略

(1)藥妝連鎖店開架式
採中等價位策略
(2)百貨公司
以不同等級產品，採中高價位。

3-4. 推廣策略

(1)網路行銷為主力
(2)雜誌廣告
(3)名人證言
(4)促銷活動
(5)記者會
(6)公關採訪報導

4. 行銷（經營）績效

- 年度營收：10億（預估）
- 年度獲利：2億（預估）
- 市占率：30%
- 市場地位：第一品牌

5. 未來挑戰

(1)研發不斷領先
(2)高品質再提升
(3)品牌力再深耕

1-56 醫美保養品第一品牌 DR.WU 行銷成功祕訣 III

DR.WU 雖然身為國內醫美保養品的第一品牌，但是其在每年度行銷廣宣支出預算上仍是相當樽節，如此可顯示出其行銷操作手法的靈巧，打出了「小而美」的預算仍有大效果的行銷績效。

四、DR.WU 未來挑戰

在被問 DR.WU 在第一品牌領導地位的未來挑戰時，吳總經理做了這樣的回應：「DR.WU 未來挑戰不是來自外部的競爭對手；而是來自自身是否能夠不斷的進步、創新與突破。這主要有三個核心，一是 DR.WU 的研發力的再突破；二是 DR.WU 產品製造品質的再提升；三是 DR.WU 品牌形象的再深耕。只要做好這三個重點，DR.WU 必可持續保持醫美保養品市場的領導地位。」

五、DR.WU 每年度品牌行銷預算金額及配置

本個案研究所獲致的第三個結論，即是了解到即使身為國內醫美保養品第一品牌的 DR.WU，其在每年度行銷廣宣支出預算上仍是相當樽節的，並且展現出即使是小預算，但是也能做出大效果的行銷策略操作。

DR.WU 每年度行銷預算約 2,000 萬元，占其年營收 10 億元的比例僅 2%，比例在同行業間算是低的。而 2,000 萬元的行銷配置，則以網路行銷、雜誌廣告及促銷活動三者占較多，合計占到 1,500 萬元，其他項目則占 500 萬元。

六、研究發現

本個案研究，除獲致前述研究結論之外，亦有下列六點重要研究發現，茲條列如下：

＜發現之 1 ＞運用獨家特色，本土中小企業醫美品牌也能利用較少行銷預算，打造出高知名度醫美品牌。

＜發現之 2 ＞醫美保養品市場第一品牌領導地位的取得，除行銷因素致勝外，也要同時、同步仰賴背後強大研發力做支持。

＜發現之 3 ＞品牌定位精準與有效，是任何一個品牌行銷成功的第一個必要步驟。

＜發現之 4 ＞網路口碑行銷是任何品牌在整合行銷傳播中的一環，而其角色與功能已日益重要，成為行銷傳播中不可或缺的一環。

＜發現之 5 ＞通路布局策略的有效配合，是品牌行銷成功的要素之一。

＜發現之 6 ＞高品質仍是堅守第一品牌領導地位的根本要素。

DR.WU每年度品牌行銷預算及配置

- 每年行銷預算 2,000萬元
- 占年營收10億比例 2%

其他（記者會、戶外廣告、公關活動、店頭行銷等）500萬元（25%）

網路行銷 500萬元（25%）

促銷活動 500萬元（25%）

雜誌廣告 500萬元（25%）

研究6發現

1.運用獨家特色，小預算打造高知名度品牌。

2.行銷致勝，也要仰賴強大研發力。

3.品牌定位精準與有效是首要步驟。

4.網路口碑行銷已日益重要。

5.通路布局策略的有效配合。

6.高品質仍是根本要素。

1-57 冷氣空調第一品牌日立行銷成功祕訣 I

臺灣日立冷氣之所以能成為第一品牌，除了高品質產品力外，重要關鍵在於2007年後，大幅轉變廣告行銷策略，讓「時尚生活美學」再次鞏固它的地位。

一、日立冷氣第一品牌行銷成功五個關鍵因素

本個案研究所獲致日立冷氣第一品牌行銷成功的五個關鍵因素如下：

（一）代言人行銷成功：日立冷氣過去採取傳統的電視廣告行銷，以強調企業形象廣告及功能性為訴求的廣告。但自2007年後，大幅轉變廣告行銷策略，大膽起用時尚名媛孫芸芸做為日立家電全方位產品系列的首位代言人，並以「時尚生活美學」為slogan（廣告宣傳語），意圖塑造日立家電「精品化」的形象概念轉變。事後的銷售量成長與市占率提升，在在證明了此項代言人創新行銷策略的顯著成功，也再次鞏固了日立冷氣的第一品牌形象。

（二）堅持高品質產品力：臺灣日立冷氣的高品質印象與實質，是緣自於兩大因素，一是日立冷氣的核心配件壓縮機，是來自日本日立原廠，日本日立是全球最知名的冷氣製造廠，其品管嚴格是全球知名的。二是臺灣日立冷氣其他零配件、設計及組裝製造都是在臺灣桃園原廠進行的，並且獲得經濟部MIT（臺灣製）標章保證；相較於其他別廠採用大陸及東南亞製造的零配件，其在高品質保證上，臺灣日立是優於其他冷氣空調品牌的。

（三）研發力強大：臺灣日立冷氣除了有來自日本日立總公司在研發技術的奧援引進之外，在臺灣日立公司也擁有160多位專研各種家電產品的高級研發工程師與技術人員；此種龐大的研發團隊人才，即成為日立冷氣高品質產品力的最根本支撐與保證來源。

（四）整合行銷傳播操作成功：臺灣日立冷氣自2007年來首度採用代言人行銷策略之後，每年度再推廣「臺灣日立」這個企業品牌與產品品牌上，即採取所謂的整合行銷傳播操作手法；此即透過代言人、電視廣告、報紙廣告、雜誌廣告、戶外廣告、網路廣告、公關活動、促銷贈獎活動、公益行銷活動及媒體報導等360度全方位行銷傳播手法，使「臺灣日立冷氣」的品牌形象，可以得到最大的曝光度、知名度、好感度與促購度。這也是臺灣日立冷氣長期成為領先的第一品牌之重要因素所致。

（五）通路布置綿密扎實：臺灣日立冷氣在全臺主要十三個縣市市場設有分公司及營業所，專責當地市場冷氣的銷售業務及售後服務。不管在大型家電連鎖賣場、特約家電行、量販店及網路購物等通路都可以方便購買到日立冷氣。此種通路布置綿密扎實，也成為臺灣日立冷氣第一品牌的因素之一。

臺灣日立冷氣第一品牌行銷成功5大關鍵因素

1.代言人行銷成功

5.通路布置
綿密扎實

2.堅持高品質
產品力

臺灣日立冷氣第一品牌
的成功關鍵

4.整合行銷傳播
操作成功

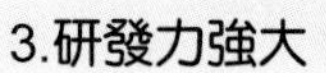

3.研發力強大

日立：孫芸芸代言人成功

孫芸芸
（代言人）

生活美學
（主軸定位）

精品級家電

1-58 冷氣空調第一品牌日立行銷成功祕訣 II

從預算占比可以發現，臺灣日立冷氣的行銷預算花在電視廣告約有 60%。

二、日立冷氣第一品牌行銷成功的整合行銷傳播操作

本個案研究所獲致的第二個研究結論，是臺灣日立冷氣第一品牌的確採取了 360 度整合行銷的操作手法；即它同步、同時採用了多元化不同的媒體宣傳工具及不同的行銷活動，使日立品牌行銷形象達到高度一致性，並有效提升日立品牌的知名度、好感度與促購度之行銷效果。

這種 360 度整合行銷的操作項目，包括代言人行銷、電視廣告、雜誌廣告、報紙廣告、記者會、媒體採訪報導、官網行銷、通路行銷活動舉辦、售後維修服務、公車與捷運廣告、公益行銷活動，以及促銷贈品活動等十二種。

三、日立冷氣第一品牌之年度行銷預算及配置

本個案研究所獲致的第三個結論，即是臺灣日立冷氣第一品牌之年度行銷預算及其配置占比，包括年度行銷預算 1 億元、行銷預算占總營收額比例 2%、電視廣告 6,000 萬元（占 60%）、報紙廣告 1,000 萬元（占 10%）、雜誌廣告 500 萬元（占 5%）、通路贊助 500 萬元（占 5%）、代言人費用 1,000 萬元（占 10%），以及其他各項活動 1,000 萬元（占 10%）。

從上述占比可以發現，臺灣日立冷氣的行銷預算 60% 比例是花在電視廣告上面，顯然電視廣告仍是廣告效益較顯著的媒體工具。此外，代言人及報紙廣告也各花了 1,000 萬元，是第二大占比的行銷廣宣支出。

四、日立冷氣第一品牌打造之整合行銷模式架構

本個案研究所獲致的第四個研究結論，即是歸納出一個較完整與全方位面向的日立冷氣第一品牌之整合行銷模式架構如右圖所示，計有以下五大項：

(一) 品牌定位：強調「高品質、時尚生活美學」，背後有強大研發力為支撐。

(二) 行銷傳播主軸策略：以代言人行銷策略為主力，廣告宣傳口號為「時尚生活美學打造者」。

(三) 行銷 4P 策略：展開完整的行銷 4P 組合操作策略，包括在產品策略方面，推出日本原裝進口壓縮機，完全臺灣本地設計、研發、製造；在定價策略方面，採略高於本土冷氣品牌約 10% 定價的中高價位策略；在通路策略方面，包括密布全臺十三個縣市分公司及營業所，以及 200 家經銷商藥妝連鎖店，便於各地消費者都能買得到；在推廣策略方面，包括代言人、電視廣告、報紙廣告、雜誌廣告、公益行銷、戶外廣告、通路行銷、促銷活動、公關報導等多元管道進行推廣。

臺灣日立冷氣第一品牌之整合行銷傳播操作

臺灣日立冷氣第一品牌打造之年度行銷預算及配置

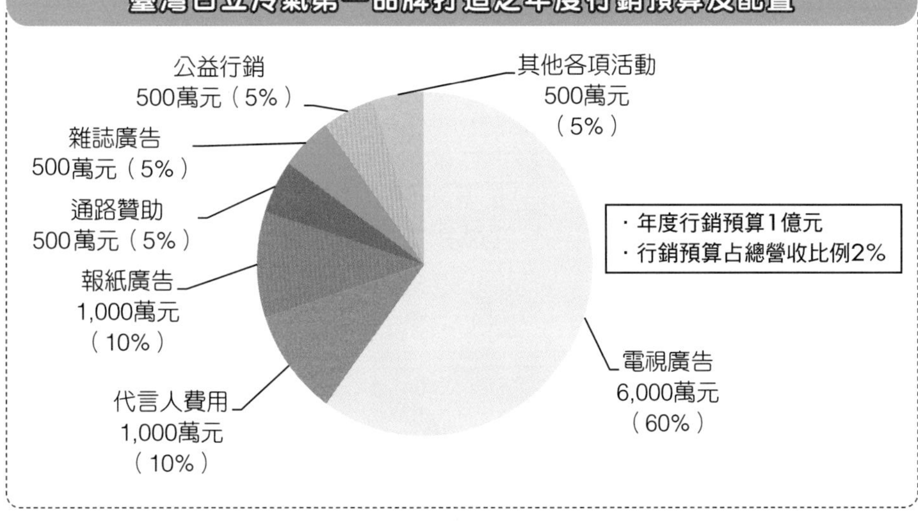

1-59 冷氣空調第一品牌日立行銷成功祕訣 III

日立冷氣的轉型成功並仍位居第一品牌地位，在於其代言人的行銷策略運用得相當成功，將一個有點老成的品牌透過時尚名媛的代言，成功轉型為摩登的日用家電。

四、日立冷氣第一品牌打造之整合行銷模式架構（續）

(四) 行銷績效的產生：包括品牌地位為市場第一品牌、年度營收 48 億元、年銷量 24 萬臺，以及年獲利 4.8 億元。

(五) 面對未來挑戰：臺灣日立冷氣將持續確保研發品質及行銷操作再創新。

五、研究發現

除前述四項研究結論之外，本個案研究最後還統整歸納出下列五項重要的研究發現：

＜發現之 1 ＞代言人行銷若運用成功，對該品牌行銷成功，的確帶來很大正面影響力。

＜發現之 2 ＞堅持高品質產品力，是任何品牌成功的最核心根基所在。

＜發現之 3 ＞對耐久性消費品而言，通路布置綿密扎實，也是成功的配合條件之一。

＜發現之 4 ＞整合行銷傳播操作得當，會帶來更大效益的品牌行銷效果。

＜發現之 5 ＞持續第一品牌是必須仰賴長期行銷預算投入，才能打造及累積出來的。

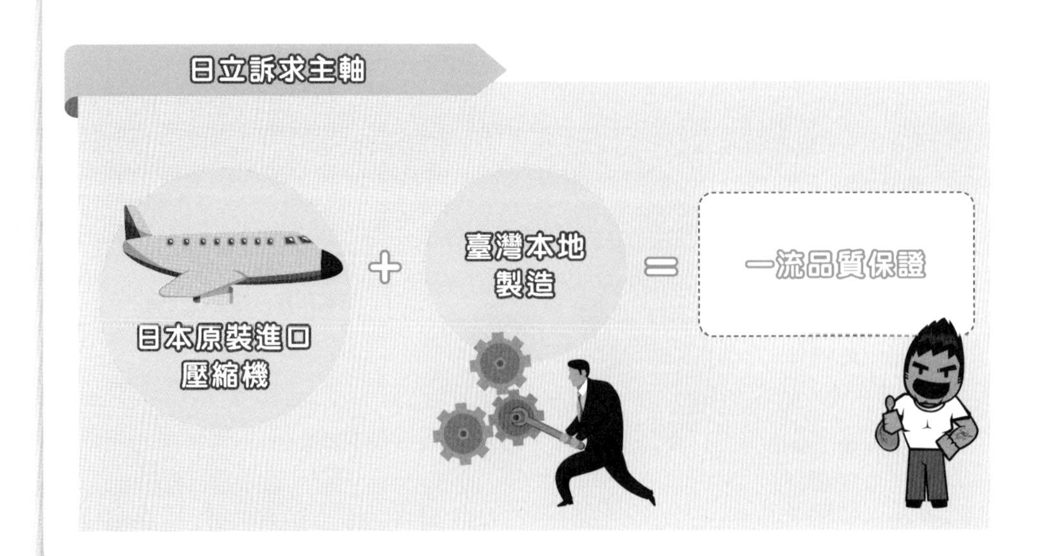

臺灣日立冷氣第一品牌打造之整合行銷模式架構

1. 品牌定位

高品質、時尚生活美學

1-1.
強大研發力支撐

2. 行銷傳播主軸策略

- 代言人行銷策略
- slogan：時尚生活美學打造者

3. 行銷 4P 策略

3-1. 產品策略

(1)日本原裝進口壓縮機
(2)完全臺灣本地設計、研發、製造

3-2. 定價策略

(1)中高價位策略
(2)略高於本土冷氣品牌約10%定價

3-3. 通路策略

(1)全臺13個縣市分公司及營業所
(2)全臺260家經銷商（店）

3-4. 推廣策略

(1)代言人
(2)電視廣告
(3)報紙廣告
(4)雜誌廣告
(5)公益行銷
(6)戶外廣告
(7)通路行銷
(8)促銷活動
(9)公關報導

3-5. 行銷預算
每年1億元

4. 行銷績效

- 品牌地位：第一品牌
- 市占率第一：24%
- 年營收：48億（預估）
- 年銷售：24萬臺
- 年獲利：4.8億元（預估）

5. 未來挑戰

- 研發品質再確保
- 行銷操作再創新

1-60 蘇菲衛生棉連續十年拿下市占率第一名的祕訣 I

臺灣衛生棉市場中，有許多歷史悠久、資本雄厚的國際品牌，蘇菲如何從中脫穎而出，成為臺灣消費者的最愛？我們可從國內知名的動腦雜誌第 437 期的報導內容得知其中奧祕。

一、I'm Sofy 精采不錯過

有一群女孩，她們熱情活潑，擁抱世界；她們迎向挑戰，毫不退縮；她們追求自由，想飛就飛；她們面對新鮮事，總能勇敢嘗試，沒有什麼能夠限制她們。因為，她們是蘇菲女孩。

嬌聯強調蘇菲女孩因為有了蘇菲衛生棉，讓她們在「好朋友」來的那幾天，也能盡情享受生活，讓生活中的每一刻的精采都不錯過。「I'm Sofy 精采不錯過」，是蘇菲女孩的心聲，也是嬌聯為蘇菲建構的品牌願景。

嬌聯總經理楊國柱表示，蘇菲在行銷預算及廣告聲量上，並沒有高過競爭品牌，卻能贏得市占率第一。靠的是優異的製品力、賣場的支配力，以及一致且精準的傳遞品牌價值。

二、強力製品，滿足消費者需求

要在高度競爭的市場勝出，產品力絕對是先決條件，優異的產品能夠吸引顧客不斷回購，成為品牌的忠實用戶，並形成正向的口碑，和好姐妹分享。

蘇菲的產品都由日本開發，致勝的關鍵在於消費者需求的掌握。嬌聯在日本的研發中心，結合專門從事學術性消費者研究的部門，讓消費者在特別規劃的空間使用產品，觀察他們實際使用情形，提供產品開發、改良的方向。

不過，由於不同國家的消費者在生活型態、價值觀，甚至丟棄衛生棉的廁所環境都不同，產品在導入臺灣之前，嬌聯還會進行消費者留置測試（HUT, Home Use Test），讓消費者在家中或其他自然的環境，按照個人的習慣使用產品，然後進行回訪，檢視消費者對產品的評價，包括優缺點在哪？哪裡需要改進？藉此掌握臺灣在地消費者的需求，提供能帶給她們價值的產品。

三、決勝店頭，業務力帶動品牌力

光有好產品可不夠，要是顧客在賣場連商品都找不到，當然就不會買。因此，楊國柱認為，蘇菲能在市場上勝出，很重要的關鍵，是他們在店頭賣場的協商提案能力和活動執行力。嬌聯有　套 RTG（Retailer Technology Croup）品類貨架提案，會從賣場的角度出發，規劃雙贏的店頭貨架陳列，贏得通路的信賴。

蘇菲：第一品牌 3 大關鍵

蘇菲：留置家中測試市調

嬌聯衛生棉

↓

引進臺灣

↓

先展開「將產品留置家中市調」（HUT, Home use test）

↓

展開產品修正、調整

↓

然後，才正式上市銷售！

1-61 蘇菲衛生棉連續十年拿下市占率第一名的祕訣 II

蘇菲的成功靠的是優異的製品力、賣場的支配力，以及一致的溝通能力。

三、決勝店頭，業務力帶動品牌力（續）

蘇菲在店頭方面，主要分為正常貨架和促銷陳列區兩部分。RTG 品類貨架提案是根據消費者研究和通路 POS 系統的資料，協助通路分析市場的優劣勢，找出機會和威脅。

提案的流程會先分析消費者的決策流程（CDT, Consumer Decision Tree）及需求，一般消費者在選購衛生棉時，會將品牌和不同訴求的系列做為挑選的優先標準，因此，在貨架規劃上，如果把不同品牌混在一起，或是沒有把日用、夜用的分開，對消費者的選購，都會造成困擾。

而消費者黃金視線的第二格、第三格貨架要擺放哪些商品，或是貨架排面的多寡，則要依據市場的銷售狀況及通路的特性需求，討論適合的方式。貨架排面太多賣不掉時，會造成通路庫存的壓力，擺太少不但會造成消費者買不到商品，還會增加通路補貨的成本。

四、一致溝通，打造整體品牌形象

蘇菲的品牌願景，是打造「世界上最不外漏，使用感最好」的衛生棉，讓消費者「不只身體，連心靈都能感到安心和舒適」。因此，不管是在綠油油的草坪上奔跑跳躍、搶搭熱氣球，還是在柔軟的床上左翻右滾，恣意扭動身軀，在蘇菲的電視廣告裡，都為了持續和消費者傳達「超安心」、「貼身」的產品特性。

這樣的溝通概念是從精準的消費者洞察出發，以夜用型衛生棉為例，掌握許多女性擔心夜晚外漏，常會在衛生棉後墊上衛生紙或護墊，甚至控制自己睡姿的心理，以「超熟睡」、「超安心」為訴求，深深打動女性的心。

2010 年的調查指出，蘇菲彈力貼身系列商品，在「貼身」的形象上，獲得消費者 56% 的認同，領先其他品牌，夜用系列「安心」的產品形象，也獲得 53% 的肯定。可見蘇菲長久一致的溝通，收到不錯的成效。

為了找出更精準的品牌理念，嬌聯和代理商及市調公司合作，對消費者的需求，展開長達一年的深入研究，找出蘇菲的核心顧客，是想要多方嘗試、享受人生的女性，而蘇菲倚靠著優越的產品力，將帶給顧客身心的滿足，不錯過生命中精采的每一刻。

另外，面對社群媒體等近年來興起的傳播工具，楊國柱表示，嬌聯基本上是比較保守穩健的公司，在掌握新科技上可能不會是領頭羊，但絕對不會缺席。

嬌聯：決勝賣場店頭力

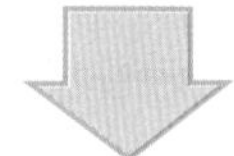

自己有一套 RTG
(retailer technology group)

蘇菲：廣告宣傳，打造品牌形象

Slogan

I'm Sofy girl，精采不錯過！

主打「超安心！超熟睡！超貼身！」訴求

與市調公司合作，展開一年深入研究，找出蘇菲的訴求及目標消費群！

1-62 三星手機市場占有率奪冠祕訣 I

「除了口紅粉底，女人包包裡還要有專屬手機」，臺灣三星行銷部資深協理余倩梅於 2012 年 11 月接受遠見雜誌專訪時，精準定位三星手機的目標客層。

一、三星 GALAXY Note 系列，女性顧客成主流

「當 GALAXY Note 今年推出，三星總算證明了可以懂得臺灣女生的心。因為這個產品，是三星少數使用者女多於男的產品呢！」臺灣三星行銷部資深協理余倩梅興奮地指出。

根據三星調查指出，三星在臺灣整體手機市場上，今年以來已穩居冠軍寶座。但由於廣告行銷主攻商務精英，常常是男生使用者多於女生，在高階手機機種 GALAXY S2、S3 的狀況尤其明顯一點。不過，根據三星內部調查指出，GALAXY Note 一代中，有 52%的使用者為女性，48%則為男性。同時，三星會定期追蹤消費者使用回饋狀況，發現 GALAXY Note 滿意度整體是 94%，但女性對此滿意度更高為 97%。另外，女性使用過後，願意推薦給周遭親友的比例，也比男性高。

這因此使得臺灣三星在 9 月底推出 GALAXY Note II 上市發表會上，特別請出許多女性粉絲現身做見證。她們擁護此產品的理由，第一個就是尺寸夠大。

二、三星大銀幕手機功能用途，掌握女性消費者的心

事實上，第一代 GALAXY Note 去年底推出時，正是打著市場上唯一的另類大尺寸，讓消費者搞不清楚到底是手機，還是平板，引起熱烈討論因而熱賣，至今已在全球銷售破千萬臺。余倩梅指出，當時三星研發總部只是試著做出差異化的尺寸，誤打誤撞打中女人的心，說明了產品的改良，常常是慢慢試出來的。

經過事後調查發現，現在女生也常常帶著手機工作，可是女生與男生有幾個不同點，像是不會把手機放口袋，而是放在包包裡。因此手機尺寸大或小，女生並不在意，反而是男生會擔心手機太大，口袋塞不下。

這次 GALAXY Note II 的螢幕設計，就充分觀察分析了這個女性的使用新趨勢，因此還把螢幕從 3.5 吋提升到 5.5 吋，變得更大。

三、臺灣女性偏愛嫩粉紅色

臺灣女性使用手機的趨勢，是愈來愈愛多一點顏色選擇，甚至還有偏愛粉色系列的傾向。余倩梅指出，三星目前在產品規劃的策略上，每個地區會依照各地市調要求，可以自選手機顏色。臺灣在 GALAXY Note 系列，是全球極少數地區有選嫩粉紅色的，這個超可愛的顏色，連東南亞、日韓女性都不常用，卻是臺灣女性的選色偏好。在今年初以限量方式推出後，幾乎是一下子就缺貨。

三星手機：女性顧客成主流

提包包裡，通常藏有女人的祕密武器，像是增加好氣色的口紅、粉底等。今年開始，臺灣女人的包包裡，又多了一個新武器，就是大尺寸的三星 GALAXY Note。

臺灣第一名！
全球第一名！

三星
智慧型手機

一位金融業資訊部門主管王小姐（化名），今年初就購入一臺 GALAXY Note。她說，一來是因為公司全面導入行動文件簽呈系統，她常常用手機批簽呈文件，有了 Note，通勤時間就可做完這些雜務。另外，她還可趁午休追自己喜歡的韓劇，「一般 3.5 吋手機螢幕拿來看韓劇，看久有夠傷眼睛的，而且字幕也看不清楚，一定要這款（5~5.5 吋），螢幕才夠大呢！」她滿意地說。

三星手機：大尺吋，受歡迎

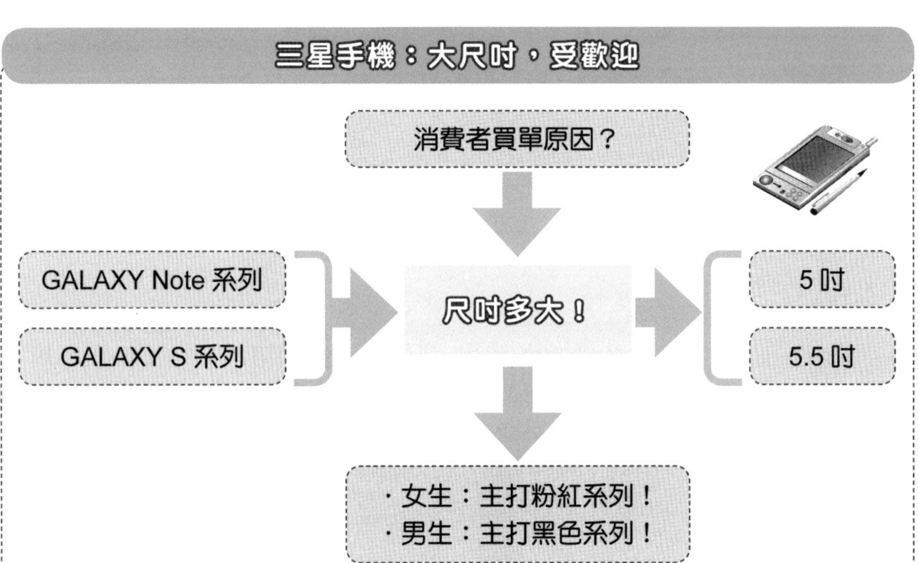

1-63 三星手機市場占有率奪冠祕訣 II

臺灣三星對女性市場的行銷策略，也比起其他同業更多了一份貼心與細膩。

三、臺灣女性偏愛嫩粉紅色（續）

也是因為 GALAXY Note 嫩粉紅戰略奏效，臺灣三星主打商務的 GALAXY S3 系列手機，除了基本的藍、白色，就不推其他國家必備基本款的黑色，反而代之推出琥珀紅限量版機種。

這樣的作法，就是為了要打中臺灣女性消費者愛多色的心態。目前琥珀紅也已經賣光缺貨。

四、女性選手機，注重口碑及流行話題

三星曾做過市調發現，女性買科技產品有兩個特性，第一個是注重口碑，朋友買的，自己會跟著買；第二個則是注重流行新鮮話題。

這兩個特性，反映到三星經營消費者的策略上，就是第一要著重消費者社群行銷，讓口碑傳開來；第二則要和各種流行元素與話題做配合。

在社群行銷上，三星發現臺灣的熟齡已婚女性很重視親子關係，假日花很多時間帶小孩出遊。因此長期結合不少臺灣親子活動場地，特設平板體驗區，讓大人、小孩可以盡情試用，同時體驗完買新機，還可送贈品。

在流行元素的配合上，由於韓國藝人、韓劇在臺灣愈來愈受歡迎，三星也積極結合韓流娛樂內容做促銷。

像是最近，韓國知名偶像樂團 BigBang 來臺灣舉辦演唱會，三星就結合這個在臺灣辦來店禮體驗新機種，送韓國 BigBang 限量眼鏡擦拭布，消息一出，沒幾天就一搶而空。同時還舉辦買 GALAXY S3 新機種，取得抽中 BigBang 演唱會門票的機會，女性粉絲的反應也很熱烈。

臺灣女生愛看韓劇，更是從熟齡到小女生皆瘋狂。在捷運車廂內，女性低頭族們，用大尺寸的 GALAXY Note 在捷運上看韓劇的狀況，就比比皆是。因此，三星今年特別和韓國多家電視臺合作，引進手機韓劇頻道 viki。最新韓劇只要透過這個手機頻道就可訂閱，還可以根據各地區不同語言變換字幕，非常方便。

五、三星打進「女性手機」市場成功

看來，三星的 GALAXY Note 系列，已經證明可用差異化，貼心服務進占女性族群的心。連大陸一些新興品牌同業，都開始模仿打出「女性手機」口號，推出新機種。未來，瞄準女性的手機風潮，可能在三星的帶動下引爆。

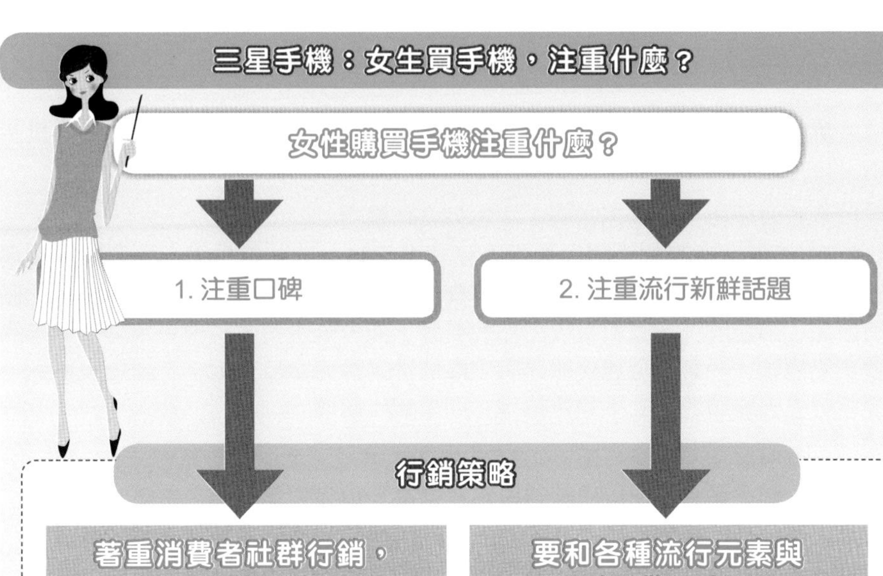

著重消費者社群行銷，讓口碑傳開來。

目前位在京華城樓上的 BabyBoss 職業體驗任意城，以及松山文創園區的積木夢工場展區，都有在一旁結合舉辦體驗活動。從事後新機送贈品的狀況非常熱絡看來，成效很好。

要和各種流行元素與話題做配合。

在流行元素的配合上，由於韓國藝人、韓劇在臺灣愈來愈受歡迎，三星也積極結合韓流娛樂內容做促銷。

三星：成功打進女性智慧型手機市場！

三星手機：滿意度 94% 以上

三星手機 Galaxy Note II

整體消費者滿意度 94%

女生滿意度 97%

1-64 統一超商榮登外食新霸主 I

「統一超沒有廚房，照樣扳倒麥當勞」，以下是財訊雙週刊 2013 年 8 月報導。

一、鮮食營收規模，超越麥當勞，成為外食新霸主

2001 年統一超商的「國民便當」正式推出後，為這場長達十多年的產業寧靜革命揭開序幕，多年來積極推動的鮮食商品，透過設立門市座位區，成為一個沒有廚房，卻能解決三餐和飯後甜點的餐廳，如今鮮食營收規模更超越了過去的外食市場龍頭——麥當勞速食連鎖店（推估營業額約 200 億元）；誰也沒料到，讓麥當勞失去龍頭地位的不是肯德基，而是統一超商。

二、統一超商鮮食＋咖啡年賣 350 億，把麥當勞及王品拋在後面

尤其，過去鮮食占比以早餐時段銷售最高，但從去年開始，午餐時段的銷售量首度超越早餐，這顯示選擇在便利商店解決正餐的人數增加，「到餐廳」還是「到統一超商」用餐被放在同一個平臺上比較，便利商店意外成餐飲業。

根據統一超商統計，去年鮮食營收占比高達 18%，創下歷史新高，換算下來金額超過 242 億元，這還不包括每年熱銷超過 2 億杯的 City Café，一年至少也有百億元規模。市場推估，統一超商在整個「類餐廳」的商品營收總額已達 350 億元，將麥當勞、王品集團都遠遠拋之在後，在成為最大的流通集團後，又成了國內最大的外食（餐飲）集團。

三、鮮食便當，花費十多年，建立完整產業供應鏈

統一超商鮮食部部長梁文源指出，鮮食商品在便利商店發展的過程中，扮演著商品差異化、擴大消費族群的重要角色，過程卻花了十多年，至少經歷三個重大過程。

2010 年，統一超商挾著集團資源投資的武藏野投產，是臺灣首家專業鮮食廠，挾著後勤系統建置完成；2012 年推出「國民便當」引發市場跟風，消費者這才知道「原來便利商店也有賣便當」，這是統一超商切入正餐市場的開端。

但市場考驗才剛剛開始，為了開發更多的品項，「起初我們學日本，結果臺灣人偏好熱食，和日本人直接食用冷便當的習慣完全不同；我們就模仿一般便當店作法，但油炸物經過冷藏配送後的賣相並不好，就這樣一路調整、修正，慢慢找到適合的種類。」約莫 2008 年時，統一超商確立「組合式」的商品策略，「消費者過去希望一個便當就要吃飽，但現在喜歡多元、搭配性的選擇，這是我們的機會。」配合推出像沙拉、涼麵、關東煮、水果等商品，「Food Store」概念儼然成形。

統一超商：榮登外食新霸主

中年大叔走進7-11買一包香菸後，順便帶了一杯City Café；小資女踏進便利商店拿了低卡涼麵，又加一份水果切盤；退休老伯伯坐在便利商店內，邊吃著茶葉蛋邊看報紙；現在連鄉下阿嬤都知道，可以在便利商店吃到新鮮的生菜沙拉。便利商店的功能已經和過去大不相同，但沒想到的是，便利商店在不知不覺中，已悄悄改變了產業秩序。

2001 年：首度推出國民便當

↓

掀起外食產業革命！

↓

· 目前：鮮食營收已達 250 億元
· 目前：City Café 營收已達 100 億元

↓

合計：營收突破 350 億，
超過麥當勞及王品一年營收額！

↓

成為國內最大外食餐飲集團！ → 早餐／午餐／晚餐 → 就在 7-11！

7-11：鮮食商品歷經3階段努力

首先最困難的部分是，過去鮮食市場一片空白，「與其說是推出一項新產品，還不如說是建立一個新產業。」相較於日本產業供應鏈完整，統一超商卻得從原料採購、工廠生產、配送流程全部自行投入整合，「鮮食部同事外出，是戴著斗笠、走下田直接和農民溝通，商品該怎麼種、規格該如何。」

第①階段	從原料採購、工廠、生產到配送物流等，全部自己投入整合！
第②階段	開發便當品項內容，不斷調整、修正，慢慢找到適合的種類！
第③階段	消費者喜歡多元搭配的選擇，所以有沙拉、涼麵、關東煮、水果、三明治等組合！

→ Food Store 成形！（食品、餐飲便利店）

1-65 統一超商榮登外食新霸主 II

統一超商從三年前開始，因為店型改變增闢座位區，不僅帶動鮮食銷售大幅成長，在消費者心目中更晉升為餐飲業，營收規模意外擠下麥當勞，成為新外食產業龍頭。

四、全臺 5,000 個據點當靠山，設立座位區，擴大消費群

統一超商挾著全臺將近五千個據點，高達九成設有座位區，「去統一超商」和「去麥當勞」開始出現了取代性，部分統一超商難以取代麥當勞的商品之一，大概就是還能冒著香氣的酥脆薯條。

從銷售數字來看，梁文源指出，結合中島型的開放式鮮食櫃和座位區的新店型推出後，帶動鮮食商品在總營收的占比、每年以一個百分點幅度成長，去年營收較前年成長 16%，正餐類別商品近三年、每年成長幅度更高達 50%，得以一舉超越麥當勞，成為國內最大的外食產業龍頭。

五、彌補無法在現場烹調缺憾，改當天現做，提升新鮮度

如今統一超商的關東煮每年銷售超過 2.5 億支、City Café 超過 2 億杯，飯團超過 1.5 億個，便當超過 1 億個；上游的原料採購更是驚人，契作農戶達 200 戶，去年採購金額約 43 億元，其中米飯每年採購 2 萬公噸，占國內總產量 2%。「現在臺灣唯一還持續展開大規模投資的食品項目，大概就是鮮食廠，因為便利商店帶動下形成新產業。」國內食品業者指出。

值得注意的是，統一超商因為發展了鮮食商品，「當鄉下的媽媽都開始到超商喝咖啡、吃沙拉時，這都成為便利商店的新客人。」梁文源說，早期便利商店的男性比率高達七成，主要因為銷售菸品的關係，但到了現在，女性消費占比已經拉高到四成半，發展鮮食是重要關鍵之一。

成為外食霸主的統一超商，今年隨著武藏野的新廠投產，整個生產作業將再升級，打破過去鮮食在前一天製作、晚上配送到運送車上、消費者在隔天食用的流程，將改為工廠在凌晨製作生產、做完立刻配送到門市，消費者可以立刻享用到最新鮮的產品，五點到七點配送早餐，十一點前再配一次午餐。

統一超商的成本雖將因此增加兩倍，然而，「透過新鮮度的提升，消費者一定會感受到不同，這就是從過去工廠生產導向，走到消費者導向的觀念轉變，過去我們強調安全衛生，接下來，還能提升新鮮與美味。」

統一超商想藉此彌補無法現場烹調的「現做新鮮感」，但對於其他餐飲業者來說，無疑又將是另一巨大衝擊。

7-11：設立座位區，餐飲成長快速

全臺 5,000 家店

9 成設立吃飯座位區

使鮮食產品成長快速！
每年至少30%成長！

7-11：每項鮮食品，年銷1億個以上

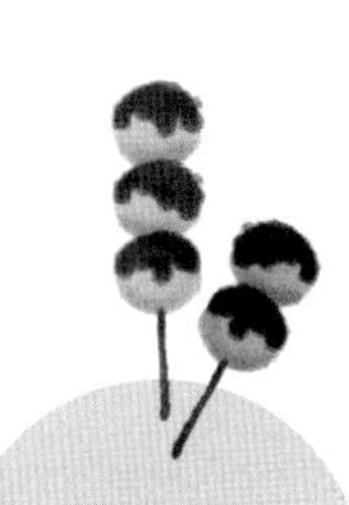

7-11

1. 便當：年銷 1 億個！

2. 關東煮：年銷 2.5 億支！

3. City Café：年銷 2 億杯！

4. 飯糰：年銷 1.5 億個！

1-66 洗髮精第一品牌飛柔行銷成功祕訣 I

飛柔於 1988 年在臺灣上市是全球第一瓶洗髮及潤髮雙效合一的洗髮乳，自 1986 年上市以來，飛柔因能創造具有生命力且健康亮麗的髮質，受到了全球消費者的喜愛，並締造良好的品牌形象。

一、飛柔品牌簡介

飛柔不僅為顧客帶來美麗的順滑秀髮和美好的生活，更以其推崇的自信優雅生活態度成為顧客心目中厚愛有加的品牌。

不斷創新是飛柔成為 P&G 全球最成功品牌的原因之一， 飛柔基於顧客的需要不斷研發出更新、更優質的產品。2006 年飛柔迎來上市以來最大規模的升級，並以更美麗更時尚的新面孔出現；2010 年推出的草本系列，使用漢方成分，更適合東方人使用，強韌髮絲減少斷裂，深獲得消費者喜愛。

飛柔願意幫助每一位東方女性變得更美麗、更自我，內外兼修，從容優雅，擁有更美麗的生活、更美麗的明天。

二、飛柔第一品牌打造成功六個關鍵因素

本個案所獲致的第一個研究結論，即是歸納出飛柔洗髮精在十多個競爭品牌中，能夠脫穎而出榮獲第一品牌市場地位的六個關鍵成功因素如下：

(一) 堅持不斷創新，開發新品上市：飛柔洗髮乳擁有美國 P&G 總公司強大的研發團隊，堅持不斷創新，每隔幾年就有新產品系列上市銷售，目前已有完整的不同功能與不同特色的六種產品系列，可以滿足不同需求的各層面消費者。產品的不斷創新，引領著飛柔品牌持續保持第一領先地位的最佳保證。

(二) 代言人行銷策略成功：飛柔近年來成功的採用知名偶像藝人做品牌與廣告代言人，諸如羅志祥、曾愷玹、仔仔等形象良好的藝人，有效的為飛柔品牌知名度與喜愛度的強化帶來正面效果，同時也證明對業績銷售量帶來提升效益。

(三) 深入消費者洞察與市場調查：飛柔品牌秉持著美國 P&G 總公司向來極為重視消費者洞察與市場調查的精神，每年都投入不少預算，做各種質化與量化的市調與消費者研究，有效深入洞察目標消費群的內心需求、想法、認知及行為，這對飛柔制定各種行銷策略及廣告策略，都帶來更為精準、正確與有效的行銷判斷與科學化決策，這是飛柔能夠勝出的一個很根本的因素。

(四) 與通路商搭配良好，發揮通路力：飛柔品牌擁有 P&G（寶僑）知名全球性大企業的信譽支持，並在臺經營已逾 20 多年，該公司業務部門與通路商建立了良好的搭配關係，通路商也給了飛柔較佳的陳列位置與空間，並優先配合各種促銷活動推展等，飛柔品牌強大的通路力，對其業績與市占率的提升帶來正面效果。

飛柔第一品牌打造成功之6大關鍵因素

1. 堅持不斷創新，開發新品上市
2. 代言人行銷策略成功
3. 深入消費者洞察與市場調查
4. 與通路商搭配良好，發揮通路力
5. 充足年度行銷預算持續投入支援
6. 內外部組織團隊合作成功

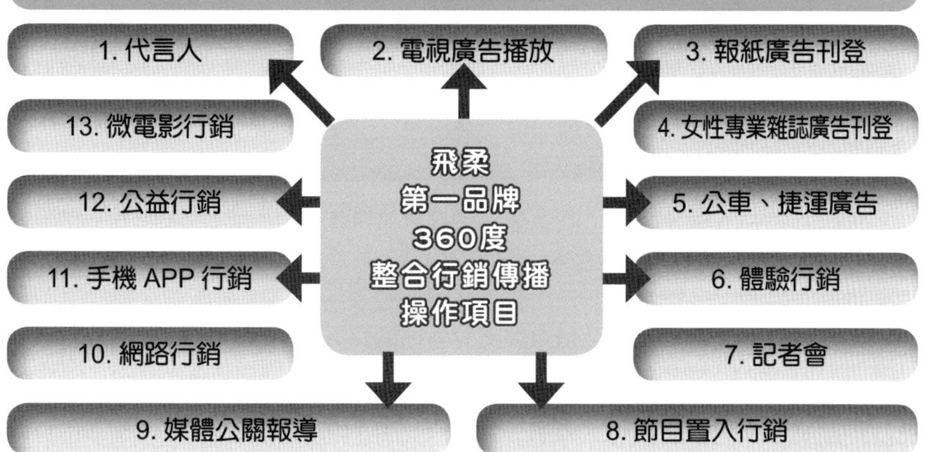

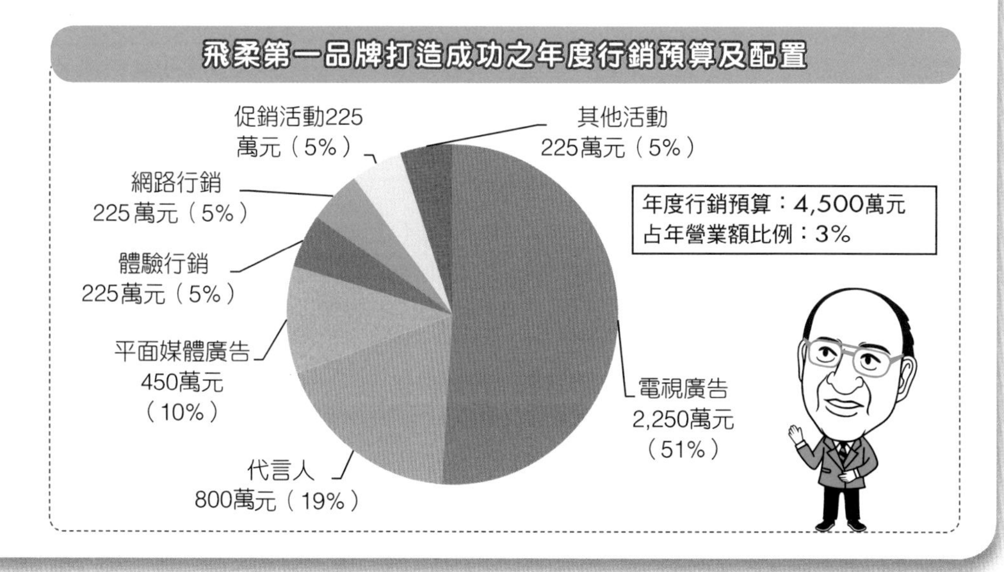

1-67 洗髮精第一品牌飛柔行銷成功祕訣 II

消費者洞察與市場調查，顯然是飛柔做對行銷決策的基本步驟與科學化依據。

二、飛柔第一品牌打造成功六個關鍵因素（續）

(五) 充足年度行銷預算持續投入支援：飛柔品牌近幾年來，每年至少投入 4,500 萬元以上做廣告宣傳與行銷活動，這種奧援也對飛柔品牌的知名度、喜愛度及促購度帶來實際幫助，如果沒有這些廣宣預算的投入，飛柔品牌是不可能有今日第一品牌之地位。這些每年持續行銷預算的投入，也對飛柔品牌資產（brand-asset）的不斷正面累積，帶來長期能量的建立效果。簡言之，沒有預算投入，就不會有飛柔品牌的產生及創造。

(六) 內外部組織團隊合作成功：飛柔品牌的成功，除了產品力、品牌力及通路力之外，另一個組織團隊及人才因素，正是這些競爭優勢產生的最大來源。換言之，經由組織團隊與人才努力與智慧付出，才會有飛柔第一品牌的今天。

三、飛柔第一品牌打造成功之 360 度整合行銷傳播操作項目

本個案研究所獲致的第二個結論，即是了解飛柔品牌在行銷操作上，是採取現在比較主流的方式，即如右圖所示的 360 度全方位整合行銷傳播操作方式。透過這種跨媒體與跨行銷的多元組合方式，使飛柔所有的行銷操作，都能得到最大與最正面的曝光效果，以及飛柔與消費者端的良好品牌情感聯結與感受溝通。

四、飛柔第一品牌打造成功之年度行銷預算及配置

本個案研究所獲致的第三個結論，即是了解飛柔能夠在這幾年來持續保有同業中第一品牌的行銷預算支出為其配置占比如何。飛柔品牌近幾年來，每年的行銷預算支出大約在 4,500 萬元，占其年度營收額比例約在 3%，此一比例大致符合此行業之狀況，亦屬合理支出。在個別項目方面，仍以代言人及電視廣告播放支出占大宗，二者合計 3,000 萬元，占比達 68%，顯示飛柔仍仰賴大眾媒體電視的影音吸引力，以及品牌代言人的效果。

五、飛柔消費者洞察與市場調查

美國 P&G 公司是一家非常重視消費者洞察（Consumer Insight）與市場調查的公司。飛柔品牌每年都要花掉 1~2 百萬元做各種量化與質化的市場調查。從市場調查中，我們可以洞悉到消費者心中的想法、認知、動機、需求與行為，這對我們制定廣告策略、行銷策略及產品策略，都帶來很大幫助，也使我們的品牌能更貼近消費者，更能滿足消費者。這是飛柔品牌勝出的根本原因之一。

飛柔第一品牌打造成功之整合行銷傳播模式架構與內涵

1-1. 堅定顧客導向經營理念

1-2. 品牌資產長期經營才是王道

2. 深入洞察消費者與市場調查

3-1. 品牌定位

以創造柔順秀髮的沙龍級平價洗髮乳

3-2. 品牌目標客層

以30~45歲輕熟女及熟女上班族為主力

4. 行銷傳播策略主軸訴求

運用知名偶像藝人做代言人策略

強調能夠創造最輕柔順秀髮為主訴求

5-1. 產品策略

- 6大產品系列具備完整性
- 不斷創新開發新品上市
- 強勁產品力

5-2. 通路策略

- 以超市、量販店及藥妝店為主要銷售通路

5-3. 定價策略

- 以沙龍級平價親民策略

5-4. 推廣策略

- 操作360度全方位整合行銷傳播方式
- 打造出品牌力

5-4-1.年度行銷預算4,500萬元

5-4-2.外部協力單位：廣告、媒體、公關公司

6. 行銷績效

- 市占率
- 品牌地位：第一
- 年營收額：15億（預估）
- 年獲利：1.5億（預估）
- 品牌知名度：80%以上

7. 未來挑戰

- 如何鞏固顧客忠誠度
- 如何保持產品求新求變
- 如何使廣告與行銷再創新

飛柔第一品牌打造成功之內外部組織因子

內部組織團隊

1. 研發部（國外）：打造新產品與產品升級

2. 品牌部：打造品牌力

3. 業務部：打造通路力

成功三合一單位：飛柔第一品牌打造

＋

外部協力組織

1. 廣告公司：廣告創意與製作

2. 媒體代理商：媒體企劃與購買

3. 公關公司：係建立與媒體關係、辦公關活動

品牌部：行銷策略制定

- 最終要打造出品牌力
- 定期與機動開會

1-68 統一超商 City Café 第一品牌行銷成功祕訣 I

統一超商 City Café 之所以能夠成為第一品牌，在於其 2004 年重新再出發時，將 City Café 品牌重新定位在「整個城市就是我的咖啡館」，以平價、便利、現煮的優質好咖啡，成功奪取第一品牌的市場地位。

一、City Café 品牌行銷成功關鍵七大因素

本個案所獲致的第一個研究結論，即是歸納出 City Café 之所以能夠在平價咖啡脫穎而出榮獲第一品牌市場地位的七個關鍵成功因素如下：

(一) 品牌定位成功：City Café 在 2004 年重新再出發，以「整個城市就是我的咖啡館」為都會咖啡，24 小時平價、便利、現煮的優質好咖啡為品牌定位及品牌精神，並以年輕上班族群為目標客層，成功做好品質定位的第一步。

(二) 價格平價優勢：City Café 依不同大小杯及不同口味，定價在 35 ～ 50 元之間，價格只有星巴克店內咖啡 1/3 價格，也比 85℃平價咖啡稍微便宜一些。迎接平價咖啡的時代來臨，City Café 提供物超所值的平價優質咖啡，廣受上班咖啡族的歡迎，也是品牌行銷成功的關鍵因素之二。

(三) 通路便利優勢：City Café 鋪機布點數從 2004 年開始，到 2007 年已突破 1,000 家店，到 2008 年突破 2,000 家店，2009 年底突破 2,600 家店，2010 年底達到 3,000 店以上，未來幾年內，更有可能家家店都會鋪機，可望突破 5,000 家店。以現在達 4,000 店的鋪機數，比星巴克 300 店，多出達十倍左右。這為數眾多的 City Café 便利商店，以 24 小時全年無休，隨時隨地都能買到現煮好咖啡，對廣大消費者而言，具有相對的便利性。這種絕對的通路便利優勢，成為 City Café 品牌行銷成功的關鍵因素之三。

(四) 產品優質優勢：City Café 以進口特級咖啡豆、最好的義式咖啡機、口味一致，品種多元化、四季化的提供，打造出 City Café 的嚴選、優質咖啡口味出來，幾近與星巴克精品咖啡相一致。產品優質也帶來了它的好口碑及鞏固一大群主顧客。產品力成為 City Café 品牌行銷成功的關鍵因素之四。

(五) 整合行銷傳播操作成功：統一超商長期以來，就是以擅長行銷宣傳與傳播溝通為特色的公司，如今在 City Café 的整合行銷傳播上，更顯示出它們一貫的特色及優勢。City Café 行銷傳播操作的主核心，首先在找來氣質藝人桂綸鎂做 City Café 的代言人，大大拉抬都會咖啡的品牌精神表徵。此外，在電視廣告、報紙廣編特輯廣告、戶外廣告、公仔贈品活動、半價促銷活動、公關報導、媒體專訪、藝文講座、網路行銷活動、EVENT 事件行銷活動，以及店頭行銷活動等，完整的呈現出鋪天蓋地的整合行銷傳播的有效操作。此為 City Café 品牌行銷成功的關鍵因素之五。

City Café品牌行銷成功7個關鍵因素

1. 品牌定位成功
2. 價格平價優勢
3. 通路便利優勢
4. 產品優質優勢
5. 整合行銷傳播操作成功
5. 品牌知名度優勢
6. 品牌經營信念堅定

City Café 行銷成功7要素

City Café：品牌定位成功

定位：整個城市，就是我的咖啡館

1. 平價
2. 便利
3. 現煮
4. 24 小時

1-69 統一超商 City Café 第一品牌行銷成功祕訣 II

City Café 透過統一超商在全臺 4,000 店的鋪機，以 24 小時全年無休的方式，提供更為普及與便利的經營模式，滿足廣大年輕上班族群對平價咖啡的需求。

一、City Café 品牌行銷成功關鍵七大因素（續）

(六) 品牌知名度優勢：自 2004 年以來，City Café 的品牌名稱，已成功的被打造出來，每天幾百萬人次進出統一超商 5,000 家店，都會看到店頭行銷的廣告宣傳招牌，以及其他媒體的廣宣呈現。到今天，City Café 的品牌知名度已躍為速食咖啡的第一品牌，一點都不輸實體據點的星巴克、西雅圖、丹堤、85℃咖啡等品牌。City Café 的高品質知名度，也強化了它的品牌資產累積及消費群的忠誠度，此為 City Café 品牌行銷成功的關鍵因素之六。

(七) 品牌經營信念堅定：統一超商的咖啡經營，早期雖然經營模式不對及時機尚未成熟，導致經營失敗。但該公司仍能不斷研發改良、不斷精進，並且等待最適當的時機，吸取失敗經驗及洞察消費者需求，最終正式推出新的 City Café 品牌，並以「品牌化」的經營信念，做好品牌長期經營的政策及完整規劃。此為 City Café 品牌行銷成功的關鍵因素之七。

二、City Café 品牌行銷成功的完整架構模式

根據個案研究內容，本研究歸納並架構出 City Café 品牌成功的完整模式如右圖所示，此模式主要有六項要點如下：

(一) 品牌經營信念堅定：抓住正確時機點、洞察消費者、不斷改良進步、堅持品牌化經營政策。

(二) 品牌定位成功及鎖定目標客層成功：品牌定位在平價、便利、優質、現煮的都會咖啡，並以廣大年輕上班族群為目標客層。

(三) 品牌行銷 4P/1S 組合策略操作成功：包括產品優勢（Product）、價格優勢（Price）、通路優勢（Place）、整合行銷傳播優勢（Promotion），以及服務優勢（Service）。在價格優勢方面，即是將價位定在 35 ～ 50 元之間，只有星巴克店內咖啡 1/3 價格，也比 85℃平價咖啡稍微便宜一些。

(四) 創造良好口碑與品牌形象成功。

(五) 創造出良好的行銷績效：包括每年銷售 2 億杯、年營收超過 90 億元、毛利率 40% 以上、顧客忠誠度高，以及第一品牌。

(六) 保持持續性的領先競爭優勢：包括產品研發持續投入與創新、整合行銷活動持續投入與創新，以及通路裝機數量持續投入。

City Café品牌行銷成功的完整架構模式

統一超商City Café專案小組

1. 品牌經營信念堅定

抓住正確時機點、洞察消費者、不斷改良進步、堅持品牌化經營政策

2-1. 品牌定位成功

- 定位在都會咖啡
- 定位在平價、便利、優質、現煮咖啡

2-2. 鎖定目標客層成功

- 鎖定廣大年輕上班族群

3. 品牌行銷 4P/1S 組合策略操作成功

(1)Product（產品力）	(2)Price（價格力）	(3)Place（通路力）	(4)Promotion（推廣力）	(5)Service（服務力）
・高品質、味佳、口味多元化	・35~50元的平價咖啡	・鋪機近4,000店，非常普及	・360度全方位整合行銷傳播操作手法 ・代言人行銷	・門市人員教育訓練

4. 創造良好口碑與品牌形象成功

5. 創造出良好的行銷績效

- 年銷售2億杯
- 毛利率40%以上
- 第一品牌
- 年營收超過90億元
- 市占率最高
- 顧客忠誠度高

6. 保持持續性的領先競爭優勢

- 產品研發持續投入與創新
- 行銷活動持續投入與創新
- 通路裝機數量持續投入

1-70 統一超商 City Café 第一品牌行銷成功祕訣 III

City Café 在 2004 年重新再出發，將品牌定位在都會咖啡、平價、便利、優質，以及現煮咖啡，並鎖定廣大年輕上班族群為目標客層。

三、City Café 的品牌主張

有了上述新定位之後，即由聯旭廣告公司做廣告代理，提出「整個城市就是我的咖啡館」的品牌主張，也透過大眾傳播宣傳這個新概念。

這幾年便利商店的型態轉變很多，好像什麼生意都要做，舉凡繳水電費、上網訂電影票，五花八門的服務，讓人覺得便利商店，什麼都可以做。商機都藏在消費者的需求裡。只要消費者對於咖啡市場的需求愈來愈大，便利商店就必須提供這樣的銷售服務。City Café 也讓大家透過喝咖啡的過程，得到放鬆壓力的喘息機會，以此來建立品牌知名度，維持競爭優勢。

四、千店行銷，整合行銷成果展現

在所有的鋪機計畫完成，店內銷售人員也經過訓練，7-ELEVEN 開始利用 1,000 店達成的時間點，與旺季來臨的時機結合，進行年度最大一波的溝通活動。

2007 年 City Café 超出 1,000 店時，首先 7-ELEVEN 選定桂綸鎂為代言人，再讓媒體記者深入介紹 7-ELEVEN City Café 經營與 1,000 店達成訊息，並透過桂綸鎂吸引演藝、戲劇界的記者爭相報導，產生整個城市充滿「你的咖啡館」的氛圍，並透過電視、報紙、雜誌、戶外、車體、廣播廣告、招牌及全面裝設門市燈箱，最後搭配促銷回饋第二杯半價的活動，吸引消費者心動上門購買。

其中，報紙強調歡慶千店半價活動訊息，相關雜誌放送千店資訊給消費者，持續傳達整個城市就是你的咖啡館概念；也利用公車與公車站亭，在敦化北路沿線商業區刊登站亭廣告；在高鐵臺南站、統一超商總部外強等地方，張貼大型 City Café 海報；網路方面結合藝文界或電影；店面部分包含店頭海報、製作 1,000 店限量杯，直接和顧客分享喜悅，幾乎是鋪天蓋地緊緊包圍消費者每天的生活接觸點。此外在商品結構上，除了咖啡之外還發展糕點配合，希望將整個品牌擴大化，所有咖啡相關的商品都是 City Café 的延伸。

City Café 成功改變臺灣人喝咖啡的消費型態，形成新的消費趨勢，讓消費者不受時間、地點限制，隨時享用平價、優質、現煮的咖啡。2007 年底 City Café 突破 1,000 家店。

2008 年 6 月突破 2,000 店，2014 年突破 4,000 店，或許未來臺灣消費者每年喝 448 杯咖啡的市場目標，就在 7-ELEVEN 手中完成。

City Café品牌主張

① 消費者洞察 → 喝咖啡代表情緒的出口

② 產品概念 → 現煮又便利的熱咖啡，隨時滿足喝咖啡的心情

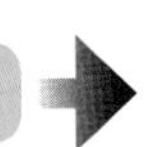

③ 加分的優勢 → 全台布點最多、24 小時、馬上立即享用

City Café 360度全方位品牌行銷傳播項目

City Café 360度全方位整合行銷傳播

1. 代言人行銷－桂綸鎂
2. 店頭行銷－人形立牌、燈箱、吊牌、海報
3. 電視產品－TVCF
4. 報紙廣告－廣編特輯
5. 雜誌廣告
6. 戶外廣告－公車、高鐵、捷運、包牆
7. 促銷活動－第二杯半價
8. 公仔贈品活動－柏靈頓熊等
9. 媒體報導與專訪
10. EVENT 事件行銷活動
11. 藝文講座
12. 網路行銷－專屬網路

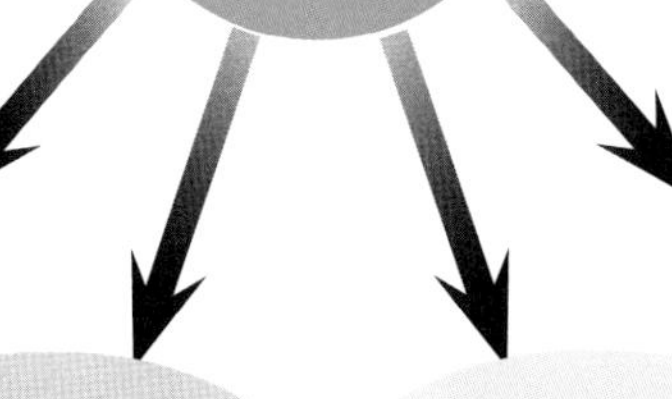

1-71 臺灣資生堂第一品牌行銷成功祕訣 I

資生堂品牌目前不僅是日本化妝保養品第一品牌，亦是臺灣及亞洲地區的第一品牌。我們來看它是怎麼做到的。

一、資生堂公司與品牌簡介

1872 年，日本正急速接收來自西方的文化與事務。曾在日本海軍擔任藥劑師的福原有信，在銀座開設全日本第一家西式藥房，並取名為資生堂。除了賣藥，資生堂也自行製藥，福原有信引進西方技術，成功的研製出可防治口臭的牙膏。這瓶牙膏一上市，立即取代當時流行的潔牙粉，也讓資生堂成為家喻戶曉的品牌。資生堂的名字源自中國易經：至哉坤元，萬物資生，乃順承天的概念。意思是從孕育萬物的大地發現生命之美，並不斷地追求新的價值創造，從這個東方哲學思維出發，資生堂一步一腳印地成就了今日的事業王國。

西元 1957 年（民國 46 年），臺灣資生堂在臺北市仁愛路成立，成為二次世界大戰後，日本資生堂在海外市場的第一個正式據點。1977 年（民國 66 年）選定中壢破土興建臺灣資生堂工廠，這座耗資 5 億、占地 1 萬坪左右、費時三年餘的現代化 GMP 工廠，於 1980 年（民國 69 年）落成啟用，乾淨、明朗、安全與科學化的設備，以及嚴格的品管，使資生堂的生產品質更上一層樓。

二、第一品牌長青不墜的關鍵成功因素

(一) 品牌年輕化重新定位及操作成功：任何一個數十年的品牌，都不免會有品牌老化及顧客群老化的危機，資生堂也是如此，但該公司近五年來，積極扭轉老化印象，採取以都會年輕及輕熟女上班族為主訴求對象的年輕化系列產品，成功達成品牌活化及年輕化目標，終使資生堂屹立國內化妝保養品牌第一位於不墜。

(二) 高品質的產品力：臺灣資生堂源自日本資生堂總公司非常強大陣容的 1,000 位研發人員及研發技術中心資源，使得臺灣資生堂能夠不斷開發出最新與最好的保養品及化妝品，使臺灣女性都能因使用資生堂的高品質產品而能永保青春美麗。

(三) 強而有力遍布全國的行銷通路與美容顧問師銷售組織：資生堂的行銷通路體系，也與一般化妝保養品品牌有很大不同。除了百貨專櫃及屈臣氏據點之外，資生堂還擁有全國 1,000 家遍布在各縣市地方性的資生堂特約店及銷售人員，能夠深耕各地方的消費者，而不只是都會區百貨公司的都會消費者。

(四) 成功與出色的整合行銷傳播操作

(五) 深化與堅定品牌經營原則

(六) 適當足夠的行銷預算投入：資生堂一年的營業額約 9 億，該公司提撥 1.4 億做行銷預算支出，占營業額比例 2%，占比不高，但預算應已夠用。由於化妝保養品產業必須有足夠的金額去做廣宣活動之用，才能維繫品牌市場地位於不墜。

資生堂第一品牌長青不墜的關鍵成功因素

資生堂第一品牌成功因素

1. 品牌年輕化重新定位及操作成功

陸續推出「心機彩妝系列」、「PN叛逆系列」、「安耐曬系列」、「驅黑淨白露系列」等年輕化產品系列，而使資生堂消費族群從過去40~55歲族群，重新回到25~40歲的年輕且使用量大的消費族群。

2. 擁有高品質產品力

資生堂近幾年推出的年輕系列產品，在市場都能大賣，其背後本質原因即是擁有長時期被產品消費者口碑肯定的高品質產品力。

3. 強而有力遍布全國行銷通路與美容顧問師銷售組織

4. 成功與出色的整合行銷傳播操作

特別是資生堂大量與高成本投入邀請日本代言人的行銷策略，使臺灣消費者會深深感受到資生堂是來自日本高檔化妝保養品的深刻品牌印象，從而有好的肯定口碑。此外，資生堂360度全方位整合行銷觀點，高度有效的運用整合行銷工具，以求發揮行銷綜效產生，包括電視廣告、報紙廣告、雜誌廣告、戶外廣告、節慶促銷活動、網路行銷、會員經營、展示活動、公關活動等跨媒體與跨行銷的整合行銷行動。

5. 深化與堅定品牌化經營原則

資生堂在日本已有百年以上歷史，始終是日本第一品牌，而資生堂在臺灣也有54年歷史，其宗旨始終都在創造女性美好人生，並且堅定與深化資生堂百年來優質的品牌形象，這種堅定的品牌精神，已融入日本、臺灣及亞洲任何一個國家的資生堂在地企業文化、組織文化與行銷文化。資生堂從企業文化到研發精神、新產品開發、生產製造、廣告拍攝、代言人選擇、廣告slogan（廣告語）、人員銷售組織、公關活動、公益行銷、品牌定位等，都以如何長期確保資生堂美好口碑與優質形象的品牌化經營為根本大原則。

6. 適當足夠的行銷預算投入

1-72 臺灣資生堂第一品牌行銷成功祕訣 II

永保危機意識、強大研發能力，以及全方位整合行銷操作這三點，對資生堂第一品牌長青不墜發生了最根本的影響力。

三、資生堂第一品牌長青不墜的六大行銷策略

資生堂第一品牌長青不墜的行銷策略，可以歸納出如右圖所示，包括重定位策略、產品策略、代言人策略、通路策略、服務策略、整合行銷傳播等六種。

四、資生堂第一品牌長青不墜的內外部組織協力運作機制

(一) 在內部組織：資生堂在內部組織，非常強調團隊分工與凝聚精神，通常會以營業部、行銷企劃部、生產製造部及日本總公司研究中心等組織工作，通常會以每年一次的行銷策略會議、每月一次的營業共識會議及特別的專案小組會議等方式進行溝通。

(二) 在外部協力組織：資生堂大約有八成的電視廣告片都依日本總公司所提供的日本代言人廣告片為主軸，二成才是在臺灣自己找代言人的廣告片。

資生堂與外部的廣告公司、媒體代理商及公關公司，也有很好的互動溝通。資生堂負責產品的策略規劃、定位分析、賣點創造、鎖定客層等。而廣告公司就能發揮創意想像，透過電視廣告而把資生堂的品牌形象更加令人注目及喜愛。

五、第一品牌長青不墜的研究發現

＜發現之 1 ＞永保危機意識：臺灣資生堂源生於日本資生堂，受其企業經營理念、企業文化及政策指標影響甚深。而日本資生堂長久以來經常強調公司必須保持高度危機意識，因此在各經營管理及行銷領域都必須保持高度競爭的危機意識，不斷改革及創造精進，才能不斷領先競爭對手，永保第一品牌而長青不墜。

＜發現之 2 ＞強大的研發能力支援：資生堂能夠長久在亞洲地區、日本及臺灣都能保有第一品牌聲望與市場地位，背後支撐的實質力量就是日本資生堂奇大的研發團隊及研發能力。資生堂全球合計有 1,000 人的研發團隊，包括皮膚研究、生化研究、基因研究、美學研究、彩妝研究、保養研究、抗曬研究等各領域的研發人員，所以才能不斷持續開發出有效果的各種化妝與保養品新產品出來，並且確保高品質控管的效果。這股強大的研發團隊及能力，即是資生堂品牌廣受信賴與長青不墜的根本支撐。

＜發現之 3 ＞全方位整合行銷的成功操作：第一品牌長青不墜除上述之外，還需要有整合行銷全方位的策略規劃及戰術操作，才能得以實現，這包括代言人規劃、電視廣告宣傳、報紙廣告宣傳、公關宣傳、美容顧問師培訓、全國特約店的布置、節慶促銷活動規劃、會員經營，服務策略規劃等在內。

資生堂第一品牌長青不墜6大行銷策略

1. 重定位策略（Re-positioning Strategy）

- 品牌老化改造成功
- 品牌年輕化
- 鎖定輕熟女市場

2. 產品策略（Product Strategy）

- 高品質
- 高安全
- 產品線組合完整

3. 代言人策略（Representative Strategy）

- 大量使用日本一線藝人、演員、歌手、女模，吸引目光，創造氣氛

4. 通路策略（Place / Channel Strategy）

- 百貨公司專櫃陳列
- 全國特約店1,000店

5. 服務策略（Service Strategy）

- 資生堂美容服務中心（北、中、南三個中心）

6. 整合行銷傳播策略（Integrated Maketing Strategy, IMC）

- 360度全方位跨媒體、跨行銷整合行銷傳播呈現

資生堂內外部組織行銷協力單位之運作機制

資生堂（臺灣）：營業、行銷企劃、生產製造、日本總公司研究中心

＋

外部行銷協力單位：廣告公司、媒體代理商、公關公司

資生堂（臺灣）：

1. 每年一次：
   訂定下年度資生堂的行銷策略方向及重點。
2. 每月一次：
   舉行營業共識會議，由營業、行銷企劃、生產製造及研發人員共同參加。
3. 專案小組會議：
   舉辦新產品開發與上市專案會議。

外部行銷協力單位：

1. 引進日本電視廣告片在臺灣播放。
2. 不定期機動與廣告代理商舉行電視廣告片之企劃、製作及播出後效果分析會議。
3. 不定期機動與媒體代理商舉行媒體預算、企劃會議，以及刊播後媒體效益分析會議。

1-73 臺灣資生堂第一品牌行銷成功祕訣 III

本個案研究所獲致的第三個結論，即是歸納出資生堂在臺灣長年能在數十個品牌激烈競爭的化妝保養品業界中，永保第一品牌的全方位整合行銷模式。

六、資生堂第一品牌長青不墜的全方位整合行銷模式

（一）堅定品牌化經營理念：資生堂在日本有百年歷史，在臺灣也有五十四年歷史，資生堂在臺灣或亞洲消費者眼裡，是一個值得信賴的優良品牌。而臺灣資生堂在任何經營面向及行銷面向的操作，都深刻秉持著如何做好，做穩、做強、做大這個百年不墜的品牌，這種歷史使命感與責任感是長久存在於所有的員工心上。

（二）深入消費者洞察與市場調查：行銷成功的第二個步驟，即是要完整及全面性的做好消費者及市場調查工作，因為了解及掌握消費者的需求、喜好、趨勢、消費行為與品牌態度，是最基本的行銷工作。基本工作做好了，才有後續的行銷任務推展出來，也才有正確的決策依據，資生堂品牌也做到這些重要工作。

（三）S-T-P 精準確定：長青不墜的第三個步驟，即是做好 S-T-P 精準化與明確化，包括 1.S（Segmentation，區隔市場）：資生堂產品線非常廣泛，從輕熟女到熟女階層均有所涵蓋，而彩妝、保養、防曬三大產品系列也都有提供，形成一個全客層全產品線的完整供應者；2.T（Target Audience，目標客層）：資生堂以 25 ～ 50 歲女性為主力消費群，以及 3.P（Positioning，明確的產品定位）：資生堂以高品質、日系優質品牌形象及精緻服務為其明確的產品定位。

（四）行銷 4P/1S 組合策略：接下來第四步驟，資生堂即研擬好行銷 4P/1S 的組合策略，包括產品力、推廣力、通路力、定價力、服務力。由於通路力、定價力及服務力比較穩定，不需要有太多的變化及創新需求；因此，在長期操作下，4P/1S 中比較重要且需經常變化的，就在產品力及推廣力了。

（五）充足行銷預算的編列：為做好媒體廣告宣傳及通路促銷活動，以建立品牌知名度、喜愛度及促進購買慾望，充足行銷預算的編列支援則是必須的。資生堂全年編列 1.4 億的行銷預算，占 70 億總營收的 2%，可謂支援火力強大。

（六）外部協力行銷公司支援：消費品公司做品牌行銷工作，當然要仰賴外部協力專業公司支援，包括廣告公司、媒體代理商及公關公司等專業服務。

（七）獲致行銷績效：資生堂居同業第一品牌、年獲利 7 億元之優良行銷成效。

（八）未來挑戰：資生堂雖擁有高市占率，仍面臨未來各種挑戰，包括品牌忠誠度的提升與鞏固、持續做好高品質的產品，以及全員品牌經營理念的強化。

（九）持續產品力與推廣力的創新及改變：資生堂為保持第一品牌的領先優勢，因此必須在產品力與推廣力方面，做更多創新及改變，以滿足更高要求的消費者。而且要做好這些持續性工作，也需要更深入的市場調查及消費者洞察工作。

資生堂第一品牌長青不墜的整合行銷架構模式

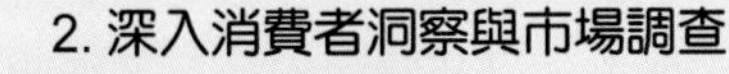

1. 堅定品牌經營理念 →

2. 深入消費者洞察與市場調查
- 焦點團體座談（質化研究）
- U&A問卷調查（量化研究）

3.S-T-P 精準確定
S：區隔市場　T：鎖定目標客層　P：精準品牌定位

4. 行銷 4P/1S 組合策略

(1)Product（產品力）	(2)Promotion（推廣力）	(3)Place（通路力）	(4)Price（定價力）	(5)Service（服務力）
針對新功能、新產品等，不斷加以創新及改變。	針對電視廣告片、節慶促銷活動、專櫃人員銷售活動及公關活動等，都不斷加以創新、改變及加強推展。			

9. 持續產品力與推廣力的創新及變化

5. 行銷預算（每年1.4億元）

6. 外部協力公司

7. 行銷績效
- 化妝保養品第一品牌
- 市占率10%
- 年營收70億元（預估）
- 年獲利7億元（10%）（預估）

8. 未來挑戰
(1)品牌忠誠度提升與鞏固
(2)如何持續做好自己，做好高品質
(3)全員品牌經營信念的強化

(1)廣告公司：每年不斷提出好的、成功的資生堂電視廣告片的創意與表現，明顯有助於成功打響資生堂品牌。
(2)媒體代理商：針對每年提撥的廣宣預算，如何做好媒體組合企劃及媒體購買，以發揮媒體刊播效益，把錢花在刀口上，得到最大的品牌形象與曝光度。
(3)公關公司：針對日常發新聞稿、舉辦記者會、舉辦活動等，做好媒體與消費者的公關任務。

資生堂第一品牌成功的背後人才團隊因素

資生堂第一品牌長青不墜的背後人才團隊因素

1. 行銷企劃人才
2. 研發人才（日本總公司）
3. 生產與品管人才
4. 業務人才

組成第一品牌經營的堅強人才團隊

1-74 大陸康師傅第一品牌行銷成功祕訣 I

康師傅品牌能夠深受消費者支持且品牌價值持續成長，有其關鍵因素所在。

一、康師傅整合行銷傳播的關鍵成功因素

（一）精準的消費者洞察所導出之產品競爭力為支撐：康師傅進入速食麵行業，一開始就把握了主流方向。內地的方便麵市場呈現兩極化，一極是國內廠家生產的廉價麵，幾毛錢一袋，但品質很差；另一極是進口麵，品質很好，但價格貴，五六元錢一碗，普通大陸人根本消費不起。於是康師傅決定走一種物美價廉的區隔市場，決定生產這種速食麵，並給準備投產的速食麵起了一個響亮的名字——"康師傅"。以康師傅做為品牌名稱，非常符合中國大陸市場的語言，消費者普遍記憶度與聯想力都強，接下來就是確定口味，康師傅經過上萬次的消費者口味測試與調查發現，內地人口味偏重，而且比較偏愛牛肉，於是決定第一波就以「紅燒牛肉麵」做為主打商品，果然這麼緊密的市場調查與口味品評下，康師傅一推出就廣受消費者喜愛。

（二）堅持品牌定位與一致性訊息為思路：康師傅對於品牌的定位與要傳達的訊息非常堅持，這一點不僅是落實在產品設計上，連組織文化上也相當重視品牌的精神。康師傅品牌在強調中華美食的訊息下，很多非屬中華美食定位的商機，都不會在其考慮的範圍之內，也因為充分了解各省市的飲食習慣差異很大，因此在進行溝通時，會保留地區的特殊文化特色，這也表達了康師傅對於中華美食文化的訊息。

（三）整合多樣化傳播工具的操作成功：傳播工具的使用上相當多元，像是廣告、公關活動、促銷、人員銷售等，而廣告工具除了使用大量的電視廣告為主，仍搭配戶外廣告、報紙、雜誌及網路，即便是中國大陸對於網路的使用上不普及，而且管制多、水準仍不夠的情況下，康師傅近幾年也開始嘗試投入網路廣告的投放。

（四）每年固定投入營業額的 12% 做為行銷預算：做為多項產品市占率第一的康師傅品牌深刻知道品牌經營與溝通，是需要一段漫長的路程，而且要支撐起一個市占率第一的品牌，支撐起一個超過 10 億美元價值的品牌，且在一個國際化競爭的中國大陸市場，沒有很堅定的行銷投入，品牌能見度很容易在整個龐大的市場當中消失，甚至瞬間被取代。康師傅每年依照事業群的營業額大小，編列 12% 行銷預算，若整體以 2010 年康師傅營業額 66.81 億美元來說，行銷預算大約就是 8 億美元，而光是花在廣告上，每年就必須花 4 億美元，大概就是 112 億臺幣的廣告支出，透過這樣鋪天蓋地的廣告溝通以及行銷活動的投入，才能夠讓康師傅品牌深植在消費者心中。

康師傅關鍵成功4大因素

康師傅關鍵成功因素

1. 精準的消費者洞察所導出之產品競爭力為支撐

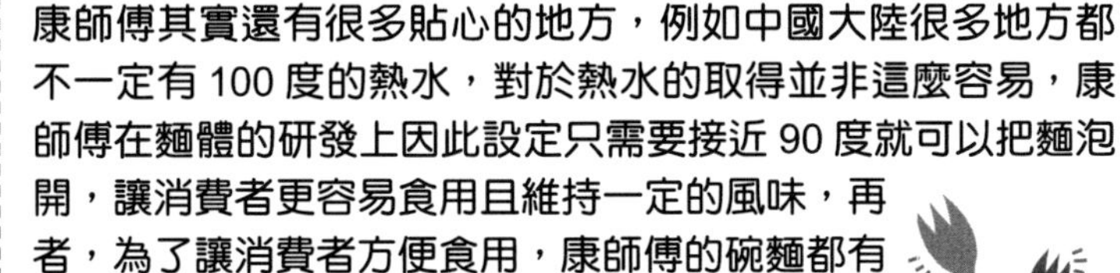

康師傅其實還有很多貼心的地方，例如中國大陸很多地方都不一定有 100 度的熱水，對於熱水的取得並非這麼容易，康師傅在麵體的研發上因此設定只需要接近 90 度就可以把麵泡開，讓消費者更容易食用且維持一定的風味，再者，為了讓消費者方便食用，康師傅的碗麵都有附贈叉子，這一點在臺灣是看不到的，也是因為充分了解市場需求下，做出的創新設計。

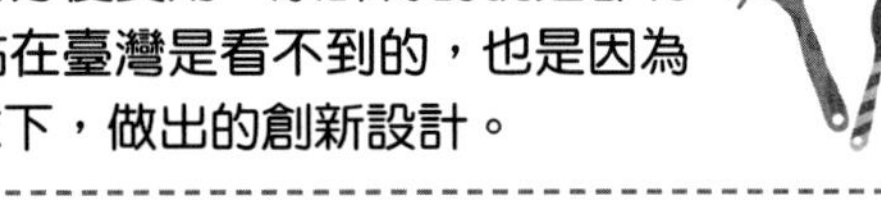
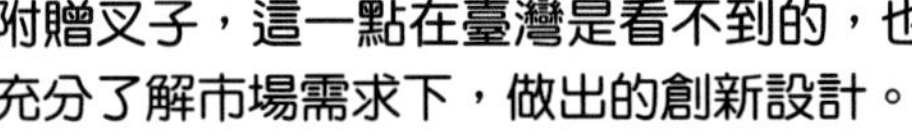

2. 堅持品牌定位與一致性訊息為思路

康師傅一開始的品牌定位就不屬於中低價位的層次，但為了要擴大營業利基並且搶攻中低價位商品市場，康師傅於是開創了「福滿多」的品牌來主打農村市場，使得在不傷害康師傅品牌定位的一致性下，為企業爭取更多商機。

3. 整合多樣化傳播工具的操作成功

康師傅在整合行銷傳播的操作上相當成功，不僅做到一致性訊息及傳播工具的整合外，在組織運作上也有很綿密的整合，透過行銷本部來統整營業、生產與研發單位。

4. 每年固定投入營業額的 12% 做為行銷預算

以 2010 年康師傅營業額 66.81 億美元來說，行銷預算大約就是 8 億美元，而光是花在廣告上，每年就必須花 4 億美元，大概就是 112 億臺幣的廣告支出。

1-75 大陸康師傅第一品牌行銷成功祕訣 II

康師傅面對的是 31 個一級城市、275 個地級城市、381 個縣級城市，這樣如此複雜的都市形態，還有 13 億人口數的龐大消費市場，但媒體環境卻相對保守的傳播結構，要在這樣複雜的市場上占有一席之地，康師傅是如何在傳播媒介當中整合操作呢？

二、康師傅品牌的整合行銷傳播全方位架構模式

本研究發現食品產業企業若要成功執行整合行銷傳播策略，必須由擁有具影響力及決定權的組織來進行，當然可以由行銷部門來主導一切，但仍需要高階經理人來進行整合個部門或調度的工作，所以絕對不是幾個公關人員或行銷人員可以獨力完成的，這個行銷單位必須要明確了解公司整體政策、行銷方向、品牌權益、管理流程，而最終的決策與主持的權力與能力，其實非常適合由該公司的企業集團總部負責，而事業體其中的行銷本部來進行 IMC 計畫，由行銷部門負責人擔任主持並且由其部門轄下的整合行銷單位負責專案的籌劃與溝通，負責與跨部門單位、各地區分公司進行溝通協調，以達成統一口徑與資源運用的最大效益。

三、康師傅品牌的推廣策略——充分利用代言人策略

康師傅媒體組劉執行專員指出，由於康師傅所面對的市場區隔性大，產品面向寬廣，雖然在一個品牌系統下，但橫跨了方便麵、飲料及糕餅三大項目，採用代言人的溝通策略，是能夠有效且快速地與消費者進行溝通，進而得到行銷的目的，一直以來這些產品代言人確實也能反映在銷售業績上。不僅是大量採用代言人進行溝通外，康師傅一直對於行銷資源的投入、品牌溝通的投入都沒有間斷過，每年都以各事業體營業額的 12% 來做為行銷預算的編列，透過龐大的行銷預算來支撐消費者的溝通。

四、康師傅品牌行銷預算金額及配置

康師傅行銷本部林資深協理指出，康師傅每年的行銷預算約占營業額的 12%，當中媒體廣告費用約占 6%，其他行銷費用約占 6%。如果以 2010 年康師傅營業額 66.81 億美元來說，行銷預算大約 8 億美元，而光是花在廣告上，每年就必須花 4 億美元，大約 112 億臺幣的廣告支出。這樣稱得上是豪華的行銷結構，跟臺灣市場則是有明顯不同。康師傅公關部陳經理就指出，一般臺灣普遍的行銷預算都抓在營業額的 3 ～ 5%，然後其中大約 70% 花在廣告費用上，剩下 30% 才是其他行銷操作，但在面對大陸這麼龐大的市場，又是全國性的品牌，競爭真的非常激烈，沒有倚靠這些媒體廣告的傳播，很難支撐起領先地位的市占率。

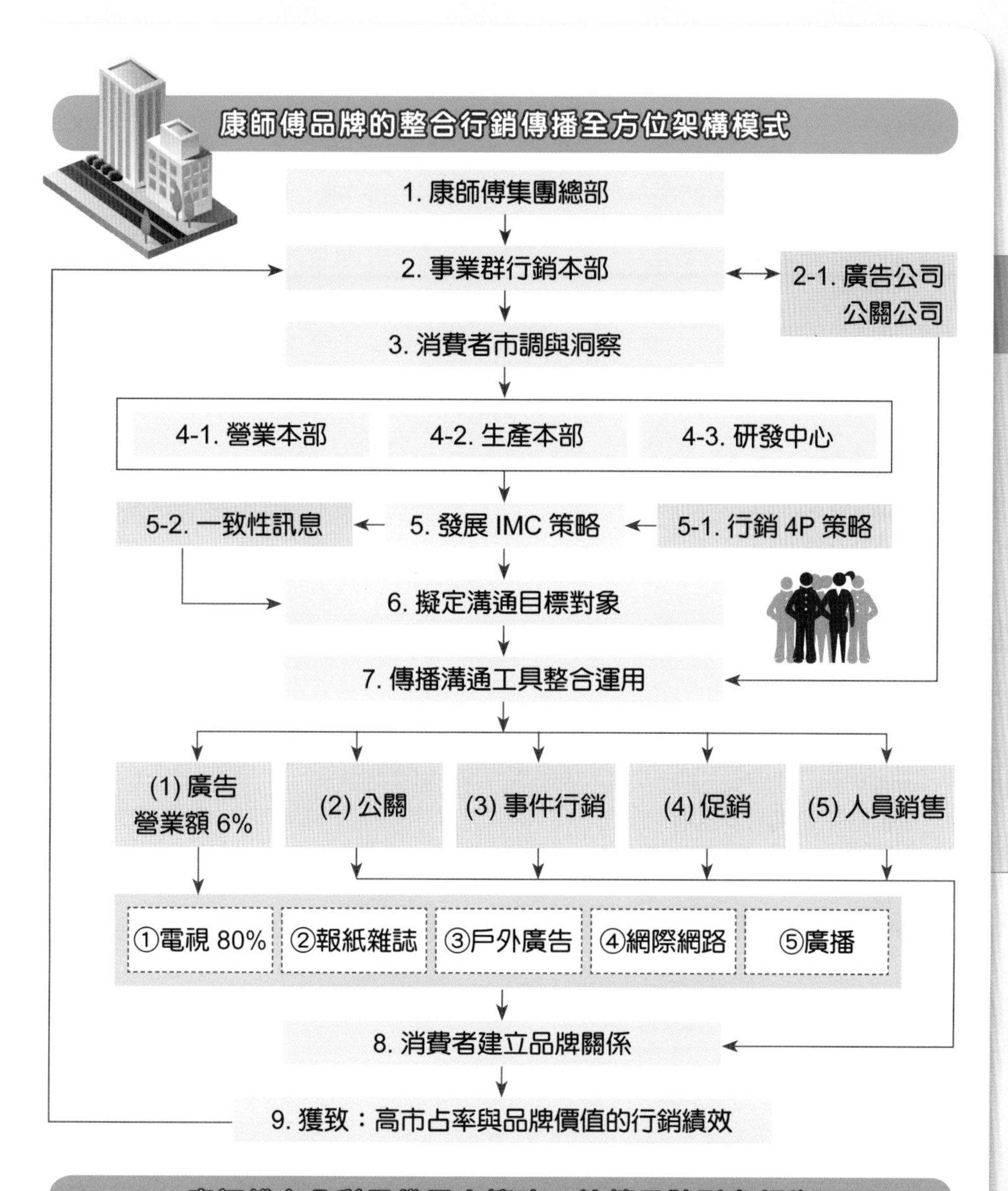

康師傅充分利用代言人策略，持續品牌形象領先

1.康師傅 方便麵代言人	2.康師傅 飲料類代言人	3.康師傅 糕餅類代言人
陳魯豫、周華健、蘇醒、羅志祥等。	蘇有朋、鄭元暢、賀軍翔、李冰冰、梁靜茹、王心凌和張惠妹等。	SHE、飛輪海等。

Date ______/______/_____

第 2 章
國內各企業行銷成功祕訣

※ 品牌是這個產品的總體生命靈魂，沒有品牌，這個產品就會失去生命力！

2-1 Lexus 汽車在臺灣行銷成功

Lexus（凌志）在 1989 年首度正式在美國上市，問世兩年便成為美國的暢銷車款。1997 年正式在臺上市，它是如何行銷成功呢？

一、品牌總定位：「專注完美、近乎苛求」

Lexus 於 1997 年正式在臺上市，就像其流行廣告標語：「專注完美、近乎苛求」一樣，深植在消費者心中。Lexus 汽車部門的負責員工，也都緊依著此八個字的信念，在行銷工具、宣傳手法、選擇媒體及售後服務等四方面，把「專注完美、近乎苛求」的品牌精神徹底執行，終在 2005 年的進口總數量超過雙 B 汽車。

二、精準描繪目標族群

Lexus1997 年首度進口及研發行銷策略時，面對雙 B 等已占臺灣高級車九成市場的挑戰下，Lexus 汽車最初便先精準的描繪出他們的目標族群，並從中發展契合的策略。Lexus 汽車的目標族群年齡層較為年輕富有但低調，喜歡接受新事物，樂於挑戰及創新。因此，Lexus 汽車希望以「專注完美、近乎苛求」的行銷理念，讓目標族群感受到他們的品質及服務，也一樣的執著。

三、提供周全顧客服務的試乘活動

早期高級車市場由於太過穩固，容易導致忽略顧客服務這一環，因此 Lexus 即趁勢提供周全顧客服務及試乘活動，果然帶來好的迴響。由於 Lexus 汽車從臺幣 160 萬到 450 萬都有，其中又分為高級房車的頂級、中階及入門款三種，消費者族群特色相當明顯，因此，Lexus 開始經營分眾市場，讓他們感到有附加價值。

四、運用電視媒體及雜誌媒體

由於大眾媒體電視的功能，在傳播品牌知名度方面，仍有一定效果，因此，到 2013 年止，Lexus 每年仍有不少廣告量下在電視媒體上。此外，在分眾雜誌媒體中，例如建築師、醫師等專業刊物，也是 Lexus 平面廣告的選擇之一。

五、面對不景氣中，業績仍能微幅成長 3%

臺灣在 2008 年金融風暴後，汽車市場陷入下滑的趨勢，整個衰退 10~20% 之間，全年銷售量從 45 萬輛下滑到 36 萬至 38 萬輛之間。但是 Lexus 在這兩年，仍能有 3% 的微幅成長，實屬難能可貴。尤其，2007 年推出的最高級 Lexus 460 LS 加長旗艦車，原訂進口 800 輛賣，結果賣了 1,200 輛，每輛 400 萬元至 450 萬元之間，超過了原訂目標業績。

Lexus品牌總定位：專注完美、近乎苛求

品牌總定位 slogan：「專注完美，近乎苛求」

1. 行銷工具　2. 宣傳手法　3. 選擇媒體　4. 售後服務

秉持此品牌精神，貫徹執行！

Lexus 小眾市場的高檔服務

在2005年時，為頂級車款上市前，在中部日月潭舉辦兩天一夜的試乘及晚會活動，當時大約有500個潛在消費者參加。最後，在一個月內，有實際購車的消費者更高達2成，效果驚人。另外，Lexus透過市調也發現車主高達65%會習慣性參加藝文活動。因此，從1998年開始，Lexus每年度即開始贊助紐約愛樂音樂會、維也納音樂會、基洛夫芭蕾舞團，並保留現場座位，給Lexus車主優惠或免費的票價，讓他們覺得有附加價值感。

自 2005 年底起，Lexus 進口車銷售數量，正式超越 BMW 及 BENZ。

精準描繪目標族群

Lexus面對雙B、VOLVO、AUDI、JAGAR等高級汽車，已占有臺灣高級車9成市場，挑戰非常大。

Lexus汽車目標消費族群

- 年齡層較低些，約 30~50 歲！
- 年輕稍富有，但低調！
- 喜歡接受新事物，樂於挑戰及創新！

大量運用電視媒體及專業雜誌

品牌知名度傳播媒體

1. 電視廣告媒體　2. 專業雜誌媒體

令人印象深刻！

新聞頻道及Discovery或國家地理頻道，經常可看到Lexus汽車廣告及其Ending用語：「專注完美、近乎苛求」。

服務品質滿意度獲第①名

J.D.Power 所有汽車品牌服務滿意度

連續 5 年高居所有汽車品牌第 1 名

2-2 味全的品牌與行銷致勝策略 I

味全是往高價市場走，以建立強勢品牌，這是其行銷策略的主軸。

一、目前已握有四大強勢品牌

這四大市占率高的強勢品牌，包括：

1. 味全高鮮味精：市占率 85%。
2. 林鳳營高價鮮乳：市占率 30%。
3. 每日 C 果汁：市占率 65%。
4. 冷藏咖啡貝納頌：擠下左岸咖啡，居市占率第一，約 30% 市占率。

2006 年繼續推出 25 元高價的「絕品好茶」及「每日 MSP 牛奶」等。預計 2010 年時，將培養出十大強勢品牌。

二、未來行銷策略主軸

未來行銷策略主軸，即是走向高價市場，建立強勢品牌。作法如下：

(一) 切入 25~39 歲消費族群的高價市場區塊：只要有足夠的區隔市場量，就可以做；反之，若從中低價位區塊切入，會陷入價格激烈競爭的紅海區，未來想再向上調高，將會很困難。再從消費者端來看，有些商品類的低價市場已經不見，退出市場，例如追求好品質的鮮奶，只剩下味全、光泉及統一等三大品牌。消費者普遍認為「貴就是好」，只要不要太貴，超過消費者的臨界點即可存活。

(二) 強勢品牌的效益：可分公司、消費者、通路商三方面來說明。對公司來說，是永續經營的根基，且有助於提升內部士氣，並且為公司創造比較好的利潤。對消費者來說，可以反映出比較好的品牌忠誠度及價值；這個價位使消費者願意付出較高的價格來買，隨著市占率愈高，根基即愈穩，不易被擊倒。對通路商來說，較有強制力量，平起平坐，避免被人宰割。

三、價格策略

味全切入高價區塊的定價策略，是採取比主要競爭對手，高出約 15% 的價格。例如：一般鮮乳賣 55 元，林鳳營則賣 65 元；一般冷藏即飲咖啡 25 元，味全貝納頌則賣 30 元。

四、品牌成功的行銷組合策略

(一) 味全的經驗：在飲料產品行銷方面，味全有十大行銷策略成功的經驗，其中以命名策略、包裝策略及價格策略這三個策略最主要。但是，還要搭配其他七個策略，包括通路策略、廣告策略、媒體策略、促銷策略、產品（內容）策略、網路策略，以及公關策略。

味全品牌行銷致勝關鍵

1. 目前已有高市率的 4 大強勢品牌

(1)高鮮味精 (2)林鳳營鮮奶 (3)每日C果汁 (4)貝納頌咖啡

2. 未來行銷策略主軸

走向25~39歲消費群的高價市場，建立強勢品牌。

3. 價格策略

比主要競爭對手高出15%的高價區塊。

4. 產品定位（Product Positioning）／品牌定位

5. 品牌行銷組合 10 大策略

(1)命名 (2)產品 (3)包裝 (4)價格 (5)通路 (6)廣告 (7)媒體 (8)促銷 (9)網路 (10)公關

6. 切入市場策略

先找品類，再分析對手強度，再設定市場目標。

例如：即飲咖啡市場以金車伯朗咖啡，占有率6~7成之高，不易改。轉而到冷藏咖啡市場，沒有很強對手，故貝納頌從此切入。

7. 味全品牌行銷策略 4 大步驟

(1)選定正確的，可以存活長久的品類為何。
(2)評估目標市場、消費群及競爭狀況。
(3)進行產品定位及策略定位。
(4)再規劃出10大行銷組合策略，打造出強勢品牌成果。

8. 味全品牌管理 4 件事

(1)對產品／市場動態變化，保持高度敏感及警覺。
(2)持續投入行銷預算資源，以累積品牌資產價值。
(3)展開品類及品牌延伸 ➡ 例如貝納頌咖啡，延伸到貝納頌奶茶。
(4)定期做「品牌檢測」 ➡ 檢測消費者對未來品牌知名度、好感度、信賴度、認知度及忠誠度。

9. 品牌經營難度

品牌忠誠度偏低及價值創造是難點。

2-3 味全的品牌與行銷致勝策略 II

品牌經營的難度在於如何維繫品牌忠誠及創造真正價值，此為味全所關注。

四、品牌成功的行銷組合策略（續）

（二）行銷組合策略的發展計畫，都必須聚焦在產品定位：上述十大品牌行銷組合策略的發展計畫，都必須聚焦在「產品定位」這個核心上。亦即，先有產品定位，再有十大行銷組合策略，然後為品牌在消費者心中找到最有利的位置。

（三）把後發品牌塑造成強勢品牌：如果在極短時間內，把後發品牌，例如貝納頌、絕品好茶等塑造成強勢品牌，則必須投入很大的行銷預算資源，同步、同時的用盡這十大行銷組合策略大舉進攻目標市場。

五、切入市場策略

味全的作法是，先找「品類」，先分析「品類」，然後再設定市場目標。例如：具 150 億元規模的茶飲料，分成兩個戰場，一是訴求茶的品質，另一是訴求健康。但不管哪一個，目前領先的茶裏王的市占率，只有一成多而已。因此，味全絕品好茶的切入空間，就從這裡展開，並且以更絕佳品質的好茶為訴求，殺進 25 元高價茶飲料市場，比茶裏王的 20 元，多出 5 元。

六、味全對品牌行銷策略的四個步驟

首先，要選定能夠讓品牌存活長久的品類。其次，評估目標市場、消費群，以及競爭狀況。再來是進行產品定位及策略定位，亦即此定位必須能夠掌握消費者內心需求，並且透過此產品做深度結合。最後一個步驟則是再規劃出十大行銷組合策略，進行品牌打造工程系統。

七、味全的品牌管理策略

待品牌站穩之後，即進入品牌管理系統，包括下列四點：

1. 對市場動態變化，保持高度敏感與警覺。
2. 持續投入行銷預算資源，以累積品牌資產價值。
3. 展開品類及品牌延伸。
4. 持續與定期的對品牌展開「品牌檢測」。

八、品牌經營成功的關鍵因素

品牌經營成功的關鍵因素有六點，茲說明如下：

1. 走向高價市場的行銷策略主軸。
2. 建立強勢品牌為依賴政策。
3. 完整思考及要求做好打造強勢品牌的十項行銷組合策略及計畫。
4. 明確的產品／品牌定位。
5. 選擇及切入有競爭力與可大可久的品類市場。
6. 持續投入行銷預算資源，以累積強勢品牌產品之延續。

味全：4大第1名強勢品牌

味全：4大第一名品牌

1. 高鮮味精（市占率 85%）
2. 林鳳營鮮奶（市占率 30%）
3. 每日 C 果汁（市占率 65%）
4. 貝納頌咖啡（市占率 30%）

味全：強勢品牌的好處

1.對公司	2.對消費	3.對通路商
創造較佳的利潤及名聲！	鞏固品牌忠誠度！	較有談判力量，不會被通路商宰制！

味全：品牌成功10大行銷組合策略

味全：品牌成功10大行銷組合策略

1. 品牌命名策略！
2. 包裝策略！
3. 定價策略！
4. 通路策略！
5. 廣告策略！
6. 媒體策略！
7. 促銷策略！
8. 產品策略！
9. 網路策略！
10. 公關策略！

品牌經營2大難度

1. 品牌忠誠的維繫是難點
2. 價值的真正創造是難點

2-4 藥妝品牌「薇姿」成功故事

「薇姿」隸屬法國萊雅（Loreal）化妝保養品集團旗下的一個品牌產品，於1996 年在臺灣上市迄今，業績成長三十倍。

一、廣告策略：階段性演進的成功

剛開始，不做昂貴的電視廣告，而且當時通路亦不夠普及。首要任務先搶進通路。從一開始 15 家店，到 2000 年全省的 100 個販售據點，到 2006 年則全省已有上千個販售據點。

2000 年開始投入在「平面廣告」宣傳上，由於通路漸普及，加上平面廣告效益也浮現，因此，自 2000~2004 年的營收業績成長快速。2004 年起，當品牌知名度已夠，以及通路銷售據點逐漸密集，薇姿開始在臺灣推出第一支美白系列廣告，品牌知名度迅速向上攀升。2005 年度，再推出三支電視廣告，鞏固品牌認知度，業績又再成長 40%。

行銷策略是有階段性的，通路策略成熟了，才在媒體投放廣告量，才有成本／效益性。薇姿公司認為品牌的長遠經營仍要投資一定比例的廣告預算。薇姿對廣告的投資，每年將成長 30%。廣告呈現手法震憾，與一般訴求美女完美肌膚不同，令人印象反而深刻。

二、其他行銷操作方式

(一) 戶外廣告大幅加強：薇姿亦與藥局合作架設戶外廣告，從一開始的 17 個，到目前全省 60 個看板，加強了消費者印象，也有助通路銷售。

(二) 網路行銷：目前市占比雖不高，但年年增加預算，因欲爭取年輕族群，網路是有效溝通管道之一。

(三) 深耕通路，教育店銷售人員：對於全省各藥房、診所之藥師，舉辦產品教育訓練講座。

(四) 活動舉辦（體驗行銷）：舉辦「薇姿肌膚健康檢測中心」的戶外活動，免費為消費者檢視自我肌膚健康指數，並發送試用品，但不做推銷。幾天內，即吸引 4,000 人次，反應熱烈。

(五) 雜誌廣告編輯：於女性雜誌開闢專欄，提供消費者正確保養肌膚的概念。

三、目標市場與行銷成果

薇姿目前以 25~35 歲女性顧客為主要目標市場，未來計畫擴展到 35~45 歲熟齡女性客層。薇姿要獲致的行銷成果有下列三點：

1. 確立皮膚保養品第一品牌的市場領導地位。
2. 提升品牌認知度。
3. 業績（營收）17 年內（1996~2006 年）成長三十倍的亮麗成績單。

薇姿：品牌成功行銷架構

- 1996年首度引進臺灣
- 屬法國萊雅集團

1.首重通路經營

(1) 通路據點普及擴張
(2) 特別的陳列呈現
(3) 對藥師的教育訓練

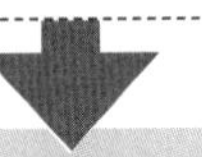

2.2000年後，通路已漸普及，開始投入平面廣告。

3促使業績上升，品牌認知度上升，通路又更多。

(1)2004 年起，投入第一支電視廣告 CF。
(2)2005 年，又再投入 3 支 CF，又使業績大幅提升。
(3) 平面及電視 CF 的呈現具震憾性。

廣告呈現手法震憾，廣告片中，以拉鍊、拼圖及爆破等元素，強烈點出肌膚問題所在。此與一般訴求美女完美肌膚不同，令人印象反而深刻。此目的，在告訴消費者，薇姿可以為你解決肌膚問題。

4.戶外廣告看板

全省 60 個看板

5.增加網路行銷，爭取年輕族群

6.體驗行銷活動

薇姿肌膚健康檢測中心，戶外活動。

7.雜誌廣告編輯

與女性雜誌合作廣編稿，開闢「Dr. VTCHY」（薇姿博士）專欄，教育消費者肌膚保養的正確概念。

8.業績17年成長30倍：皮膚保養品第①品牌地位

2-5 克蘭詩品牌再生戰役 I

國內化妝保養品市場高達500億元之多，是一個競逐美麗與防老的兵家必爭市場，其中競爭者均屬日系或歐美系的全球知名化妝保養品品牌，包括SK- II、克蘭詩、迪奧、佳麗寶、香奈兒、萊雅、資生堂、植村秀、雅芳、雅詩蘭黛、雅頓、蜜絲佛陀、蘭蔻等諸多知名品牌。雖然這些國際知名品牌都有數十年，甚至上百年的悠久歷史，有些至今仍能屹立不搖，有些則出現品牌老化、消費群老化、品牌認知度弱化、知名度下滑，以及業績大幅滑落之不利衰退現象。就筆者長期觀察及研究這幾年來發現，有些過去曾是知名的化妝保養品品牌，如今卻出現品牌老化與業績顯現衰退的現象，例如法國克蘭詩化妝保養品，即是顯著的例子。

一、SWOT分析，檢視自己

克蘭詩化妝品臺灣分公司，自2001年起，即面對自己品牌的老化及形象不夠鮮明等問題，展開SWOT分析，並得到如下結果：

(一)弱點與威脅：在弱點部分包括知名度弱、品牌老化與形象不鮮明、廣告預算低、櫃位（在百貨公司一樓的專櫃位置）不佳、商品認知度低（只有美白產品，但無彩妝品），以及有被百貨公司撤櫃之虞等。威脅部分則包括面對市場各種新品牌大舉引進、百貨公司過度促銷下的價格優惠戰激烈，以及消費者缺乏忠誠度等。

(二)強項與商機：包括具有產品力強且重研發、試用品大量放送、價位適中、專業美容護膚Know How等強項，以及切入Niche（利基）商品市場之商機。

二、品牌重生，行銷戰役

克蘭詩臺灣分公司，自2001年起，即浮現危機，因業績不理想，在百貨公司櫃位差，形象與櫃位交互惡性循環，且客層老化。低潮期的2001年，品牌排名在全部三十三種化妝品品牌的排名中落居第十九名。尤其撤出忠孝SOGO百貨公司影響最大、傷害最重。克蘭詩臺灣分公司這五年來，究竟如何化危機為轉機，並打出一場成功的品牌再生戰役，主要有下述幾項行銷策略：

(一)創新的產品策略導入：切入蘋果光筆彩妝新產品及超勻體精華液保養品。新品上市，一舉成功。

(二)採用本土代言人策略：原先法國總公司不同意用本土藝人為代言人，認為有損法國品牌，但後來被說服了，聽從臺灣分公司的意見，採用Makiyo、小S、楊丞琳為代言人。

(三)集中平面媒體刊登並以車廂廣告補強：鑑於平面廣告稍縱即逝，女性雜誌太多，太分眾化了。因此，改用壹週刊雜誌，採廣編特輯方式呈現，而非單調廣告稿。當時，也採用一部分臺北市公車車廂廣告，補強克蘭詩品牌的廣告強度。

克蘭詩：面對的弱點與威脅

克蘭詩化妝保養品

1.弱點

(1)知名度弱
(2)品牌老化、形象不鮮明
(3)廣告預算低
(4)櫃位不佳
(5)有被百貨公司撤櫃之虞

2.威脅

(1)面對市場各新品牌大舉引入
(2)百貨公司過度促銷，價格優惠戰激烈
(3)消費者缺乏忠誠度

克蘭詩：品牌重生戰役

品牌重生戰役

1.創新的產品策略導入	2.採用本土代言人策略	3.壹週刊廣編特輯策略	4.公車廣告策略	5.廣編特輯3階段策略	6.旗艦店策略	7.促銷策略

第①階段→採取大膽八卦式及報導式的廣告。
包括報導代言藝人的各種八卦生活及彩妝，甚至不少電視新聞主播臉上也要用蘋果光筆抹抹擦擦，會更上鏡頭。廣編特輯引起了蘋果光筆彩妝的話題出來；另外，在版面設計上，要求產品放小一些，但藝人話題、八卦故事，放大一些，引人想看。
第②階段→以第一人稱方式呈現版面設計。
以小S代言直接來講產品，例如：我這麼漂亮，因為臉上有克蘭詩蘋果光。例如：我身材超棒，因為我用克蘭詩超勻體精華液。
第③階段→代言人的部落格。
小S懷孕後待在家，每週由公司代替寫一篇日記心得，後來小S自己寫；此時廣告的Slogan為「帶球走也很美麗」。部落格點閱人數超過20萬人次。

(1)提供「試用品」(Sampling)
→新顧客每年送4件，舊顧客平均送2件。
(2)堅持廣告預算為業績營收的固定比例
(3)不強迫推銷
(4)小部分電視廣告

採用本土代言人策略

2001~2004年
Makiyo代言人

2005~2006年
小S代言人

2006年~
楊丞琳代言人

本土代言人策略

2-6 克蘭詩品牌再生戰役 II

克蘭詩的不強迫推銷策略，誠心誠意，長長久久的生意，也是重生的主因。

二、品牌重生，行銷戰役（續）

（四）廣編特輯策略：由於正常各大報及各主要雜誌的公關報導，都沒有好版面提供出來，且報社美容版編輯也不推薦。因此在壹週刊採三階段廣編特輯策略。

（五）旗艦店策略：採開設克蘭詩「美妍中心」旗艦店，打造新品牌形象。每一家美妍中心花費 1,000 萬元投資裝潢，把它視為形象之廣告投資。事後，每一家美妍中心均在三年內，就回收投資成本了。

（六）制定促銷策略：包括 1. 法國總公司堅持每年花 2% 營業額做「試用品」促銷活動；2. 堅持廣告預算為業績營收的固定比例，但隨業績成長，此比例也會下降些；3. 教育第一線專櫃小姐，不能強迫推銷，不期望顧客第一次買很多，但願多來買幾次，頻率（Frequency）要高些，代表她對此品牌喜愛及忠誠、習慣，以及 4. 法國總公司並不認同投資電視廣告太多，做一小部分即可。

三、品牌重生戰役的成果

克蘭詩五年來品牌重生戰役的成果非常顯著，包括 1. 市占率從 1.4% 提升至 3.9%；2. 品牌地位排名從第十九名→第十一名→第八名；3. 近五年營收成長率依序為 18% → 38% → 61% → 52% → 24%，以及 4. 全臺據點數從 24 個櫃位增加到 31 個櫃位。

四、品牌再生的四大關鍵成功因素

（一）新產品導入：品牌再生首先必須仰賴一個紫牛般的創新產品帶動，並切入利基市場，以「商品力」策略贏得消費者好評，然後才會對此品牌重新給予正面評價。因此，商品力帶給消費者的價值所在，是克蘭詩的首要關鍵成功因素。

（二）本土代言人導入：其次必須透過一個適切且具知名度及好感度的代言人策略，才能引起消費者的注意，並藉由話題報導的創造，重新打造這個品牌的高知名度及高認同度。尤其，臺灣年輕人化妝保養品市場大都風靡一些偶像藝人或歌手，在代言人的帶動下，的確會成功吸引部分消費族群，以及提升業績的成長。

（三）廣編特輯引起話題：品牌再生，當然就是要做出驚人之舉的廣宣策略，而克蘭詩在當時，大膽採用八卦式及報導式的廣編特輯方式，也的確吸引不少人的目光，並更加深了對克蘭詩這個品牌的認知度。

（四）其他配套措施：包括開設花園高樓的旗艦店策略、廣發新試用品的贈送策略及第一線專櫃人員銷售專業與服務策略的同時搭配，也都是克蘭詩品牌再生成功的配套必要措施。

克蘭詩：旗艦店策略

克蘭詩

耗資 1,000 萬元投資

打造：「美妍中心」旗艦店

打造新品牌形象

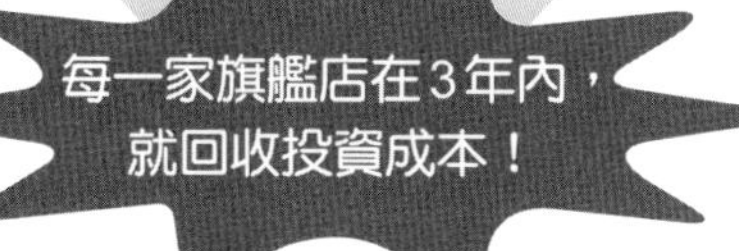

為配合克蘭詩產品注重植物成分，故美妍中心要求加入花園的設計，而不是室內而已。

克蘭詩：品牌重生成果

克蘭詩品牌重生成果

1. 市占率提升	從2001年1.4%提高到2008年3.9%
2. 品牌地位排名	2001年第19名→2005年第11名→2008年第8名
3. 這五年營收成長率	18%→38%→61%→52%→24%
4. 全臺百貨公司櫃位增加	從24增加到31個櫃位

克蘭詩：品牌再生的關鍵成功因素

品牌再生的關鍵成功因素

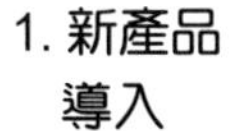

1. 新產品導入
2. 本土代言人導入
3. 廣編特輯引起話題
4. 開設旗艦店
5. 百貨公司專櫃小姐配合

本個案中的小S及楊丞琳等代言人，就成功的扮演了讓克蘭詩品牌再生廣宣及產品代言人的角色。

2-7 韓國 LG 創造臺灣營收百億的行銷策略

韓國 LG 品牌在臺灣成功的四大行銷策略及其關鍵因素，以下說明之。

一、LG 品牌在臺灣成功的行銷策略

（一）通路策略成功：韓國總部以先經營通路為優先，不惜成本力挺，給予充分行銷預算，包括廣告及通路預算。然後深耕通路，打造品牌知名度，五年來，約 110 家家電經銷商拆掉原本招牌，專門銷售 LG 產品，掛上 GL 招牌；另外，LG 手機掛招（招牌）店，亦達 1,200 家店；LG 全面搶進家電及手機經銷商。LG 營收，一半來自資訊 3C 販量店，一半來自全省經銷商。家電掛上 LG 招牌後，同時，各店內也大翻修，LG 協助重新裝潢、採光、上架排列、改革傳統經銷店。然後請經銷店出席 LG 在內湖公司的經銷商會議，彼此檢討營運精進對策。再來，每兩個月，就招待績優經銷商店老闆去韓國旅遊兼參觀韓國 LG 世界的公司，那種親眼目睹的震撼感很令人感動。

（二）差異化的產品策略：認為「對開式冰箱」很有競爭力及市場。因為，臺灣廠商傳統冰箱均無設計改善，沒有新鮮感，而且價格比歐美及進口貨便宜。因此，推出強調安靜的「滾筒式」洗衣機，避免干擾住家。

（三）價格策略：主軸是敢拼及靈活，搶國外進口貨價格；另外，若與國內業者競爭，就祭出價格戰競爭。

（四）廣告策略成功：以臺灣區董事長朴洙欽為廣告演員，說出一口發音特別重的韓國國語，引人注意及信賴。Slogan 喊出：「Life's good」。2006 年由韓國總部推出大長今連續劇女主角「李英愛」為 LG 在全亞洲的品牌代言人，打出一波波強力的廣告攻勢，搭配通路全面掛招，品牌效果馬上浮現。

（五）行銷成果：從 2001 年成立臺灣分公司營業額 25 億元，到 2005 年的 100 億元；市占率第一名產品為對開式電冰箱及滾筒式洗衣機；成為全球 LG 各國分公司，表現最優秀之一，朴董事長在韓國獲升官。

二、本個案關鍵成功因素

（一）深耕通路：韓國總部大膽投入通路革新與掌握必要的行銷預算資源。

（二）差異化產品策略，成功切入市場：運用有效的差異化產品策略，成功切入白色家電市場。

（三）敢用低價格戰：不惜獲利，先搶占市場。

（四）韓國總部支持：廣告預算一波波強打下去，打出品牌知名度及認知度。

（五）臺灣區韓籍董事親自做廣告演員：臺灣區韓籍董事長身先士卒，親自做廣告演員，親赴經銷店督導，融入臺灣本土社會。

LG品牌在臺灣成功4大行銷策略

LG品牌成功行銷

1. 通路策略

(1)深耕通路，全面掛上LG店招
(2)協助經銷店改裝及互動開會研討
(3)招待赴韓國總公司考察體驗LG的規模，增加信心

2. 差異化產品策略

(1)推出對開式冰箱
(2)推出滾筒式洗衣機

3. 價格策略

敢用低價格搶市場

4. 廣告策略

(1)臺灣區董事長朴洙欽親自演出
(2)廣告預算一波波強打下去
(3)口號喊出「Life's good」
(4)採用大長今李英愛為亞洲代言人

5. 行銷成果

(1)營業額從25億元成長到100億元（4年）
(2)對開式冰箱及滾筒式洗衣機為市占率第1名
(3)獲亞洲區分公司觀摩對象

在臺LG：通路策略成功

深耕臺灣通路

1. 全額補助全臺 110 家家電行經銷商
2. 全額補助全臺 1,200 家手機經銷店
3. 協助家電行重新裝潢、採光、上架排列，改革傳統經銷店！
4. 召開全臺經銷商會議，檢討營運精進會議
5. 招待績優經銷店到韓國參觀 LG 總公司及旅遊！

LG：差異化產品策略

差異化產品策略

1. 導入：對開式冰箱

2. 導入：滾筒式洗衣機

2-8 「博士倫」視光品牌成功的操作手法

博士倫是美國具有一百五十年經營歷史的老牌企業，也是國內視光產品的領導品牌之一。其主要對手是嬌生（Johnson &Johnson）公司。博士倫的主力產品是隱形眼鏡及其保養液。

一、「品牌溝通策略」演變

博士倫「品牌溝通策略」演變有三個階段，一是從「舒服」的基本功能面開始。二是轉變延伸到「舒服做自己」為訴求，因為市調中發現消費者一旦感到不適，就會影響一整天的情緒、心情及工作表現，故一定要感到配戴舒服才行；再來是建立起與消費者的感情及心理連結。三是打出新訴求，只有博士倫的「五重科技，五重舒服」才能滿足消費者舒服的需求。

二、博士倫品牌成功的六個關鍵要點

(一) 永遠的王道——深度消費者洞察（consumer insight）：如何才能做好消費者的洞察及消費者洞察的目的何在？茲彙整如右圖所示。

(二) 抓住目標客層 16~24 歲年輕人的心：16~24 歲之間是第一次配戴隱形眼鏡的年齡層。這群消費者的特性分析是：重視品牌、價格、健康；喜愛公仔、個性化及富時尚感。因此，其操作方式如右圖所示。

(三) 如何有效運用網路行銷：精準的運用 e-DM（電子廣告），但須注意必須定期更新資料庫名單，成功率才會提升。而關鍵字廣告搜尋，也要精準，才會有效。

(四) 做好名人代言：必須找出目標群眾喜歡誰、偏愛誰、為何喜歡他們。代言人要對品牌形象有加分效果才行。隱形眼鏡找了具有年輕活力形象的偶像團體 SHE 代言，以拉近目標客層的距離。而隱形眼鏡保養液，則找天后蔡依林代言。

(五) 利用感動行銷主動出擊：若消費者感受到自己被關懷的時候，就會被品牌感動，然後做品牌的強力連結。博士倫操作手法，從專業出發，包括教育消費者，只為你眼力健康，以及成立「視光免費服務中心」，只求你滿意等兩種作法。

(六) 用心找到自己的藍海市場及藍海策略：國內大部分行業均已陷入紅海廝殺中，如何找出新的藍海市場（例如老花眼鏡）施展藍海策略，就能再創新的成長。

四、品牌週期任務

品牌在長時間操作之後，一定會碰到各種變化，包括如何在「成長期」，使之更蓬勃；如何在「停滯期」，使之產品再生；如何在「老化期」，使之品牌年輕化，以及如何在「導入期」，使之一炮而紅。這是品牌經理應努力及未雨綢繆之處，才能使品牌維持成功與第一品牌而不墜。

博士倫：洞察消費者

1. 透過嚴謹的、認真的與精確的市調
2. 展開深度的消費者洞察
3. 才能找出消費者的真正或潛在需求，以及可能的新商機
4. 然後，才可望制定正確有效的行銷策略主軸
5. 接著，才能規劃完整的360度的傳播溝通策略及行銷執行計畫

- 以量化調查做決定
- 以質化調查做輔助參考
- 年年調查，才能持續性的掌握變化趨勢
- 必須機動調整問卷內容，找出真正核心問題之所在

博士倫在眾多選擇隱形眼鏡的標準中，有很多細項，但市調顯示整體來說，就是在追求「舒服」的感受。

- 找到消費者真正要的是「舒服」，「舒服做自己」的標語也就出爐了。
- 舒服、能舒服，以及舒服做自己是最重要的產品總概念。

- 產品命名
- 廣告Slogan
- 廣告與品牌形象
- 「舒服能，能舒服」

博士倫「能舒服」6大關鍵成功要點

永遠的王道

↓

深度消費者洞察（Consumer Insight）

1998年：推出「小丸子」公仔。
2004年：推出知名漫畫家製作一系列的衛教漫畫，傳達正確使用隱形眼鏡及保養液知識給七、八年級生。
2006年：舉辦「博士倫麻豆兒美眉選拔賽」。

1. 永遠的王道：深度消費者洞察（市調）
2. 抓住目標客層16~24歲年輕人的心
3. 如何有效運用網路行銷
4. 做好名人代言SHE及蔡依林
5. 利用感動行銷主動出擊
6. 用心找到自己的藍海市場及藍海策略

↓

制定正確有效的行銷策略主軸及360度傳播溝通與行銷計畫

↓

打造出成功的領導品牌

2-9 「靠得住」品牌再生戰役及整合行銷策略 I

當金百利克拉克公司「靠得住」衛生棉面對五大主要競爭品牌（P&G：好自在；花王：蕾妮亞；嬌生：摩黛絲；嬌聯：蘇菲；本土：康乃馨）的圍攻而落到最後谷底時，它是如何翻身回復成為第一品牌呢？以下我們來探討之。

一、「靠得住」衛生棉呈現谷底的現象

當「靠得住」衛生棉呈現以下現象時，即表示它已落到市場的最谷底，產品經營績效極差。

首先是品牌地位變弱；其次是媽媽或姊姊愛用的品牌（品牌老化）；再來是市占率連續四年急速下滑；接著是通路商沒信心；然後業務員採殺價策略，價格愈殺愈低；糟糕的是，沒有推出新產品；最後，甚至在區隔市場缺席。

二、「純白體驗」的 360 度傳播溝通工具

「靠得住」衛生棉的純白體驗 360 度傳播溝通有以下十二種工具與活動齊發並進，包括 1. 前導廣告「開始愛上純白體驗」；2. 正式主題廣告（TVC）；3. 電影院廣告；4. 公司活動新產品上市記者會（大學女生走秀丁字褲）；5. 平面廣告廣編特輯；6. 樣品發贈（Sampling）；7. 店頭賣場熱鬧活動（In-store Event）（啦啦隊）；8. 布置賣場販售專區（芳香專區）；9. 網路行銷（四個女生私密日記）；10. 促銷抽獎活動；11. 戶外廣告（Outdoor），以及 12. 戶外啦啦隊展示（華納威秀廣告）。

其中廣告片找來一群並非藝人或明星的年輕女生，穿上純白短褲，加上對白生動的腳本，廣告推出後，銷售量急速上升，購買者以 18~28 歲女生為主。

三、金百利克拉克公司產品開發四階段與對消費者的理解

Step1：包括產品概念的產生（Product Concept Generate）、焦點團體座談及篩選（Focus Group Discussion & Screening）、選定可以贏的概念（Select Winning Concept）三種。

Step2：包括試作品使用測試（Sample Usage Test）、試作品盡可能修正到完美、確認是可以致勝的產品（Assure Winning Product）三種。

Step3：包括展開廣告測試（Advertising Test）、FGD（焦點團體座談會）與 Modify，以及發展致勝廣告片（TVC），然後才正式花錢播出。

Step4：包括展開包裝測試（Package Test）、創造致勝包裝（Winning Package）。

上述四階段中，曾經十次退回廣告腳本及 idea，直到真正滿意的廣告片腳本才停止。而廣告片拍出來之後，也經三修、五修，最後才真正定案。

另外，包裝方面也花了一些功夫，要求具有設計質感。

「靠得住」衛生棉的品牌再生戰役圖

原先市占率達 25%，居第一品牌

↓

後來下降到 10% 的谷底

↓

被認為是又老又便宜的牌子，
只有年長女性才會買的牌子。

↓

品牌年輕化為當務之急，
主打七年級女性。

↓

行銷預算很少，不能做電視大眾廣告，
靠線上行銷（Blow the Line）。

↓

1. 產品改革策略	2. 網路行銷	3. 活動行銷	4. 店頭行銷
(1)貼身巧翼新產品上市，產品特色為摺疊線，讓愛穿丁字褲辣妹也能享受舒服生理期。 (2)加入香甜氣味，讓水果世代女生愛不釋手。 (3)衛生棉上印刷可愛印花圖案。	以七年級女生為目標，推出衛生棉「純白體驗」活動。以女生私密日記為主題，由四個不同女生的心情寫成日記，以獲取情緒共鳴，認同品牌。推出後，首頁點閱人數超過65萬人次，訪站人數為10萬人次。	在網站徵求自願走秀的大學生，報名踴躍。一場丁字褲走秀讓100位丁字褲女郎在媒體面前秀臀部。事後媒體報導超過70則。只要點子視覺化，就能吸引媒體報導。	(1)組成「白色啦啦隊」在各大賣場舉辦造勢活動，吸引賣場圍觀民眾，有助銷售成長。 (2)在貨架上包裝整個專區，一走近即可聞到產品的花香味，結合產品特色。

↓

市占率回復到 24.5%，
與蘇菲及好自在同為第一品牌。

2-10 「靠得住」品牌再生戰役及整合行銷策略 II

持續性的創新原則（Continue Innovation），是讓「靠得住」品牌再生的泉源。

四、靠得住衛生棉產品的發展

年度	2004		2005		2005		2006
Slogan	沐浴	→	親膚	→	（純白體驗）	→	（純白體驗）
	清新		蘆薈		貼身		pH5.5
					巧翼		

以上發展必須掌握的要點有三，一是如何贏過競爭對手；二是要配合研發部門（R&D）的研發技術能力；三是有特殊專利權保護。

五、掌握「通路商的運作及狀況」（Trade Marketing，通路行銷）

「靠得住」衛生棉的販售通路，主要有量販店、福利中心、超市、便利商店、藥妝店（屈臣氏）、藥房等五大類通路。每一類通路商及每一家通路商配合的條件、狀況及要求等不完全一樣。但少掉任何一個通路商，都會對業績不利，故需做好通路商的人脈及互動配合關係。

品牌廠商與通路商互動往來的相關事項，包括 1. 產品定價（Price）；2. 產品毛利（Margin）；3. 通路商上架費及其他收入；4. 品牌知名度；5. 企業形象；6. 促銷活動期的配合度；7. 量大進貨的折扣優惠；8. 旺季與淡季的不同作法；9. 物流進／退貨；10. 結帳、請款；11. 資訊連線；12. 賣場行銷活動的舉辦（試吃／試喝→現場展示→現場美容化妝→簽名會……）；13. 上架／下架相關事宜；14. 賣場區位的設計；15. 廣告預算多寡，以及 16. 其它事項。

六、洞察及了解「消費者」

洞察及了解消費者，即是對使用者、目標顧客群的消費行為予以探究如下：

(一) 使用與態度（Usage & Attitude, U&A）：包括消費與使用地點、使用頻率、採購量、品牌忠誠度、價格敏感度、競爭、採購因素及動機，以及決策權等如何。

(二) 理解顧客在賣場購買的行為（Shopper-purchase Behavior）：包括購買頻率、購買地點、購買時間、購買量、重要特質及關鍵活動、對現場促銷的誘惑力如何，以及 6W、2H 的追根究柢（What、Why、Where、When、Who、Whom、How much、How to do）。

在此必須補充說明的地方有二，一是靜態的在家／在辦公室的消費者行為，以及到大賣場／超市之後的消費行為，並不一致。二是去大賣場／百貨公司及屈臣氏等的消費行為，也可能不一樣。

建立致勝「行銷組織團隊」戰力（Team Building）

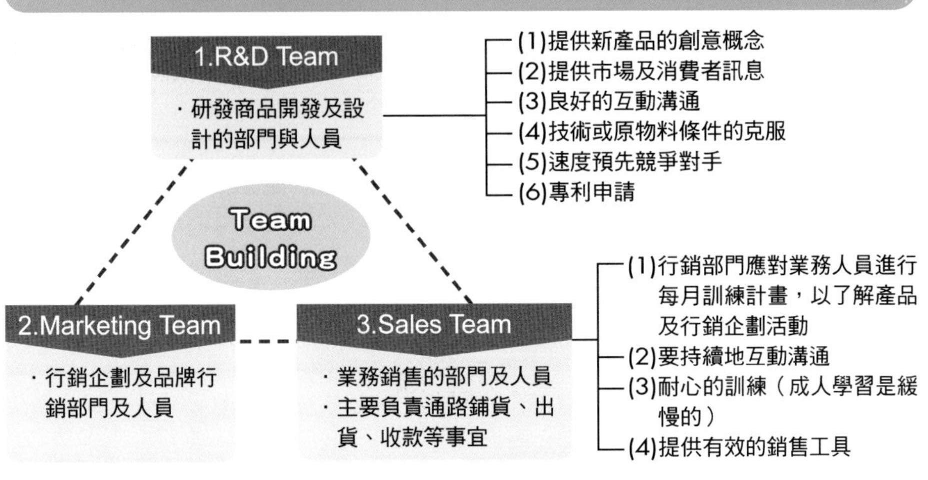

完美執行整合行銷三角架6件事

執行：
1.做好外部行銷，感動消費者，在消費者內心深處建立品牌及企業形象。
2.深入洞察消費者真正想要的是什麼，解決顧客的要求及需求，或是創造新的滿足點及潛在利益點。

最關鍵的2個核心行銷成功因素

1.Consumer Insight（消費者洞察）＋ 2.Design Action（產品研發及設計的能力與行動）＝ Marketing Winning

2-11 資生堂TSUBAKI高價洗髮精行銷成功要訣

資生堂 TSUBAKI 洗髮精為何能在高價市場奪得 30% 市占率？深度洞察是關鍵。

一、洞察

(一) 臺灣女性「哈日」風潮不減：TSUBAKI 原先為在日本市場推出極為成功的洗髮精品牌，後來延伸到臺灣來，TSUBAKI 鎖定臺灣哈日的女性目標族群，並以年輕女性為主，臺灣有實質存在的一批消費族群。

(二) 以染燙的髮絲更要修護保養為訴求：TSUBAKI 最初推出紅色包裝瓶，瓶身並以山茶花代表女性曲線。其中，紅色代表吉祥，山茶花油為日本皇室御用油，而 TSUBAKI 的配方功能，可使女性髮絲更具彈力、光澤、甦醒。TSUBAKI 也有白色包裝，著重在「黃金修護」，訴求「高質感受損修護」，藉此塑造為化妝品級的洗髮精。

二、行銷策略

(一) 採用日本重量級一線超人氣明星為代言：TSUBAKI 上市第一年提撥 17 億新臺幣做為廣宣費用。一口氣邀請日本當紅的六位知名女藝人，包括上原多香子、竹內結子、田中麗奈、仲間由紀惠、廣末涼子及觀月亞里沙等演出電視 CF 片拍攝。廣告歌曲邀請日本超人氣偶像團體 SMAP 演唱「Dear Woman」，迅速打開品牌知名度。第二年的「黃金修護」系列產品，又邀請相澤紗世、蒼井優、杏生方、香里奈、黑木瞳、鈴木京香等六位加入，成為十二位一線女星聯合見證代言，為日本娛樂界的經典盛世。這些女星從 20~40 歲，都有自己的特質與形象，每位臺灣女性消費者都能從中找到自己認同的對象，進而產生共鳴，帶動買氣。

(二) 新產品能夠物超所值：從日本進口的成本，盡可能壓到最低，公司決定自行吸收價差，爭取到 250 元以內的定價，讓臺灣消費者能夠接受。在產品附贈品包裝上，以大瓶洗髮精贈送小瓶潤髮乳的促銷方式。定價雖較其他洗髮精為高（一瓶 550ml 洗髮精定價 240 元），但因產品力夠強，且大卡司品牌宣傳，故「平價奢華」的形象依然深入人心，故能賣得不錯。

(三) 公關、廣告宣傳並進：首先舉辦記者會，鎖定美容線記者告知產品上市訊息，並邀請代言人之一的廣末涼子來臺宣傳；第二年則邀請觀月亞里沙來臺造勢，記者會並有模特兒展現熱舞；此舉帶來影劇新聞高度報導。TV CF 電視廣告片拍攝六支，背景都有山茶花及六位女性藝人。平面媒體則以專業女性雜誌為主。此外，還有人潮密集的戶外巨幅大樓廣告看板及廣告歌曲的全天候強力放送。

(四) 強化在通路上架區位的顯著位置：爭取在屈臣氏、康是美藥妝連鎖店門口上架的顯眼位置曝光，並擴大到全聯福利中心、家樂福、愛買等量販店上架。店頭內的行銷措施，包括利用海報、地點、吊牌等製作物，在現場吸引消費者目光。

資生堂TSUBAKI高價洗髮精成功9大要訣

1. 消費者洞察
2. 鎖定客層，精準行銷
3. 廣宣預算，充分支援
4. 新聞話題的製造
5. 行銷4P組合，同步做好、做強
6. 廣告CF極見創意，表現引人目光
7. 整合行銷傳播手法的全方位規劃展現
8. 產品的行銷訴求，要定期更新改變
9. 產品的內涵及表現，一定要物超所值

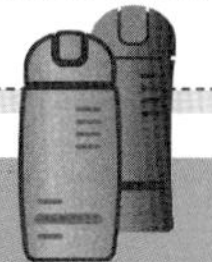

TSUBAKI 4大成功行銷策略

1. 採用日本重量級一線超人氣明星代言
2. 新產品能夠物超所值
3. 公關、廣告宣傳並進
4. 強化在通路上架區位的顯著位置

強力塑造在媒體上曝光

包括(1)首先舉辦記者會；(2)TV CF電視廣告花費占總體行銷預算的20~25%；(3)平面廣告刊登在較常閱讀的VIVI、大美人、VOGUE等時尚流行雜誌；(4)在人潮密集的臺北捷運忠孝復興站、臺北站的大幅燈箱廣告及臺北信義區的戶外巨幅大樓廣告看板；(5)派樣試用等作法，以及(6)廣告歌曲「Dear Woman」與廣播電臺合作（好事聯播網），全天候強力放送，進行宣傳。

TSUBAKI，讓我們學到了什麼？

從資生堂 TSUBAKI 高價洗髮精行銷成功，我們學到了以下七點，一是行銷人員須做好「消費者洞察」（Consumer Insight），並從其中鎖定客層，精準行銷。二是大公司才有行銷資源投入支持這個品牌，小公司則無力投入此行銷預算，故做行銷要在大公司做才有資源與表現可言。三是要打造品牌高知名度，必須透過新聞的話題性創造，而此又仰賴有品牌代言人，代言人或證言人愈強大，就愈有新聞性可言，因此，寧願花大錢挑選強而有力的代言人，一炮打響新品牌知名度；另外，與媒體人員的關係也是平常要做好的，或是透過公關公司來操作。四是行銷 4P 組合必須同時做好才行；TSUBAKI 的產品力、通路力、定價力及廣宣力等 4P 都有一個完整的整合行銷規劃作法與執行，此 4P 都同時做到盡善盡美，無一缺失。五是廣告創意與廣告明星藝人表現卓越，以 6 位 +6 位 =12 位一線藝人同時露面，這也是大手筆作法。六是 IMC（整合行銷傳播）手法高度展現運用，讓媒體呈現鋪天蓋地、無時無刻均可見到 TSUBAKI 的品牌影像。七是產品的行銷訴求，最好每幾年或每一年要更新一次，例如 TSUBAKI 第二年推出黃金修護的概念化名詞。

2-12 Häagen-Dazs 把冰淇淋當 LV 精品賣

今年夏天，中山堂一場別開生面的 Party，臺灣第一名模林志玲穿著一身性感禮服出場，手上展示的不是頂級珠寶，更非高檔手錶，而是各種不同造形的冰淇淋。這不是精品的時尚派對，更非服裝秀，而是Häagen-Dazs的新品發表會。

以往，從來沒有廠商動念用時尚走秀方式，行銷冰淇淋。大膽推出這樣想法的，是三年前由香港 Häagen-Dazs 轉任臺灣區總裁的黃潔霞。

一、鎖定都會女性客層

三年前，Häagen-Dazs 的母公司 General Mills 從南僑集團手中收回代理權，同時調派在香港的黃潔霞前來擔任總經理。黃潔霞一到臺灣，便是重新為 Häagen-Dazs 進行品牌定位。「Häagen-Dazs 冰淇淋不只是冰淇淋，應該是一種生活態度，一種 Life Style。」黃潔霞以精品行銷眼光，將 Häagen-Dazs 塑造成冰淇淋界的 LV。黃潔霞不辦食品試吃會，只用容貌美麗、身材姣好的模特兒來走一場冰淇淋時尚秀。

首場冰淇淋時尚秀是在重新改裝開幕的天母店，由模特兒帶著冰淇淋走秀，讓人耳目一新。黃潔霞更找來許多時尚名模及藝人出席，但她從未找任何人替 Häagen-Dazs 代言，因為她覺得 Häagen-Dazs 應有自身獨特魅力，沒有人可以代表。

有了清楚的品牌定位，溝通的對象便可清楚鎖定。針對主要客群都會區的女性，Häagen-Dazs 在主要交通工具捷運站，推出車廂廣告；然而受到各界關注的，不是廣告本身，而是跟廣告拍照即可享受買兩球送一球冰淇淋的加值部分。

二、塑造高質感品味

求新求變的黃潔霞常要求同事，多做一點，多想一些！在各種創意行銷的同時，並非毫無邏輯章法，初到臺灣的她，就一改過去 Häagen-Dazs 行之多年的買二送一促銷活動，令當時業務部同仁及配合多年的通路都甚為不解。但黃潔霞很有耐心的說明：「Häagen-Dazs 應該塑造出高質感的品味，讓消費者願意花一球 100 元，卻也感到值得；而非以降價方式刺激消費，這樣反而會削弱品牌形象。」

三、改變通路策略

過去 Häagen-Dazs 都以便利商店、量販店及拓展直營店為主。雖然黃淑霞成功拓展 18 家門市直營店，但隨著店一家家開，人事、租金等成本也大增，想快速提高獲利相當不易。因此，2006 年 Häagen-Dazs 改變策略，在餐飲通路下功夫，全面拓展到吃到飽的火鍋店及燒烤店。但也令外界質疑，輕易在這些店吃到免費的 Häagen-Dazs，那消費者又為何要去傳統店面吃一球 100 元的冰淇淋？對此，黃潔霞認為，這只是部分的廣告行銷策略。事實上，Häagen-Dazs 相當慎選合作對象。

Häagen-Dazs的定位

由曾經待過香港太古集團，賣過可口可樂，也待過化妝品公司，銷售高級化妝品的黃潔霞總經理把可口可樂的食品飲料經驗，與化妝品的精品概念結合，將Häagen-Dazs塑造成冰淇淋界的LV。

Häagen-Dazs定位 → 塑造精品、高價、高質感冰淇淋！ → 是一種生活態度，也是一種高級 life-style ！ → 鎖定都會區女性客層！ → 高價冰淇淋市占率90%，仍為市場龍頭品牌

Häagen-Dazs今夏推出仲夏野梅的新口味，於是包下一整列車廂，彩繪著狂放夏日野梅的圖案。正當設計、行銷部門對設計作品感到滿意時，不料黃潔霞看了僅說：「這麼漂亮的廣告，還能否再多做一點、多想一點什麼呢？」不到一天，黃潔霞便率先提出創意想法：只要消費者與車廂廣告合照，憑照就可到門市，享受買兩球送一球冰淇淋的優惠。沒想到，這竟成功提高店面來客數及業績。

臺灣Häagen-Dazs在黃潔霞手中大刀闊斧調整三年，業績翻轉成長一倍。雖然，臺灣每年有40億元冰淇淋市場，但真正能長期存活下來，穩定市占率的並不多；而在高價冰淇淋市場（一球90元以上），Häagen-Dazs便占有90%以上。就目前觀察，主導平價冰淇淋市場的杜老爺，即隸屬於南僑集團。在失去Häagen-Dazs後，南僑又自創了一個卡比索冰淇淋，試圖與Häagen-Dazs競爭高價冰淇淋。此外，12月初，統一超商集團也大張旗鼓地宣布，將代理美國第一的冰淇淋品牌Cold stone creamy，2011年將推出第一家直營店。
面對統一強大通路，與南僑挾著本土品牌優勢，在內外挾殺下，黃潔霞未來如何繼續維持高成長率，仍需觀察。但此當下，Häagen-Dazs仍為市場龍頭品牌，也是不爭的事實。

Häagen-Dazs：改變通路策略，通路普及化

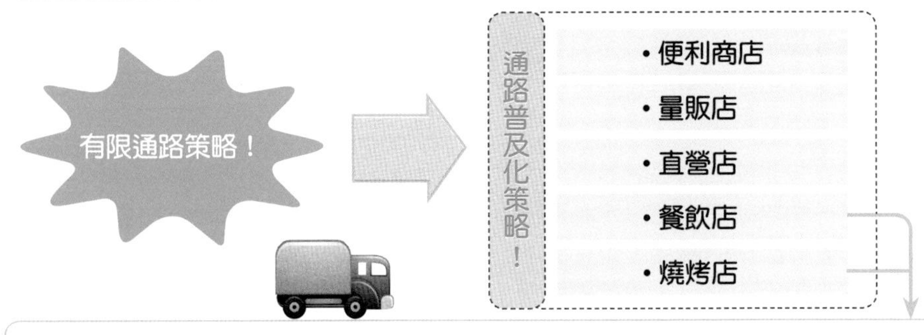

目前全臺有將近三、四百家餐廳，都放有Häagen-Dazs冰淇淋，就好像一下子多了三、四百個專櫃一樣，到處都吃的到。但也令外界質疑，是否會流失金字塔頂端的客戶群？對此，黃潔霞表示，Häagen-Dazs相當慎選合作對象，餐廳的裝潢、風味，都需經過審慎的評估挑選，不合適就馬上調整，因此，許多都是五星級飯店與高級自助餐廳，才在名單之列。

2-13 捷安特成功騎上全球市場 I

捷安特（GIANT）的成就斐然是有目共睹的，它在臺灣及大陸的市占率居第一、歐洲及美國居第三、日本居最大進口品牌。為什麼它會如此成功？關鍵因素何在？以下我們來探討之。

一、全球知名品牌

巨大機械從四十年前一家做 OEM 的小自行車廠，如今以捷安特品牌在全球自行車市場占有重要地位。背後靠董事長劉金標不斷否定現況精益求精的思維能貫徹執行，以及全球市場在地化深耕的策略布局成功。

在臺灣的外銷產業中，巨大稱得上是從中小企業起家，一路壯大並成功擁抱國際市場的典範之一。不僅是臺灣、大陸第一品牌，歐美地區第三大品牌，日本、澳洲、加拿大、荷蘭等國最大的進口品牌，亦陸續多年被富士比雜誌評為全球經營績效最佳前 200 大的中小型企業。

二、定位為國際品牌經營

巨大董事長劉金標說，經常有人問他企業成功之道，他總回答：「自己的舞臺自己搭，你怎樣搭你的舞臺，你就有什麼樣的揮灑空間。」當初他在搭巨大、捷安特品牌的舞臺時，一開始就把它定位成國際品牌來要求，是要做國際市場生意的。因此，在生產製造的品質及交期等，就必須與國際市場接軌。每一家本土企業要跨入國際市場的第一步，一定會經過一段慘重的陣痛期，當然捷安特剛在荷蘭設立歐洲子公司後沒多久，顧客的抱怨意見接都接不完，巨大只能重頭來過，重新改重新做。

說的簡潔一點，巨大是提早比國內的同業轉大人，因此就比國內的同業搶先在國際市場立足。但這只是本土企業在國際市場搶得成功的第一步，還必須不斷吸取國外同業的長處，否定自己的現況，持續精益求精創造更好的材質、車型，不管是後來持續投入碳纖維材料領域的一貫化製程，還是透過贊助 T-Mobil 車隊環法公開賽等國際賽事的運動行銷策略，都是一步一步摸索，找出最適當的經營策略。

三、全球在地化深耕的成功

除了一開始就把自己設定為國際品牌的格局練兵之外，巨大能在全球自行車市場打下一片江山的關鍵，也在於其全球在地化深耕的策略成功。巨大善用全球各地人材、技術、材料、設計等資源，完全融入當地社會，這是巨大能真正成為全球化公司的原因。

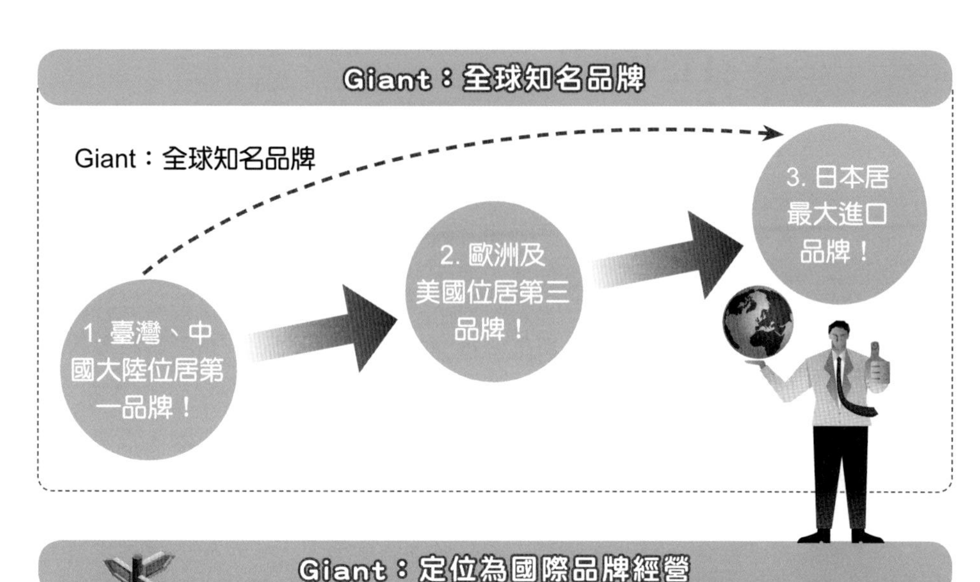

Giant：定位為國際品牌經營

高標準要求自己，找出最適當的經營策略。

- 一開始就定位為國際品牌來經營！
- 要做國際市場的生意！
- 製造品質水準及交期，必須與國際市場接軌！
- 不斷精益求精，一步一步摸索前進！

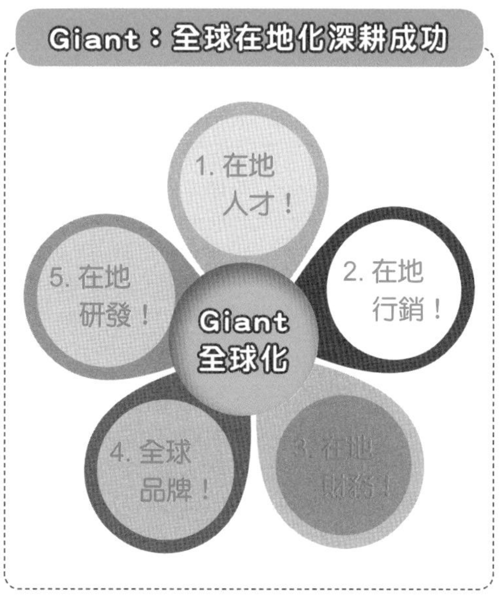

2-14 捷安特成功騎上全球市場 II

任何一家企業要永續經營，就必須不斷找出新的成長曲線，才不會被淘汰。

三、全球在地化深耕的成功（續）

巨大在全球各主要市場都設有子公司，由總部遴選優秀的在地人士擔任子公司經營負責人，也由該負責人挑選在地人團隊，執行總部交付的任務。在人力資源上採行在地化策略的最大好處是，對當地市場文化、需求、消費習性等較能有效掌握，至於總部設在臺灣，能掌握整個集團的研發、財務、行銷及製造整合。

四、產品外觀設計，高度掌握國際時尚藝術

劉金標認為，捷安特自行車這幾年能在國際市場奏捷的一個原因，是產品外觀設計愈來愈掌握國際時尚藝術。巨大是以臺灣總部為主軸，結合歐洲、美國、中國大陸等三大區域的人才分進合擊，做跨國性的聯合開發。

為了做到充分整合跨國人才資源，在研發團隊的分工上，也充分運用當地人才的強項優勢。譬如歐洲人普遍對於自行車的競賽有較高的興趣，就會賦予歐洲研發團隊發展比賽用車的任務，美國人騎自行車登山的休閒人口不少，就讓美國團隊專攻登山車研發。

五、不斷找出新的行銷成長曲線

巨大以自行車創造第一階段的營運高成長後，下一個發展重心，放在電動車，尤其是大陸市場，成為全球最大的電動車市場。巨大在 2005 年成立的電動車事業部，2006 年就銷售 21 萬多臺，2007 年銷售 30 萬臺，2013 年銷售 70 萬臺。以中國大陸這幾年的成長速度估算，2013 年的銷售目標，將挑戰 150 萬臺。

在全球自行車產業的地位中，巨大近幾年不斷往高級車發展，平均出口單價已提高至 350 美元，這離全部生產頂級車的車廠雖還有段距離，但劉金標最自豪之處，係巨大是全球前十大自行車廠中，唯一一家有辦法一貫化經營者，從研發設計、生產製造、品牌銷售、通路等都擁有者。

六、積極布局自有行銷通路

劉金標的策略，不僅在研發設計與生產製造方面，透過更新更好的替代材質，創造更高的附加價值，巨大現在更在全球市場積極布局自有通路。不僅從 2007 年下半年以來，已陸續在法國、尚蘭設立自有通路，其背後的策略意義，也在於透過自有通路，巨大能第一手掌握全球消費者的消費趨勢與需求，供研發設計部門迅速開發出具競爭力的自行車。

Giant：掌握國際時尚藝術

Giant捷安特產品外觀設計

主軸：臺灣
結合：歐洲、美國、中國大陸

跨國性的聯合開發

包括新技術、新材料、新車種、新設計，目前研發團隊共包括 150 位專業工程設計人才。

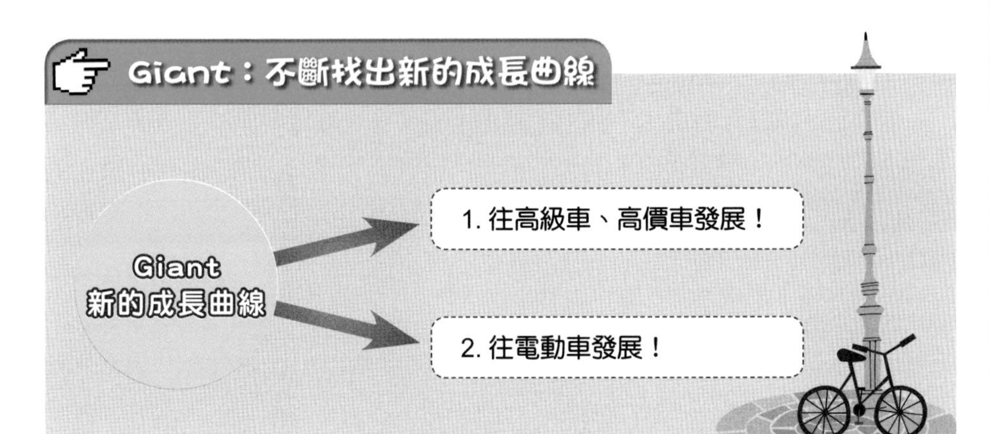

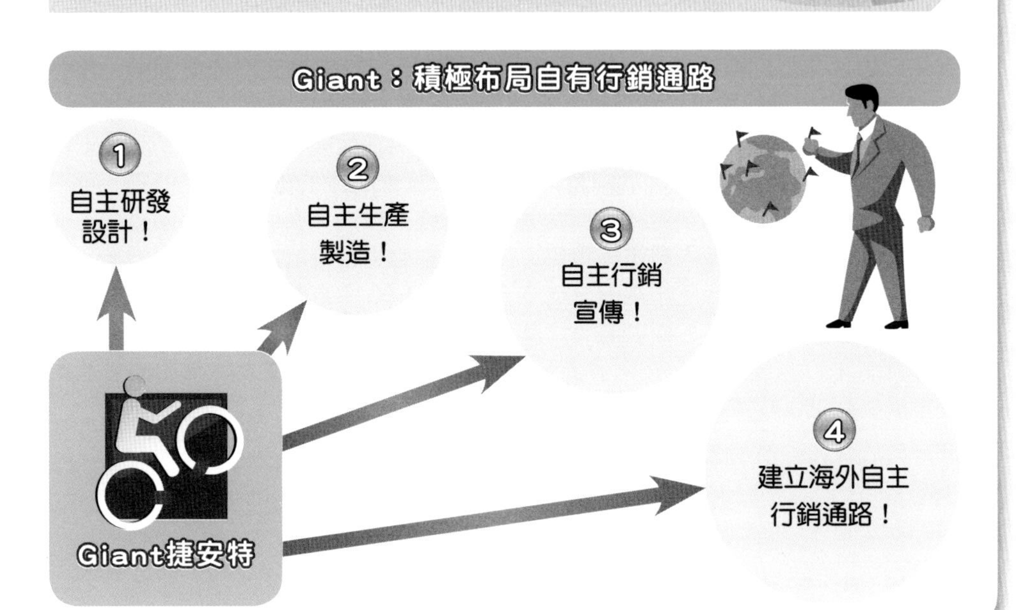

2-15 臺商麗嬰房在中國大陸獲利超過臺灣 I

臺灣新生兒出生人數已跌破 20 萬人，麗嬰房 2013 年在臺灣年營收才 23.5 億。因市場規模就是這麼大，讓麗嬰房不得不藉由開闢新品牌通路、轉投資新事業，為營收及獲利注入活水。

一、麗嬰房在中國獲利超過臺灣市場

麗嬰房持續擴展在中國大陸的據點，2008 年大陸獲利已超過臺灣，這也是麗嬰房進軍大陸十三年來，大陸獲利首次超越臺灣。

麗嬰房 2013 年底在大陸的據點數已達 800 家，通路型態以加盟店、百貨專櫃及直營門市並重，年營收 30 億元（即人民幣 6 億元），獲利達 3 億元（約人民幣 6,000 萬元），一舉超越臺灣。

麗嬰房將以每年新增 150 個點的速度，拓展在大陸童裝業的市占率，2015 年在大陸的總據點數就可達到 1,000 個點，因經濟規模大，開店效益浮現，使 2013 年大陸獲利顯著成長。

二、加速擴增代理品牌數

麗嬰房在大陸只有六個品牌，模式為授權、代理及自創，這樣的速度還是太慢。當務之急是積極洽談代理品牌，擴增在大陸的品牌數，提供消費者更多樣化的選擇。麗嬰房已與一家外國童裝品牌洽談到最後階段，2014 年就可與消費者見面。

三、已成功在上海市建立起「童裝王國」聲名

上海麗嬰房嬰童用品有限公司總經理李彥表示，到 2013 年為止，公司規劃每年的營業額目標都能有 20% 的成長，而在不扣除成本支出的情況下，預計 2015 年大陸市場的零售業績目標為 8 億元人民幣，大約是新臺幣 40 億元。

前進大陸市場十多年的上海麗嬰房，已成功的在大陸內需市場建立起「童裝王國」，也成為上海閩行區的繳稅大戶。來大陸十二年的李彥說：「1993 年來上海時，現在最熱鬧的淮海路一到晚上十點就沒什麼遊人在閒逛，那時臺商主流是做加工製造，談到做內需市場銷售，很多人都會用懷疑的眼光看著我們。」

目前麗嬰房在全大陸市場有 3,000 名員工，800 家直營銷售點，占公司大陸所有銷售點的七成以上。而上海、江蘇、浙江等地仍是麗嬰房的主戰場，僅上海一地就有 150 家直營點。按照麗嬰房的規劃，未來五年希望大陸市場的營運據點能成長到 2,000 家。

臺商麗嬰房：中國大陸營收及獲利均超過臺灣！

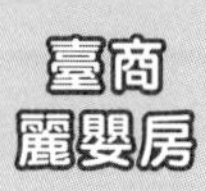

1. 大陸門市店：超過 800 店
2. 年營收 6 億人民幣（30 億新臺幣）
3. 年獲利 6,000 萬人民幣（3 億新臺幣）

· 均已超越臺灣麗嬰房了！

臺灣營收額
才23億新臺幣

臺商麗嬰房：加速擴增代理品牌數

1. 自有品牌！
2. 代理品牌！
3. 授權品牌！

麗嬰房：未來目標店數2,000家

目前800家
據點！

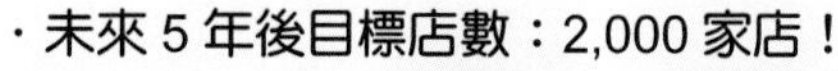

· 打造童裝王國

2-16 臺商麗嬰房在中國大陸獲利超過臺灣 II

麗嬰房會轉往大陸發展，在於大陸的經濟成長和「少子化」現象是有利於麗嬰房的成長。

四、中國市場廣大，各地區差異性更大

李彥提到，過去的大陸是「五個小孩穿一條褲子」，如今則是「一個小孩穿五條褲子」，市場的消費能力不斷增長。

由於大陸市場廣大，各地區差異性更大，未來麗嬰房會根據氣候及地方經濟差異，把大陸市場劃分為北部、東部、西部等範圍。例如，東部地區的經濟實力強，消費者喜歡更為細緻的服務；北部地區則因為氣候變化大，將會有七、八成的童裝，與臺灣所推出的樣款是不一樣的。

另外，許多新的點子與觀念在臺灣上路後，麗嬰房也會嘗試在大陸市場推行。例如，三年前麗嬰房在臺灣成立「Open for kid」，即專門銷售專業運動休閒童鞋，但由於臺灣市場小，經營較為辛苦，如今公司有意把「Open for kid」搬到大陸。

五、未來成功關鍵在通路布建及人才培養

「通路布建和人才培養是最重要的。」談到麗嬰房未來幾年在大陸的發展，上海麗嬰房童嬰用品有限公司總經理李彥強調，通路布建方面仍要持續進行，憑著先前打下來的基礎，讓麗嬰房可以依靠通路取得競爭優勢。

李彥說：「現在新進入的業者若要做通路，得要花上更多的心力和成本，沒有花費幾年功夫，別想做得起來。」這幾年麗嬰房的銷售點愈開愈多，相對衍生出來的一個問題就是對人才的需求與培養。上海麗嬰房對人才的需求不僅大量，還要求具備一定素質，才不會砸了公司的招牌。

六、要求大陸員工回臺灣受訓

「我大概是第一個帶大陸員工回臺灣受訓的臺幹吧！」李彥回憶，1995 年的時候，公司向臺灣政府部門提出申請獲准後，他就帶了五、六個大陸員工到臺灣受訓，之後，帶大陸員工到臺灣幾乎成為麗嬰房每年的「例行公事」，2008 年就有兩批共三十多位的大陸員工到臺灣受訓。李彥說：「其實這些大陸員工留在臺灣的時間不會太長，公司讓他們來臺灣，主要目的不外乎是『犒賞、觀摩、感受』，讓他們更進　步了解公司文化及精神，增強對企業的向心力。」

李彥表示，由於公司不斷成長，現階段培養員工雖然重要，但仍有「緩不濟急」的感覺，因此麗嬰房也打算與上海的職業學校進行建教合作，重點是要培養銷售據點的未來店長人才。

麗嬰房：中國市場大，各地區差異化更大

臺灣：1 個省市
人口：2,300 萬

大陸：30 個省市
人口：13 億

各省市、各地區差異性很大，要有不同的產品與行銷對策！

麗嬰房：未來成功關鍵在通路布建及人才培養

大陸麗嬰房未來成功要件

1. 通路布建：
達 2,000 家店

2. 人才培養：
店長優秀人才培養

與大陸當地職業學校建教合作！

大陸麗嬰房：要求大陸員工回臺灣受訓

大陸麗嬰房：
幹部及店長

回臺灣
受訓一週！

・了解公司企業文化及經營精神！
・增強對公司的向心力！
・犒賞、觀摩、感受！

2-17 最大媒體代理商「凱絡」致勝之道

目前排名前十大的媒體代理商，包括凱絡、Wpp（奧美）、Umricon、Publicis、IPG、電通、密將等，其中凱絡是如何成為臺灣的最大媒體代理商？茲說明之。

一、花錢投資在調查分析及資料庫建立

凱絡利用歐洲 Carat 總部的研究工具，加入本地調查數據，把臺灣重要的品類、品牌的電視廣告拿來做調查，找出廣告投資量及記憶度的關聯，反映投資報酬率，提供客戶諸如媒體排期最佳化的服務。同時，每年會編列預算做調查，至今已累積不錯的資料庫，提升為廣告客戶操作的媒體效果。

二、從市場及策略切入，而非從媒體角度著手

媒體代理商最終目標，是要了解對應及掌握好廣告客戶發出來的行銷策略。凱絡公司的資深主管均具有資深 AE 背景，比較會跟客戶溝通，並鍛鍊出做品牌及做廣告策略的能力。凱絡是如何從客戶市場及策略切入？凱絡有以下作法：

(一) 了解客戶的組織、文化，提供資訊情報：凱絡盡可能了解客戶的組織及文化，協助他們管理跟廣告傳播相關的溝通及互動，是凱絡經營客戶的原則。而針對大客戶的服務，凱絡幾乎每天 Update（更新）做呈報，而且提供「量身訂做」的服務，勝於一般廣告公司做週報的作法。

(二) 監控每週 GRP，用服務速度凸顯競爭力：凱絡公司經常監控（Monitor）媒體動態，並且觀測指標性媒體及客戶的價格變化。在媒體購置上重質，強調購買條件與效果。注重每週 GRP（Gross Rate Point，收視率總評點）的監控及達成。比一般媒體代理商以月為週期更快。

(三) 廣告客戶的肯定：中華汽車廣宣企劃課溫副理認為凱絡提供量大採購的成本優勢、專戶服務團隊，以及提供如公關、廣編稿等額外附加價值服務。愛迪達行銷傳播廖經理則認為凱絡能在有限預算內，發展 360 度傳播策略提升品牌。

三、與客戶發展長期夥伴關係

媒體代理商規模要大，才能創造資源及優勢，例如，量大採購媒體及投資研究調查，才有競爭力吸引及服務大客戶。一旦客戶依賴度高了，就能發展為長期夥伴關係。而對客戶抱怨的解決，凱絡認為媒體環境複雜、過於分眾（小眾）、電視轉臺率高等問題是客戶最常抱怨，凱絡主要從內容創意及預算分散著手。針對媒體接觸及消費者吸收做探索，找到消費者興趣所在，以及透過媒體運用的廣度及深度，轉換成品牌行銷有用的武器，用在客戶市場上的解決方案。另外，亦不斷蒐集國內外成功個案，用在不同客戶及品類上，讓每次的媒體操作效果最好。

凱絡：最大媒體代理商的致勝之道

1. 長期投資研究調查分析

(1)應用國外公司研究工具　(2)加上本土臺灣的調查　(3)累積豐富的資料庫

2. 從客戶市場及策略切入

不能單從媒體角度切入，媒體與廣告只是輔助，更重要的是客戶的市場定位及4P策略。

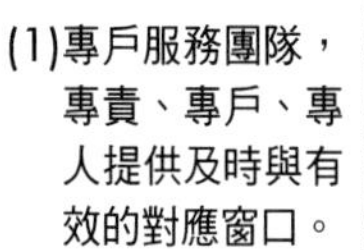

(1)專戶服務團隊，專責、專戶、專人提供及時與有效的對應窗口。

(2)每週提供GRP監控報告及市場動態，以服務速度取勝。

(3)發展360度傳播策略，有效提升品牌。

(4)提供額外附加價值服務，例如，公關及廣編稿。

(5)國內外成功行銷個案借鏡。

3. 達成目標

(1)為客戶廣告投資，創造最大投資報酬率（ROI）的效益。
(2)彼此依賴，成為長期性夥伴關係。

廣告客戶對凱絡的肯定

1. 中華汽車廣宣企劃課溫副理

(1)凱絡提供量大採購的成本優勢。
(2)提供客戶專戶的服務團隊，只要有新車上市，凱絡就會跟著擴編人員加強專戶服務。
(3)也會為客戶提供媒體專案企劃、廣編稿，以及危機處理、媒體澄清等額外服務。

2. 愛迪達行銷傳播廖經理

在有限預算內，能搶下士林、西門町這兩塊最好的戶外看板廣告，以及在網路上找明星代言籃球鞋活動，同時連結店頭行銷活動與消費者互動，能從360度傳播策略找到新的行銷解答。

凱絡關鍵成功因素

綜上所述，我們可以將凱絡的關鍵成功因素歸納整理成以下幾點：
1.長期投資研究調查分析。
2.從客戶的市場及策略切入，並發展出360度傳播策略。
3.每日、每週快速提供媒體動態、GRP監控動態及市場動態。
4.為大客戶組成專戶服務團隊，隨時回應客戶需求。
5.提供額外服務，諸如公關危機處理、廣編稿等。
6.為客戶的廣告預算，創造出最大的ROI（投資報酬率）。

2-18 舒酸定成功打進敏感性牙膏的利基市場

有個牙膏權威，默默扎實的攻占全臺灣敏感性牙齒專用牙膏市場的七成五，建立它自己的金字塔，它就是舒酸定（Sensodyne）。以下我們來探討其成功之道。

一、用高於一般牙膏的三倍價格，搶占 75% 敏感性牙膏市場

當所有牙膏廠商忙著強調口味清涼與優惠價格時，舒酸定卻以牙膏市場平均售價的三倍在賣，他們的中心思想是喚起你牙齒的疼，而非要你記得他們的品牌。

舒酸定的生母荷商葛蘭素史克藥廠，在 2001 年從 Johnson 和 Johnson（嬌生）把代理權拿回來，市占率從 4% 驚人地提升到 2004 年 9.4%，並以每年 2% 幅度穩定成長。它是怎麼做到呢？

原來在臺灣的舒酸定業務組裡，有個五人小組默默走遍全臺灣診所，向牙醫師以專業的產品成分解說及長期性試用，並證明他們的牙膏可以解決冷熱疼痛。

二、銷售通路已普及到一般賣場

舒酸定現在加權銷貨已達八成、量販店三成五、超市三成、傳統通路一成五，可發現其通路並非華麗地增加通路點，而是精確的針對主要購買者，也就是家裡成員的女性，最常採購牙膏的地點，來增加補貨。

雖然連續兩年唯一的店頭活動，是在家樂福、大潤發（共 11 家辦健診活動）舉辦 2 分鐘牙醫健診，造成當月市占率高達 12%，但舒酸定了解高價位的牙膏，若回歸打肉博價格戰或是血淋淋的促銷戰，是永遠比不過黑人牙膏與高露潔的定型化硬拳頭促銷。

因此，舒酸定利用害怕牙周病的心理投射消費者心理，另一方面，他們把牙膏升級成具有療效保健的家用品，這是售價高於市場行情卻成功的另一因素。

三、舒酸定牙膏的關鍵成功因素

（一）定位成功，搶進利基市場：舒酸定定位在高價、抗敏感，具醫療保健效果及專業性的特種牙膏，極具凸顯作用，也吸引了估計至少有一成以上大眾消費者因為想防止牙周病或保健牙齒的目的，而去購買此品牌。

（二）取得專業牙醫師的認同背景，更提高產品力。

（三）高價策略成功：舒酸定以母廠葛蘭素史克大藥廠為支撐，並以同於一般牙膏的三倍價格為定價策略，凸顯具有保健及抗敏感的牙膏醫學成分，兩相配合，終使高價策略成功，並得與一般牙膏（黑人、高露潔）有所差異及區別化。

（四）取得率先推出抗敏感牙膏的時間優勢：此即「先占者」（First-Mover）的行銷競爭優勢。

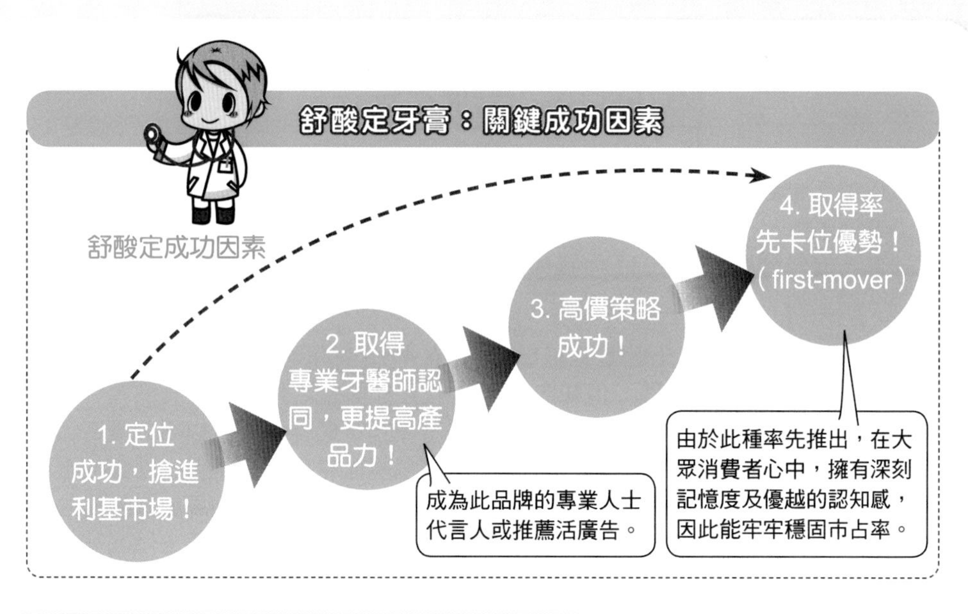

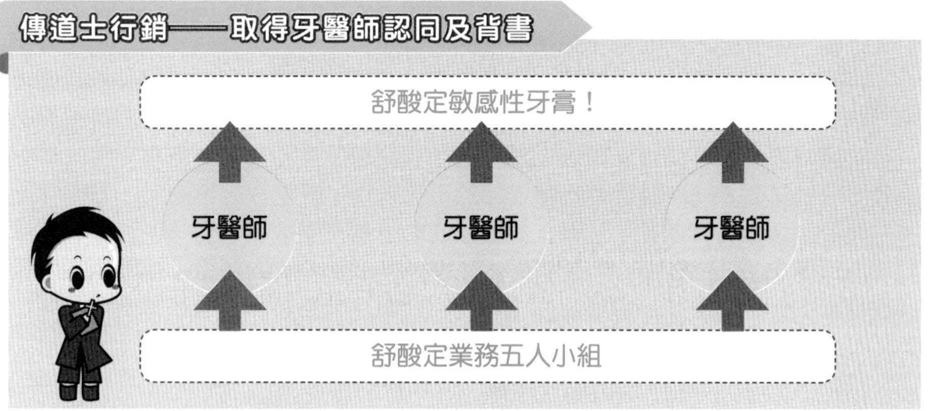

舒酸定：差異化策略

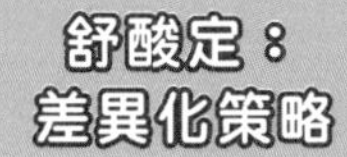

≠ 敏感性牙膏

第1品牌黑人牙膏也被迫跟進抗敏感性牙膏市場

過去強調清新、自然的黑人牙膏品牌，也發覺抗敏感性牙膏仍有相當的利基產品特色及市場需求，尤其其三倍的高定價策略，毛利率非常高，賣一條舒酸定可抵三條黑人牙膏，因此，近期已推出抗敏感的黑人牙膏搶占這個利基市場，並避免市占率被別人瓜分掉。

2-19 味全貝納頌咖啡翻身的廣告策略

以法氏風情獨領風騷多年的左岸咖啡，由於同樣調性賣久了，新鮮感與品牌魅力漸漸下降，市占率從最高峰的五成，緩慢下降到三成，但仍是冷藏咖啡市場第一名。沒想到貝納頌 2011 年猶如醒獅，推出「老師傅篇」廣告後三個月，銷售量一路上揚，左岸市占率則急速降到二成以下，將冠軍寶座拱手讓人。

一、貝納頌如何從谷底翻身躍起

(一) 產品力不是問題，但知名度卻低：上奇廣告剛開始接手貝納頌咖啡廣告時，貝納頌上市已三年，知名度卻幾乎是冷藏咖啡最後一名，以前的廣告調性很類似左岸，做極度感性的操作。可是上奇創意總監楊榮柏發現了一件讓他眼睛為之一亮的事——貝納頌的續購力是冷藏咖啡的第一名！這讓他馬上覺得廣告不難做了，因為產品力沒有問題，只要提升品牌知名度讓消費者願意去試喝就好。

(二) 廣告主的要求——定位在「喝的極品」：廣告主味全給他們的 Brief（任務簡報）只有四個字「喝的極品」，預算不明，完全要看創意值得投資多少錢，另外還補充了一句：「我們要拍得高檔的咖啡廣告。」

(三)「老師傅篇」，一炮而紅，成為第一品牌：上奇為了營造極品的感覺，努力說服味全讓他們去瑞士拍攝「老師傅篇」。廣告推出後，很多人都在想：「有這麼好喝嗎？」結果一試就上癮，正如楊榮柏原先預設的。原本只賣一種貝納頌口味的 7-ELEVEN 眼看著不斷增加的市場需求，後來只好讓統一的對手味全將三種貝納頌口味都上架。於是，貝納頌的銷售量不斷成長，從一天約 3 萬瓶，到現在一天出貨 10 萬瓶，當上冷藏咖啡的銷售王。「喝的極品」這個產品定位撐了這麼多年，終於找到能撞出大火花的相對應廣告影片，味全也算媳婦熬成婆了。

(四) 味全對行銷廣告決策有擔當，有正確抉擇力：一位和味全合作過的創意人表示，味全是個把主控權放在自己身上的廣告主，總是尋求合適的創意來套行在行銷策略上，但是很尊重廣告公司。如果是味全做錯行銷決策而使廣告失敗，他們會自行承擔，不會怪罪廣告公司。

二、味全貝納頌的關鍵成功因素

(一) 定位明確：定位在高價咖啡及喝的極品咖啡。

(二) 商品力強：咖啡好喝，喝過的人續購力高，表示商品力本身無問題。

(三) 廣告策略成功：味全選定「老師傅篇」廣告表現腳本，並同意廣告公司遠赴瑞士拍攝，拍出歐洲人喝咖啡的高檔廣告表現。廣告極具吸引力，看過廣告的人，都好奇想買一瓶來喝喝看。

(四) 命名成功：「貝納頌」本身即有歐洲名稱感，不落俗套，令人印象深刻。

味全貝納頌：行銷問題分析與問題解決

1.行銷問題

(1) 貝納頌產品知名度低。
(2) 產品力並沒有問題，因為續購力高。
(3) 在冷藏咖啡中，銷售量居最後 1 名。

2.行銷對策

(1) 決定從電視廣告下手，因為電視媒體仍是打響知名度的最佳工具。
(2) 要求上奇廣告公司提出 5 支以上的廣告創意腳本供味全公司內部挑選。
(3) 最後，挑上「**老師傅篇**」。完全由外國臉孔拍攝，並遠赴瑞士一家咖啡館拍攝，拍出咖啡「極品」的味道及高檔廣告感受出來。

3.行銷結果

(1) 銷售量在廣告推出後，一路上升，從每天出貨 3 萬瓶，急速成長到 10 萬瓶，成長達 3 倍之多。
(2) 終於奪下冷藏咖啡第 1 品牌的市場領導地位。

老師傅篇

廣告故事訴說歐洲一間咖啡廳的門外，有許多客人在寒風中等著上門喝一杯老師傅煮的咖啡，可是那天咖啡廳卻遲遲不開張。老師傅沉靜地坐在角落，喝了一口貝納頌，然後走到吧檯將煮咖啡的材料都倒掉，跟員工說：「不用做了。」逕自走出咖啡廳。滿懷納悶的員工也喝了一口貝納頌，然後微笑地說：「原來如此。」

貝納頌成功關鍵4因素

貝納頌成功關鍵4因素

1. 定位明確
2. 商品力強
3. 廣告策略成功
4. 命名成功

2-20 臺灣法藍瓷嚴選 4% 創意，五年營收翻 36 倍

法藍瓷五年營收翻三十六倍的主要原因，是來自一套新商品週期的淘汰與嚴選。

一、法藍瓷的經營績效

2002 年創立的瓷器品牌法藍瓷，全球擁有六千多個銷售據點，2007 年全球營收為 1,800 萬美元（約合新臺幣 6 億元），是成立當年（6 月至 12 月）50 萬美元的三十六倍；臺灣區 2007 年營收較 2006 年成長 47%。

五年營收持續成長，來自一套新商品週期：每年兩季各一次「自己與自己競爭」的淘汰賽，讓設計師的創意，從設計到上市都能精準抓住消費者的心。

二、法藍瓷四步驟產品設計嚴選

每年法藍瓷有 1,000 件新產品設計圖稿，經過四步驟循環篩選、修正，決選出 200 件產品上市；再根據「二八法則」，最終只有 40 件成為當年度暢銷商品。

(一) 每年安排設計師出國參展，預測流行趨勢，畫出設計圖稿：淘汰賽第一關，從國際禮品展中剔除不符合潮流的設計元素。總裁陳立恆每年帶領幾位設計師和部門主管出國參展，白天在現場蒐集資訊，晚上由成員提出報告後，再進行動腦會議，解構未來商品的趨勢特色。行銷總監葉皓城表示，參展後由總裁界定下季產品「色、質、型」等設計走向，設計師負責細節。資深設計師江銘磊認為：「設計師感受現場氛圍，就是設計的原點！」接下來才是將流行元素融入設計本身。

(二) 由主要銷售國家代表評選，依全球消費者眼光決定生產方向：帶回展場趨勢後，第二階段，法藍瓷 15 位設計師需在一個月內完成設計圖稿，每季約有 500 件「具賣相」的設計圖進入此階段的淘汰。總裁和各單位的主管初步挑選，將圖稿寄至大中華區、美國、義大利、加拿大、澳洲、歐洲主要銷售國家進行「市場接受度評比」，由全球的眼光決定設計圖能否進入生產程序。

(三) 設計圖少樣產出上市前，還有三個月的開發期進行篩選與調整：設計圖交到研發部門進行打樣、雕模、白胚，在少樣產出上市前，還有三個月的開發期，由於市場需求隨時在變，圖稿仍動態的進行第三階段篩選與調整。第三階段調整的根據，來自每年六千多個經銷點、兩百多萬張日報、月報、季報和年報表；客服信箱中上千封全球顧客意見以及不定期面訪和問卷調查。其中，「銷售總表」是最直接的調查，行銷主管依經驗解讀消費者購買行為，歸納市場喜愛的顏色、杯盤或水果盤的功能性、五至八件套組或單品的「購買力分析」。

(四) 以秀展現場下單數做最終決選，決定商品夭折、量產或延伸品項：淘汰賽最後一關，即是新品發表會。經銷商和行銷單位在現場進行下單，下單數可說是淘汰賽決選的評分表，決定產品是夭折、大量產出或加碼延伸更多樣的品項。

法藍瓷4步驟產品設計嚴選

1. 每年安排設計師出國參展，預測流行趨勢，畫出設計圖稿！

參展後是「老闆看方向，設計師看細節」

例如，顏色是黑白或亮彩、材質是平光還是霧面、造型來自什麼形式的線條、構圖、風格等。

例如，某次歐洲禮品展現場產品多呈現幾何圖形、高低層次和俐落線條的「現代感」，回國後，設計師一改「飽滿圓潤」的設計風格，刻意以「菱角構圖」表現形體，將展場的流行元素昇華為創新。

2. 由主要銷售國家代表評選，依全球消費者眼光決定生產方向

評比裁判包括大中華區一千多位業代、歐洲兩家代理商、美國十三家經銷商第一線人員，把消費者喜好回饋給當地行銷主管，再由主管給予各圖稿A、B、C、D四級分。綜合六國的分數意見，產生一個排行榜，榜上只取20%的設計圖進入生產階段。「法藍瓷各國銷售排行榜前十名，有80%是相同產品。」陳立恆認為，人類對美的感受是雷同的，透過全球評分，可找出市場最大化的設計。

3. 設計圖少樣產出上市前，還有三個月的開發期進行篩選與調整

這些每日更新的市場反應，有時甚至扭轉設計概念。例如，「By the Sea（海洋系列）」，原圖稿是夏日悠閒的海邊午後，但市場分析結果顯示：「熱鬧氛圍在夏天較具吸引力」。神仙魚裝飾不變，卻完全推翻原本的「恬靜浪漫」風格，變成「夏日歡樂party」。

4. 以秀展現場下單數做最終決選，決定商品夭折、量產或延伸品項

2002年在紐約禮品展中獲得「最佳禮品（The Best in Gift Award）」殊榮的「蝴蝶系列」，當年五件式商品，現已陸續發展出三十多種品項，而後延伸推出「蝴蝶花園」系列，甚至設計出同系列的珠寶、飾品。蝴蝶商品推出至今，每月銷售成績仍經常是排行榜冠、亞軍。

End

「今天的熱賣不代表永遠的熱賣。」葉皓城精簡的說出消費者的善變。但法藍瓷客戶喜好度每年成長 20% 市調結果，加上臺灣三萬名 VIP 每月回購率 5% 的成績來看，這套週期循環的淘汰賽，確實有效幫助設計師了解市場需求，同時創造消費者新的需求。

2-21 黛安芬產品開發嚴格把關，新品陣亡率極低

假如你擁有絕佳歐洲時尚設計團隊，亞洲行銷團隊如何跨越地理距離，將消費者在地需求傳達給設計師？德國品牌黛安芬的作法，是由臺灣、新加坡兩個亞洲種子國家的行銷團隊，每年兩次彙整亞洲女性需求，做為產品開發期的第一步驟。這套制度實施十年來，讓評估新品開發成功與否的最高指標「產銷比」，從50% 提升到 90%，也就是每 100 件原本有 50 件要遭特價出清的內衣，現在只剩10 件。

一、總公司改變「歐洲設計，亞洲賣」錯誤策略，召開歐亞團隊會議

四十年前的黛安芬一直是臺灣的領導品牌，每年營業額幾乎以兩位數字成長。隨著內衣市場蓬勃發展，約 1998 年，競爭品牌已從一個增為四十個，黛安芬銷售不僅停滯，市調結果還發現，消費者對黛安芬的品牌認知竟包括「It's not design for me（不是為我設計）」。於是，總公司改變「歐洲設計，亞洲賣」的策略，由亞洲行銷團隊在新品上市前一年即進行市場評估。每年 6 月和12 月，位於香港的產品開發設計中心，召開百人圓桌會議，由歐洲及亞洲各公司相關人員參與。

二、利用銷售數字觀察趨勢變化，動腦會議篩選出設計點子

臺灣行銷團隊在這個跨國會議，報告的量化資料，包括從全臺四百個專櫃每週記事表、一千位業務人員的銷售經驗、每日更新的銷售成績等；質化資料則是產品經理對趨勢的觀察，包含環保、樂活等議題。其中，銷售數字可協助了解東方女性身型變化。以比基尼式內衣「Party Bra」為例，品牌經理吳玲璇找到臺灣無肩帶內衣賣得差的原因是：沒有安全感、包覆集中效果差，並且年輕女性並不介意肩帶外露。於是將產品概念轉為：夏天有「可外露式美背設計」的內衣需求。在跨國會議上經過一番激烈討論，2003 年終於新品上市，不只亞洲熱賣，其他各國則在冬天耶誕節的派對季節熱銷，至今全球每年銷售百萬件。

每一個熱賣商品的背後，要靠行銷團隊超過二十次動腦會議拋出上百個點子，每半年篩選出三十個帶到長達一星期的圓桌會議上討論。所有點子只有40% 會實現在設計中。

三、挑選同仁組成試穿部隊，確保上市前測的落實動作

進入產品設計階段到新品上市前的前置期，創意仍要經過在地考驗。這考驗從公司內部、工廠員工中隨機挑選 60 位同仁組成「試穿部隊」，嚴格執行由不同工作型態、不同年紀、不同尺寸的女生來試穿，維持三個月的體驗。

長達一年的新產品開發，經過商品開發期，上市前置期色度、彈性、拉力等試穿、試洗的測試過程，到這裡，所有上市前測試才完成。

黛安芬內衣：產品開發嚴格把關，新品陣亡率從5成降到1成

德國總公司：改變「歐洲設計，亞洲賣」的錯誤政策！

· 改為每年 6 月及 12 月，在香港公司，召開百人圓桌會議

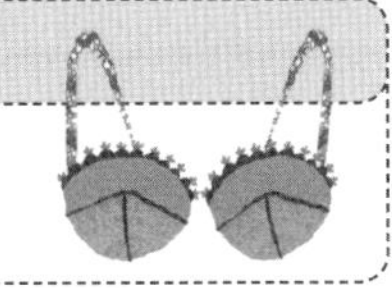

由德國、瑞士、臺灣、新加坡、香港的設計師、採購經理、行銷經理出席參加，共同深入討論！

· 臺灣行銷團隊利用銷售數字觀察趨勢變化，篩選出設計點子！

譬如，臺灣以三年做為統計基期。三年前A罩杯的銷售額占總銷售額3成，現在只有8%，平均上圍尺寸增大透露：強調上半身曲線的外衣款式會愈來愈多。因此，內衣設計可結合外露式或較為活潑的外顯風格，與外衣互為搭配。另一方面，下圍平均尺寸提高，則提出功能性塑褲產品的需求。

再以比基尼式內衣「Party Bra」為例，臺灣無肩帶內衣一年的銷售不到總銷售額5%，八場焦點團體訪談發現，賣得差的原因是：沒有安全感、包覆集中效果差，並且年輕女性並不介意肩帶外露。找到問題點，再結合消費者行為偏好，將產品概念轉為：夏天有「可外露式美背設計」的內衣需求。2003年終於新品上市。該產品創造了新的銷售週期，改變臺灣內衣夏季銷售淡季的生態，不只亞洲熱賣，其他各國冬天耶誕節的派對季節也熱銷。

· 再決定那些新設計產品要上市！只有少部分產品才會入選！

· 新產品生產後，公司組成試穿部隊，不斷改革產品，直到最好為止！

譬如，加強「胸型集中托高」的魔術胸罩，在亞洲一直未被接受，試穿部隊發現，原來歐洲女性有內衣脊心（內衣中心位置）寬度為0.7至1公分，多出亞洲女性約0.5公分。內衣形狀的提升效果只對豐滿的歐洲女性有用，亞洲女性穿起來不服貼，胸型反而下垂，魔術效果失靈。「把沒把握變為有把握」行銷處資深經理黃淑玫強調，試穿先鋒能矯正亞洲創意到歐洲設計的產出過程中產生的誤差，多了這道程序，魔術胸罩在1995年上市半年銷售18萬件，比過去最佳單品的銷售成績成長三倍。

· 成為市場可以銷售的產品！

End

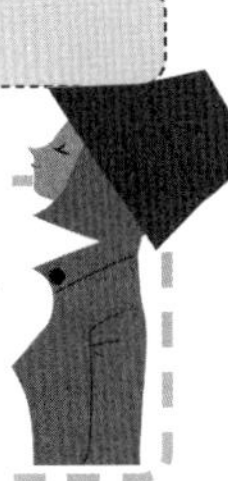

「行銷就像賭博，但不只靠幸運，而是要算出市場機會的成功機率。」品牌經理吳玲璇解釋，產銷流程是環環相扣，但關鍵在於每一環節能否緊繫消費者需求。過去，黛安芬臺灣行銷團隊只能被動銷售，現在則扮演東方女性代言人的角色，主動出擊。

2-22 歐米茄錶成功行銷本土

全球品牌歐米茄錶為搶占臺灣市場，採取本土化行銷，深耕經營本土市場。

一、全球品牌，落實本土化行銷宣傳策略

1997 年時，將歐米茄總部的全球行銷策略，調整為適合臺灣市場的行銷活動，並選擇以任賢齊、李玟等形象健康的藝人，做好臺灣區的代言人，吸引年輕族群的認同。

引進滑雪運動錶時，找到以直排輪做為國內行銷主軸，結果立刻大賣。

在推廣女用潛水錶時，從國外邀請一位女性自由潛水的世界紀錄保持人來臺，透過鏡頭，把臺灣海底世界之實傳遞給觀眾，搶盡媒體版面。

二、整頓傳統舊通路，建立現代化系統管理

傳統鐘錶店欠缺系統管理制度，而公司業務員也依循老傳統，靠喝酒博感情來跑業務。後來臺灣區公司開始展開變革，建立起幾十項服務檢查表，要求業務員與經銷鐘錶店，每天依據檢查表上的項目，逐一檢查錶店的商品陳列、燈光及服務流程。

最早代理歐米茄的錶店有 100 多家，但經考核後，砍掉一半，只剩 50 家。其中，再精選 15 家為 A 級店，並投入行銷經費，改善 A 級店的展開空間及行銷活動。

三、建立直營專賣店，掌握顧客資料

傳統代理經銷錶店都不會給臺灣區公司顧客資料。為直接掌握這些高價錶的金字塔頂端的客戶資料，公司於 2000 年底開始在高雄漢神百貨公司設立第一家歐米茄名品專賣店（OMEGA Boutique），在 2001 年的櫃位中，業績開出紅盤。後來，在臺北微風廣場及 101 大樓也展開拓點計畫。

透過專賣名店，累積客戶資料庫，定期寄送客戶生日禮物、新款手錶上市訊息、獨享商品、優惠活動、藝文表演欣賞招待會等，建立歐米茄 VIP 俱樂部，深耕客戶關係。整合 Swatch 集團總公司在臺灣分公司旗下的 14 個手錶品牌，區隔及交叉運用不同的客戶層，發揮整體效益最大。

四、行銷成果與關鍵成功因素

為擁有四十八年歷史的歐米茄錶品牌，在臺灣打下第二名的市占率，平均每十支由瑞士進口的手錶，就有一支是歐米茄錶。其關鍵成功因素有四，一是全球品牌，本土化行銷。二是改造傳統舊通路，活化鐘錶代理店。三是建立直營專賣店，塑造高級形象，並且掌握金字塔頂瑞的顧客資料。四是運用資料庫，展開 VIP 顧客會員經營與行銷活動，發揮更大行銷成果。

歐米茄錶：落實本土化行銷宣傳策略

全球行銷策略 → 改為本土在地行銷策略 → 選用臺灣在地藝人做代理人！

歐米茄錶：改革通路管理，建立直營店

1. 整頓傳統 100 多家鐘錶舊通路。 → 2. 經考核，砍掉一半，集中另一半的鐘錶經銷店。 → 3. 開始建立直營鐘錶店，塑造高級鐘錶店形象。 → ‧深耕與 VIP 顧客的關係！ → ‧打下市占率第 2 名佳績！

行銷成功架構圖示

1. 全球品牌，本土化行銷策略
   - (1) 本土代言人
   - (2) 本土公關活動
   - (3) 本土事件行銷活動
   - (4) 本土廣告製作

2. 改造傳統舊通路，活化鐘錶代理店
   - (1) 汰換掉一半錶店
   - (2) 導入現代化營業管理制度
   - (3) 協助 A 級店改裝及行銷活動

3. 建立直營專賣店，塑造形象與掌握顧客資料
   - 在百貨公司及購物中心的高級場所，設立專賣店或專櫃

4. 展開 VIP 顧客關係經營與行銷，深耕顧客關係
   - (1) 生日禮物
   - (2) 新品上市訊息
   - (3) 優惠活動
   - (4) 藝文招待會
   - (5) 其他

5. 行銷成果
   - 打下來自瑞士的第 2 名鐘錶精品品牌市占率

2-23 口香糖長青樹「青箭」致勝之道

歷時三十年不衰的青箭口香糖早在很久以前就將競爭對手的司迪麥、芝蘭、飛壘、波爾口香糖廝殺到已不復見，只剩 2005 年底新上市的日本（韓國）品牌 LOTTE（XYLITOL）口香糖苦戰市場第一大留蘭香公司的三種口香糖品牌，青箭、黃箭多品牌口香糖市占率高達八成以上。

一、定位策略／廣告策略／多品牌策略

三十多年來，青箭的廣告 Slogan 永遠不會漏了這一句：「青箭口香糖，使您口氣清新自然」，以及「像這個時候，就要來一片青箭口香糖」，此 Slogan 臺詞就彰顯出明確的定位。定位除了清楚，也在掌握消費者的需求，「使您口氣清新自然」的定位，給消費者一個理由來購買。

光是青箭一個品牌，每年就投入達數千萬元的廣告投資，以使青箭能持續不斷向消費者傳達一致的訊息，此亦是經營品牌的重點。

為使青箭品牌年輕化，廣告 CF 推出「小吃篇」及「大頭貼篇」廣告的多元場景及故事情節廣告，以迎合年輕人的喜好。

除青箭、黃箭以外，還有 Extra 及 Airwaves 兩個品牌，也都經營相當成功。多品牌策略對取得貨架空間有利，並且壓縮對手空間。擁有強勢的多個品牌，在操作價格變化及促銷活動配合時，也較有彈性因應。

二、通路策略

通路商是非常現實的，他們重視的是迴轉率及毛利，即使是老品牌，也要每年檢視銷售力道，若銷售不佳，也會被下架的。因此，必須要有品牌優勢及銷售佳績，才會爭取到優勢，包括鋪貨率高、貨架空間占有率高及陳列位置佳。留蘭香公司也經常充分配合通路商要求舉辦促銷活動。

三、品牌年輕化策略

(一) 品牌廣告年輕化：三十多年的歷史，讓青箭面臨自然老化的危機；而九〇年代末期自家新品牌 Extra、Airwaves 的崛起，也讓青箭的市場逐漸被瓜分，特別是愛嘗鮮的年輕族群，也逐漸轉移到新品牌。備感威脅的青箭，因此朝向品牌年輕化的方向改革，近來的廣告就做了較大幅度的創新，添加了許多吸引年輕人的元素。

(二) 口味改變，迎合年輕化：品牌化還落實在新口味的推出，2004 年青箭正式推出「超強薄荷」新口味，這是三十年來的頭一遭，主要也是為了年輕族群的市場，根據青箭所做的調查，年輕男性消費者對薄荷的強度、清涼的口感有更強烈的需求，為了滿足他們，產品線才會做延伸。

青箭口香糖：市占率8成以上

多品牌策略

1. 青箭
2. 黃箭
3.Extra
4.Airwaves

市占率 80% 以上

品牌定位：
「使您口氣清新自然」

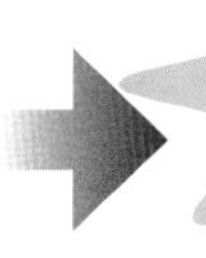

Slogan：

- 青箭口香糖，使您口氣清新自然
- 像這個時候，就要來一片青箭口香糖

每年數千萬元廣告投資，向消費者表達一致性訊息！

品牌年輕化策略

1. 廣告呈現年輕化
2. 產品口味改變，迎合年輕化

像是小吃篇廣告首部曲，找來了林強製作其有搖滾味道的廣告歌曲；二部曲則請李威、林佑威兩位年輕偶像擔綱演出；而大頭貼篇廣告中，拍大頭貼的情境及幽默情節，都為迎合年輕人的喜好。

通路策略

1. 鋪貨率高、貨架空間占有率高及陳列位置佳！
2. 充分配合通路商要求，舉辦促銷活動！

關鍵成功因素

青箭品牌關鍵成功因素

1. 定位清楚，掌握消費者需求
2. 廣告曝光度高，傳達訊息一致
3. 通路密布，掌握度高
4. 多品牌延伸，擴展市場力量
5. 品牌年輕化，追求未來成長

2-24 臺灣比菲多讓品牌自己說話 I

臺灣比菲多成立不過十幾年，竟能在老牌林立的激烈戰場，創下一半以上的存活率。它的祕訣是什麼？以下我們來探討之。

一、推出多款新產品上市，均獲成功

臺灣比菲多食品股份有限公司在 2002 年推出「植物の優」鮮奶優格，區隔化定位與全新罐裝包材，以「點心」定義優格，取代過去「早餐飲品」的形象。短短三年內，將原本僅新臺幣 2 億元的優格市場，足足翻上五倍，「植物の優」獲得 60% 的市占率，讓沉寂多時的優格市場重獲新生。

臺灣比菲多不僅開闢臺灣優格市場的疆土，包括發酵乳、調味乳、咖啡、茶、果汁、運動飲料等品類，董事長梁家銘一手打造的品牌可謂遍地開花。

2000 年推出「活益比菲多」，首創大包裝發酵乳產品，吸引同業競相仿效；2003 年「水果醋方」，以含果粒醋果汁的調配，創造果汁市場全品類；2006 年「卡打車」運動飲料，吸睛的運動水壺外包裝及腳踏車創意命名，成功搶下一席之地；2010 年「純萃喝」咖啡席捲冷藏咖啡市場；2010 年的「好朋友」調味乳，銷售成長率達 32%，以成人調味乳定位，站穩市場。

二、系統化尋找利基，切出 45 度角的嶄新市場

相較於一般不到 10% 的新產品存活率，臺灣比菲多成立不過十二載，竟能在老牌林立的激烈戰場，創下 50% 以上的存活率。祕訣是什麼？梁家銘打趣地說：「就像王品發展很多品牌一樣，原則就是：『不能轉投資』。」梁家銘運用獨到、精準的市場區隔哲學，在飲品業界暢行無阻。

首先，梁家銘尋找「無爭之地」，在競爭者未能注意之處，開墾自己的王國。無爭之地有下列三種型態：

1. 沒有品牌的市場。
2. 沒有第一品牌的市場。
3. 沒有第二品牌的市場。

市場中沒有品牌意識的機會相當難得，若發現，應該率先進入；沒有第一品牌的市場，則隱藏著成為第一的機會，猶如當初的優格市場，市場上缺乏顯著領導者，梁家銘大膽投入，果然將「植物の優」打造為領先品牌，至今仍是公司的重要收入來源。

在沒有第二品牌的市場，由於消費者無從選擇，表示顧客需求尚未被滿足，因此應該為顧客創造第二選項。如乳酸飲品市場，長期以小瓶裝養樂多為龍頭，梁家銘發現消費者難以享受「暢飲」感覺，大瓶裝優酪乳口味濃稠，又不符消費者喜愛；他在養樂多與優酪乳之間，切出 45 度角的新市場，以大瓶裝發酵乳「活益比菲多」，滿足消費者大容量、口感清爽的需求，更拓展了定價的彈性空間。

多款新產品，上市均獲成功

尋找「無爭之地」切入市場

找：無爭之地，切入市場

1. 找：還沒有品牌的市場

例如：米、地瓜等產品，過去均無品牌，則能創造品牌。

2. 找：沒有第一品牌的市場

即是尚未有顯著的領導品牌，如當時的優格市場。

3. 找：沒有第二品牌的市場

即是一牌獨大的市場，表示有未滿足的需求，如比菲多進入養樂多主導的市場。

產品比較容易上市成功！

產品比較容易塑造出品牌！

2-25 臺灣比菲多讓品牌自己說話 II

臺灣比菲多能成功讓品牌自己説話，在於其精準的切入新市場、創造差異。

二、系統化尋找利基，切出 45 度角的嶄新市場（續）

其次，當無爭的空間漸漸飽和，梁家銘開始選擇「有爭之地」、「競爭者數量多，表示這裡是大市場。」梁家銘語帶積極地説。臺灣比菲多近年推出的咖啡、奶茶、調味乳，以及近期的檸檬果汁，都位於核心戰場。切入無爭之地仰賴精準區隔；進軍有爭之地則靠清晰的品牌。

三、有效行銷七步驟

梁家銘提出比菲多有效行銷有下列七個步驟，可資參考：

（一）找一個市場的洞：也就是消費者尚未滿足的需求。

（二）先想一個品牌，讓品牌就是概念：例如活益比菲多就是要傳達比菲德氏菌很多。

（三）發展精彩的產品，把概念具體化：從配方、包裝、形狀、規格、材質著手。

（四）行銷組合緊扣品牌概念：純萃喝咖啡的電視廣告巧妙説出六次純萃喝。

（五）有限的資源，有效的傳播：包裝能自己説話，就可以用較低行銷預算，收到成效。

（六）起飛後，用一致性方針續航：產品和市場初步磨合完成。

（七）不斷經營均衡點：衡量企業內、外部的狀況，持續研究消費者、競爭者，深耕通路、觀察趨勢。

四、品牌概念化，與顧客溝通

「王經理，我想請你喝咖啡？」「請我？喝咖啡？」「純萃喝咖啡。」在廣告中重複六次提到「純萃喝咖啡」，梁家銘仿照著念了幾句，臉上盡是笑意。他表示：「想在競爭市場突出，品牌要能自己説話，消費者會感受到。」因此，秉持「品牌就是概念」的原則，梁家銘孕育出的每個品牌都能為自己發聲。

以「純萃喝」為例，當時選中咖啡這塊有爭之地後，梁家銘發現市面上的品牌，多半傾力描繪烘培功夫、滿溢的西洋情調廣告與浪漫氛圍，他把這些元素抹盡，只留下「喝咖啡」，提出「純萃喝」的概念。「不要講這麼多，喝咖啡就對了！」梁家銘豪爽地笑了幾聲。

由於「品牌就是概念」，「純萃喝」已經包含單純喝咖啡的意思。「品牌概念確定了，從設計、包材、傳播、廣告腳本等，行銷組合一體成形，我們全部包辦。」

比菲多有效行銷7步驟

找一個市場的洞

先想一個品牌，讓品牌就是概念

發展精采的產品，把概念具體化

行銷組合緊扣品牌概念

有限的資源，有效的傳播

起飛後，用一致性方針續航

不斷經營均衡點

活益比菲多

品牌概念化，與顧客溝通

純萃喝咖啡

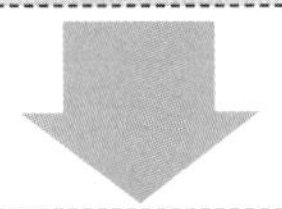

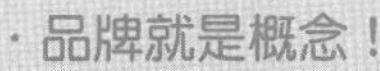

· 品牌就是概念！
· 讓品牌自己說話！
· 讓消費者感受到！

· 品牌概念確定後，從設計、包材、傳播、廣告腳本等行銷整合就可以推動！

2-26 台啤與乖乖老品牌，如何抓回年輕客？

九十三歲的臺灣啤酒和走過五十七年頭的乖乖，是如何改頭換面，吸引年輕人的目光？

一、老品牌身陷危機

去年 4 月，臺灣菸酒公司（以下簡稱臺酒）推出水果啤酒，截至去年 12 月，一共賣出 4,680 萬瓶，銷售金額達 101,500 萬元，占臺灣啤酒市場 3%。過去，熱賣臺灣數十年的經典台啤深受 40 歲以上男性喜愛，但水果啤酒，成功開拓原先不愛喝酒的族群，其中有近五成消費者是 18~30 歲的年輕人，女性又占總銷量的一半，喝啤酒不再只是男人味的表現。

過去深受兒童喜愛的零食品牌乖乖，也面臨老化危機，「以前我們是『陪你一起長大的好朋友』，可是現在人家長大，就不理你了。」乖乖行銷總監蔡幼輝感嘆。根據市調網站東方快線調查，消費者心目中休閒零食「最理想品牌」，乖乖從 2008 年的第二名一路下滑到 2011 年的第六名，只有 50~64 歲消費者對乖乖喜好度較高。但去年，乖乖透過重新包裝，銷售量增加二成，重回消費者理想品牌第三名。

二、品牌抗老招數

兩間加起來一百五十歲的老企業是掌握那些祕訣，才獲得重生？說明如下：

(一) 讓年輕人主導研發團隊：為了專心耕耘啤酒事業，兩年前，臺酒將原先負責所有酒類開發的酒研究所一分為二，單獨成立啤酒研發中心，臺酒董事長徐安旋表示，過去多由各地啤酒廠自行研發新產品，但技術人員擅長製作、品管，卻不了解市場需求。現在，啤酒研發中心直接隸屬於總部啤酒事業部，十位成員中，有七位都是新進員工，年齡介於 27~35 歲，比起臺酒資深員工平均 60 歲，這群來自於食品相關產業的生力軍，顯得格外年輕。對此，啤酒事業部與研發中心每年都會討論 3~5 個新專案，比過去只靠經典、金牌啤酒打天下，臺酒年輕化的腳步愈來愈快，2011 年推出主打女性市場的「果微醺」，上市大獲成功。

(二) 快速翻新產品：年輕人愛嘗鮮，以前主打乖乖系列產品和孔雀餅乾、捲心餅就長銷幾十年，但現在，一年平均得祭出 3~5 項新產品。如，臺酒除了 1998 年找伍佰為經典台啤代言，成立八十多年並沒有其他新品量產、上市，直到 2008 年，才靠金牌啤酒再起，接著五年來推出五款新產品，希望為老品牌增添時尚形象。

(三) 有「態度」的行銷：乖乖推出造句包，刻意將包裝上方留白，不管你是想跟情人表白，還是關心家人，都可以寫在乖乖上頭，表達心意，「不只是玩廣告，而是玩自己，比起其它品牌，它連臉都讓你畫了，展現很特別的態度。」奧美創意總監蔡明丁說，一改過去知名企業高高在上的態度，乖乖想放下身段，和年輕人玩在一塊，製造共同話題。

台啤、乖乖：品牌抗老3招

台啤、乖乖：品牌抗老3招

1. 讓「新人」搶大綱

- 啤酒研發中心獨立出來，10 位成員中，多數都是 27~35 歲的年輕人！

懂蒸餾酒的不可能懂啤酒，以前臺酒主管範圍太廣，很少注意到這一塊，專業度不足，於是單獨成立啤酒研發中心。

2. 快速翻新產品

- 新品才是王道！
- 每年推出 3~5 項新產品上市！

臺酒今年也預計與德國百年酒廠合作，針對25~30歲左右的都會男女，打造一款高單價小麥啤酒，希望為老品牌增添時尚形象。

3. 有「態度」的行銷

對大部分企業來說，談到品牌年輕化，不外乎找代言人、架粉絲團或拍微電影，但奧美創意總監蔡明丁卻說，這些方式都過時了，不具有獨特性，「重點是你的品牌態度是什麼？想跟年輕人說什麼話？」

- kuso 自己，和年輕人對話，製造共同話題！

「有些人會覺得吃乖乖長不大，但我們就是要讓它不只是零食，還可以有很多想法。」蔡幼輝笑著說，「經典賽對日本那場，就有人寫中華隊加油，小日本『乖乖』投降。」

台啤：年輕化腳步

年輕化產品 → 果微醺（水果啤酒）→
- 以年輕女性為目標對象
- 減少苦味，增加甜味
- 上市大獲成功

由總部提出構想，再與烏日啤酒廠合作，共同開發。

當年銷售量達 1,500 萬瓶，成為當紅的水果啤酒！

2-27 長榮航空推出代言人金城武的行銷學解密 I

金城武代言長榮航空公司廣告一推出即熱翻天，除了最具代表性的「金城武樹」之景點外，也讓廣告中的臺詞「I SEE YOU」變夯，這是長榮航空少主張國煒當家的第一年，狠砸近億元，推出由金城武代言長榮航空的新廣告，以打造長榮航空年輕、國際化的新形象。

一、90 秒金城武形象廣告播出轟動

金城武旋風，席捲臺灣！當長榮航空最新 90 秒形象廣告在各新聞臺全球首播後，網友紛紛轉貼，不只當晚臉書（Facebook）幾乎全被代言人金城武洗版，YouTube 上線三天超過 50 萬人次點閱、幕後花絮影片也破 14 萬，熱度居臺灣企業形象廣告之冠。

超過二十年，長榮才推出全新形象廣告，正因推出那年對長榮來說意義重大。不只是成立來首度加入星空聯盟（Star Alliance）「轉大人」，也是張榮發么子張國煒以董事長身分主導公司前行的第一年。

少主當家的第一年，張國煒就要讓外界看到，「長榮航空真的不一樣了。」從過去強調鄉土的臺灣航空公司，朝年輕、國際化轉型，所以繼推出 Hello Kitty 彩繪機，成功提升約一成載客率後，這次又重金找來金城武代言，打造新形象。

近億元臺幣，這是他讓長榮大變身的代價，卻還不到之前營收的千分之一。

外傳長榮砸 3,000 萬找金城武代言，這個價碼，足足比華航七年前，花 700 萬找林志玲代言多三倍。這還不含廣告預算，長榮對外的廣告行銷，兵分三路，光臺灣網路媒體外的廣告預算就達 3,000 萬元，還在紐約時代廣場買了每小時 6 次、每次 30 秒，連播一個月的電視牆廣告。

東方線上行銷副總李釧如指出，以旺季推估，一般廣告要維持能見度，三個月內要密集投入 1,000 萬元，才能堆疊出足夠的曝光效果，長榮這次比一般廣告多出三到五倍預算，效果更是一次爆發。

二、金城武是長榮航空走向國際的最佳代表

業內人士透露，推估這次加總代言、製作與國內外媒體購買費用，金城武形象廣告斥資近億元，等於這次就大手筆用完長榮一年行銷預算，但還不到之前一年稅後淨利十分之一。

張國煒想用這一炮，宣示他帶領下的長榮，已經很不一樣。

「臺灣囝仔的航空公司要正式飛向全球，由臺灣出發，會多國語言的金城武，是走向國際的最佳代表。」很符合長榮航空國際化形象，所以欽點金城武成為長榮入盟國際里程碑的唯一人選，「再加上他很帥，長榮航空未來就是帥。」

長榮航空：金城武90秒形象廣告播出轟動

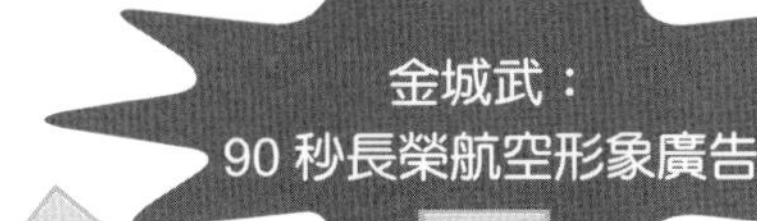

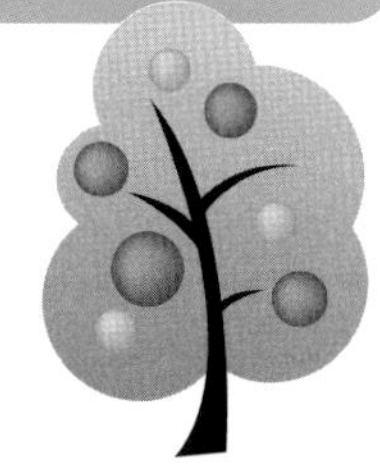

1. 當晚臉書被代言人金城武洗版
2. YouTube 上傳 3 天，超過 50 萬人次點閱
3. 幕後花絮影片也破 14 萬人次

熱度居臺灣企業形象廣告之冠！

長榮航空不一樣了！！！

過去

本土的國際航空公司！

未來

朝國際化轉型，加入全球星空聯盟的航空公司，打造新形象！

投入重金，打造品牌

長榮航空

1. 金城武：代言費 3,000 萬元 ＋ 2. 播出費：1 億元 ＝ 至少1.3億元以上

① 臺灣電視臺媒體播出
② 臺灣報紙媒體
③ 美國紐約時代廣場廣告播出

2-28 長榮航空推出代言人金城武的行銷學解密 II

長榮航空透過金城武在廣告的旁白，告訴消費者他看見了「臺灣航空史驕傲的一頁」，廣告最後的結語——「你的眼界，可以轉動世界」，為搭乘長榮航空旅行的意義畫下完美的句點。

三、金城武通吃 20~50 歲女性，凸顯品牌質感

李釗如觀察，代言人形象和廠商要傳達的品牌精神連結，效果才會最大，金城武之所以可貴，除了不頻繁出現的聚光燈效應，幾乎通吃 20~50 歲女性，既能代表臺灣，又有國際質感與能見度，可說是「夢幻人選」。「拿掉金城武，不確定還有同樣效果。」奧美廣告執行創意總監胡湘雲認為。

再加上媲美國際精品廣告的製作規格。「沒拍過這麼長的（廣告），每次導演要拍，我都會說拍到第幾集了。」金城武在廣告花絮中表示。該廣告共拍攝了三十七天。

「去過這麼多地方，是不是真正感受過這個世界？有時自己都不確定。我看見了……」廣告開頭，這句由金城武親自錄製的旁白，傳達旅行的感動與意義，刻意淡化商業色彩，一改傳統航空公司廣告慣用的機艙、空服員或飛機餐。

畫面中，日本關西的代表不再是大阪城，而是奈良的鹿與茶道藝術；法國不再只是巴黎鐵塔，而是莎士比亞書店的生活質感與人文想像；臺東不只有險峻縱谷，更有著稻海旁騎自行車的優閒與臺灣特有的奉茶文化。張國煒說，他一晚就看了十多遍，還「偷偷的哭了」。

胡湘雲觀察，找到一個萬人迷，拍美麗的在地風景，所有元素都是對的，對的東西加在一起，吸引人注意並不意外。

金城武此一話題製造機，已經讓長榮成功賺到版面與品牌形象，還讓小王子當家作主的形象更鮮明，用 1.3 億元讓大家知道他是玩真的，也不算是太貴的代價。

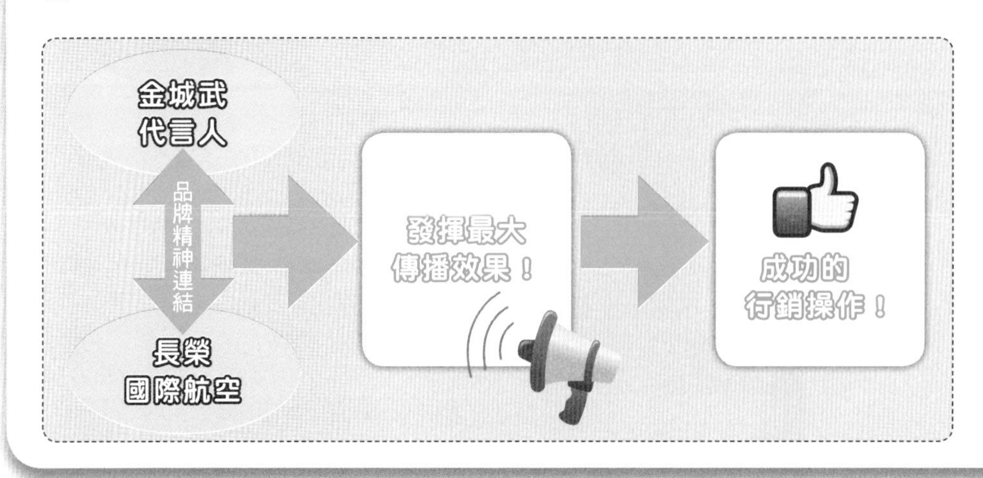

金城武：最適當的代言人

金城武

1. 會多國語言
2. 知名電影演員
3. 長得帥、質感好
4. 個人形象良好

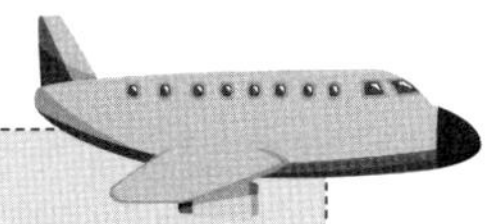

很符合長榮航空國際化的形象！

最佳且唯一的代言人選！

通吃臺灣 20~50 歲女性！

廣告費 1.3 億：占幾百億總營收不到 1%，值得！

這波廣告費 1.3 億

· 占長榮航空全年幾百億營收，不到 1%

· 引起這麼熱烈迴響，值得！

2-29 adidas 如何走進女人世界 I

國內知名《動腦雜誌》第 447 期文中，以「adidas 如何用時尚運動的角度，攻下女性運動用品市場」為報導主題，由於內容豐富，特分兩單元介紹。

一、挑對代言人，業績會大幅成長

除了和好姊妹淘的私密聚會，還有什麼場合，是男賓止步？ 2013 年 4 月 27 日，在偌大的南港展覽館裡，上千位一同飆汗熱舞的，竟然清一色是女性，看不到一位男性。仔細觀察臺上，帶領全場女生們跳舞的，是當紅藝人蔡依林，這到底是發生了什麼事？

原來，這是 adidas 為女生舉辦的「adigirl 熱力運動會」，由 2013 年的女性產品代言人蔡依林，以及全場參與者一起完成 45 分鐘的舞蹈課程。

細心的人也許會發現，過去五年 adidas 為眾人熟悉的女性產品代言人楊丞琳，從 2013 年開始，換成蔡依林。

挑選代言人，雖然只是行銷戰略中的一環，但對於運動品牌來説，卻是重要的關鍵，讓消費者有效法的楷模，彷彿只要穿上該品牌的衣服、鞋子，就能跟代言人一樣，體態健美而且帥氣美麗。

2008 年以前，adidas 在臺灣行銷女性商品時，多半是直接沿用全球代言人，這些代言人，雖然在各自運動領域有卓越表現，但對臺灣消費者而言，其實並不熟悉，也難以感受代言人想傳遞的品牌精神。

為了讓臺灣的消費者更「有感」，adidas 在 2008 年首次啟用臺灣藝人楊丞琳，成為女性商品長期的代言人。但根據調查，臺灣女性有運動習慣的比例偏低，因此，在一開始，adidas 是以比較柔性的訴求切入，強調心靈的成長，可以挑戰任何不可能。

2009 年的口號是「Me, Myself」，延續之前的概念，以黑白的配色，強調內心的提升。不過，從 2010 年下半年開始，adidas 開始讓楊丞琳和運動的元素，有更多的結合，甚至在 2012 年下半年，找來楊丞琳的好友許瑋甯一同代言，希望透過姊妹淘相互砥礪，鼓勵女性消費者揪親朋好友一起運動。

楊丞琳在代言期間，adidas 和她攜手走過金融海嘯，在大環境不算太好的情況下，業績成長超過五成，在運動品牌女性產品中，取得領先的地位，也讓消費者覺得 adidas 的衣服穿起來很漂亮、很流行，連運動以外的時間，休閒、逛街都可以穿。

但同時，也有消費者反映，楊丞琳代言的系列廣告，好像缺乏一些真實運動的感覺，這也讓 adidas 開始思考，是不是到了該改變的時刻？

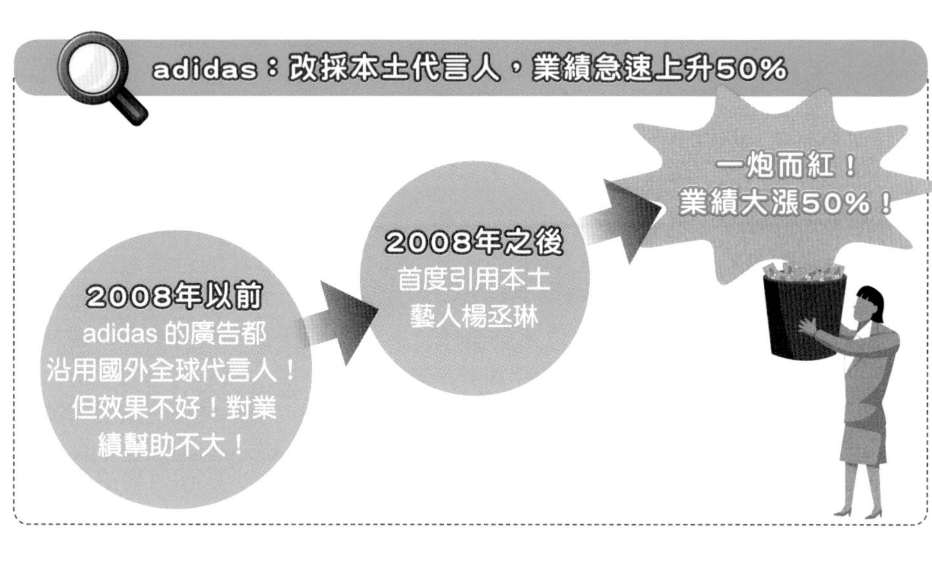
adidas：改採本土代言人，業績急速上升50%
2008年以前
adidas 的廣告都
沿用國外全球代言人！
但效果不好！對業
績幫助不大！
2008年之後
首度引用本土
藝人楊丞琳
一炮而紅！
業績大漲50%！

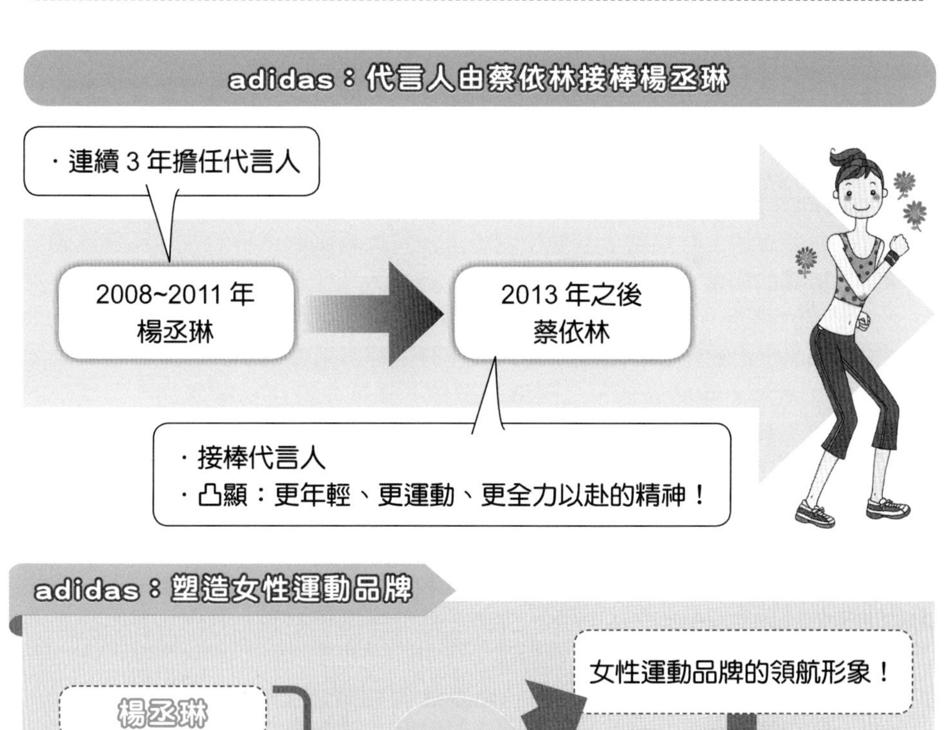
adidas：代言人由蔡依林接棒楊丞琳
・連續 3 年擔任代言人
2008~2011 年
楊丞琳
2013 年之後
蔡依林
・接棒代言人
・凸顯：更年輕、更運動、更全力以赴的精神！

adidas：塑造女性運動品牌
楊丞琳
+
蔡依林
adidas
女性運動品牌的領航形象！
提高業績及
市占率！

2-30 adidas 如何走進女人世界 II

當 adidas 開始使用本土藝人楊丞琳代言後，雖然一炮而紅，但三年後難免開始出現是不是到了應該改變的時刻？

二、代言人新方向：更年輕、更運動

根據消費者給的回饋，加上 adidas 全球母公司 2013 年的行銷大方向，是希望搶攻更年輕的族群，深入她們的社群、引起她們的共鳴。重點是，要呈現真實運動的感覺。於是，adidas 決定更換代言人，但要換誰？是用藝人？還是運動員？經過一番討論後，藝人蔡依林雀屏中選。

為何會選蔡依林而不選運動員？鄭明芬解釋，首先，蔡依林經過這幾年的努力，在年輕族群中具有一定影響力，她在演藝事業堅持到底、全力以赴的精神，也和 adidas 想要溝通的「All in」概念相符，而且，她真的經常在運動，能夠以健美的身材，呈現和跳舞團隊共同流汗的美感。

三、360 度整合行銷溝通

決定行銷溝通主軸後，adidas 以 360 度的溝通方式，接觸消費者。為何要用 360 度溝通？鄭明芬解釋，「品牌精神絕對不是單靠產品或行銷方式，就能建立。」

2013 年，以女性產品代言人蔡依林為主軸的行銷活動中，adidas 同樣強調 360 度全方位溝通。在網路上及數位看板上，可以看到蔡依林愉快地跳舞運動，希望增加接觸的廣度、快速累積接觸人次，建立大眾印象。接下來，針對年輕女性經常出現的商圈、大眾運輸，刊出戶外廣告，強化都會女子對品牌的認識。

由於 adidas 的目標客層是年輕人，年輕人經常活動的網路，是不容錯過的接觸管道。當然，雜誌廣告、公關議題操作，都是 360 度行銷溝通不可或缺的環節。最後，利用大型舞蹈活動行銷，讓消費者感受品牌精神。

經過這一波行銷活動後，adidas 想知道新的代言人、溝通訴求的重點，消費者是否喜歡？有沒有正確傳達訊息？於是，它們針對目標顧客，做小規模的調查。結果，有 71% 受訪者表示，喜歡新代言人。認為充滿肌肉的蔡依林，能夠展現運動的真實力量，也讓 adidas 更像運動品牌。另外，受訪者在新的行銷活動中感受到，adidas 是充滿熱情、強調全力以赴追尋夢想；其中，更有許多人說，覺得運動中的女性是美麗且有自信。

從調查結果來看，似乎有達到 adidas 當初設定的溝通目標。接下來，adidas 會如何繼續耕耘女性市場？鄭明芬認為，身為產業中數一數二的品牌，已經不用擔心知名度的問題，現在要面對的課題，就是持續和消費者溝通品牌概念，然後讓消費者參與品牌的虛擬、實體活動，透過了解互動，增加對 adidas 這個品牌的忠誠。

adidas：360度整合行銷傳播

舉辦創意舞蹈大賽及「adigirl熱力運動會」大型活動，藉由親身參與，讓消費者感受品牌精神。

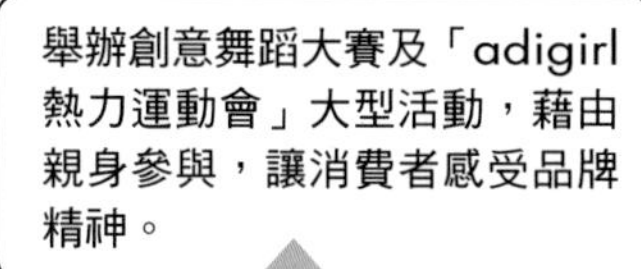

1. 代言人
2. 電視廣告
3. 電影院廣告
4. 臉書粉絲專業
5. 部落客推薦
6. 公車廣告
7. 專業女性雜誌廣告
8. 公關話題
9. 大型舞蹈活動行銷

adidas
蔡依林

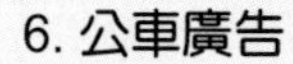

網路操作上兼具廣度和深度，先用Yahoo！奇摩首頁廣告快速攫取目光，導入流量。再利用官網、Facebook粉絲團做長期的溝通，甚至和社群部落客的結合，溝通產品訊息。

adidas：與消費者溝通品牌概念

adidas
運動品牌概念

融入女性消費者的心中，
取得心占率第一位！

2-31 百貨公司靠 VIP 攬客衝出高業績祕訣 I

這是國內知名雜誌《今周刊》第 826 期對景氣冷，百貨公司週年慶新梗的報導。

該報導提到「景氣連亮十藍燈，上半年百貨業者普遍苦惱買氣差，眼見週年慶檔期又報到，眾家業者除了祭出滿千送百、滿額贈、來店禮等千年老梗之外，還有哪一招？瞄準金字塔頂端的客人，大攬 VIP 客群，也許才是週年慶衝業績的王道。」由於本主題內容豐富，特分兩單元介紹。

一、板橋大遠百，設專屬貴賓室

討好消費大戶，備受尊榮的預購會與 VIP 之夜是不能少的。今年首波開戰的板橋大遠百，就在週年慶前夕為 VIP 與辦「寰宇之旅」時尚之夜，邀請消費金額前 1 萬名的貴賓攜伴入席。當晚，各樓層還規劃不同的服裝主題，總計湧入 2~3 萬人潮，彷彿一個熱鬧的大型派對。

結算這一夜的業績，居然高達 1 億元，出現 10 位以上的百萬刷手；相較隔天的週年慶首日湧入 12 萬人，締造 1.8 億元業績，這兩天人潮差了五到六倍，業績卻相差不到一倍，可以對比出 VIP 客人的消費能力。

究竟，去年底才開幕的板橋大遠百，如何快速培養出這群貴客？走進板橋大遠百，祕密就在於 2 樓和 8 樓有兩間隱密在樓層最角落、門面雅緻的貴賓室，各約 50 坪，分別提供給 VVIP（年消費額累計達 60 萬元）和 VIP（年消費額累計達 25 萬元）使用。目前，板橋大遠百 VVIP 與 VIP 加起來近 1,000 人，消費額約占全年預估營收 60 億元的一成。

「這裡的客人很多是住在附近新板特區豪宅中，板橋大遠百一次設兩間貴賓室，就是希望可以養住這些貴客，讓他們不再跑到臺北市消費！」板橋大遠百顧客服務處長林雪肌說，貴賓室還提供免費的餐飲服務，並容許 VIP 帶一位客人來。

負責服務這 1,000 位貴客的團隊之首、等於扛下 6 億業績的林雪肌表示，板橋大遠百一年砸下 200 萬元的 VIP 服務與行銷費用，例如每三個月換一家合作餐點品牌，或在淡季時買 3 萬元就送一張體驗券，讓還不是 VIP 的客人免費到貴賓室享用一次服務，藉此吸引他們也想晉升為 VIP！

二、SOGO 百貨靠沙龍黏住貴婦

在這場 VIP 競爭中，全臺第一家設立貴賓室的 SOGO 百貨，自然不會缺席。為了區隔出 VIP 服務的特色，從去年起 SOGO 為全臺近 5,300 位 VIP，舉辦一系列的 VIP New Life SALON（新生活沙龍）。

大遠百：設立專屬貴賓室

1. 為 VIP 客人舉辦時尚之夜！邀請消費前 1 萬名客人參加大型派對！

2. 專屬週年慶預購會！

① 這一夜業績高達 1 億元！

② 出現 10 位以上百萬刷手！

3. 在二個樓層設立專屬 VIP 貴賓室！

① 計有 1,000 人入選為 VIP ！

② 占全年營收額的 1/10 之高！

4. 貴賓室每年投入 200 萬元的服務費用！

2-32 百貨公司靠 VIP 攬客衝出高業績祕訣 II

百貨裡萬頭攢動、周邊堵車嚴重，久違的買氣回來了！ 10 月初開跑的首波週年慶陸續傳出捷報，除了「滿千送百」、「滿額贈」、「來店禮」這些每年一定要的行銷熱戰外，鞏固消費實力不受景氣影響的 VIP 貴客，更是今年百貨搶客、衝營收的祕訣。

二、SOGO 百貨靠沙龍黏住貴婦（續）

「我們的沙龍不以銷售為目的，而是希望做為交流平臺，傳遞新生活價值與新美學態度！」SOGO 董事長黃晴雯說。

黃晴雯以沙龍主人身分舉辦時尚、美學、餐旅或是電影欣賞等主題聚會，目標族群就是年消費額 30 萬元以上的貴婦 VIP，期透過聚會來增加這些顧客的黏著度。

有趣的是，SOGO 的搶客大戰也打到了鄉鎮，去年初，SOGO 在中壢店設立貴賓室，不到二年 VIP 人數就超過 450 人、成長近二倍。「縣市級城鎮有許多中小企業家，經濟實力雄厚，當然也是 SOGO 極力要開發的 VIP 新族群！」黃晴雯笑說。

分析 SOGO 的 VIP 客群，臺北四店超過 3,900 人，而這 75% 的 VIP 消費額，就占了全臺 VIP 的 87%，其中，以精品定位著稱的復興店服務超過 2,000 位 VIP，可說是 SOGO 最重要的貴賓祕密基地。

「VIP 服務有更多細節要照應！例如 VIP 多半很有眼界與品味，總不能連她今天穿戴了顯眼的蕭邦（錶）都認不出，這樣怎會有交集？」駐守於復興館 9 樓貴賓室、擁有二十二年顧客服務經驗的 SOGO 復興店課長余采蘋表示。

余采蘋訓練服務人員要記住 VIP 的臉、姓名，最好連她咖啡想喝多少糖分，濃度都一清二楚。同時，為了讓客人更享有尊寵感，服務人員應避免頭仰得太高；和坐著的客人說話時，則必須屈膝至與客人同樣高度。

三、漢神百貨辦時尚派對

初次舉辦 VIP 預購會的，還包括「百貨界南霸天」稱號的漢神百貨。

「南部的 VIP 通常忠誠度很高，而且對於活動的出席率也高達九成，所以經營這群顧客，最要緊的就是多辦活動！」漢神百貨副總蔡杉原說，他們今年就辦了兩次時尚派對，甚至把場地移師到船上舉辦。

蔡杉原分析說，「愈是不景氣，VIP 的營業額貢獻占比就愈高，把 VIP 這群老主顧顧好，比去外面散彈打鳥、找新客，來得安全多了！」

SOGO百貨：靠沙龍黏住貴婦

1. VIP貴賓室（全臺超過4,000人）

2. 舉辦新生活沙龍活動

派遣最高級服務人員，款待這些名媛貴婦！

1. 時尚活動
2. 美學活動
3. 餐飲活動
4. 電影欣賞活動

漢神百貨：舉辦時尚派對

1. 室內 VIP 時尚派對！
2. 室外（船上）VIP 派對活動

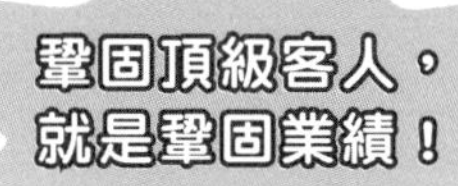

第二章 國內各企業行銷成功祕訣

Date _____/_____/_____

第 3 章

國外大企業第一品牌行銷成功祕訣

※ 唯有持續性的改變與創新，才能永保品牌力的長壽！

3-1 商品長壽之道：暢銷商品如何梅開二度 I

現代廠商最煩惱的就是如何使新商品成功上市，以及如何使既有的產品保持持續性的暢銷或使其長壽化。這是廠商行銷人員所面對的最大挑戰。

一、伊藤園綠茶飲料永保第一之道

1990 年後半期，日本市場行銷走向健康導向，首度出現無糖綠茶飲料，伊藤園看準此趨勢，在 1999 年時，旗下最強品牌「好茶喝」市占率高達 36.3%。但由於綠茶市場規模大，競爭者眾，因此，二年後，伊藤園公司的「好茶喝」品牌市占率下滑至 28.2%，原因是 2001 年麒麟啤酒公司也推出「生茶」新品牌之故，「生茶」號召以年輕人為目標市場，頗得人氣。當時，伊藤園公司內部對如何應戰對策仍有爭議，最後伊藤園堅持強調它的自然茶之風，再加上投入不少促銷費用及店頭行銷費用，二年後，麒麟的生茶由於強調生茶來自中國大陸而滋生農藥問題，因此其氣勢就衰退了。而回歸天然素材熟茶的伊藤園「好茶喝」市占率亦回復到 30%。但是到了 2004 年 3 月，市場又出現山多利公司上市的「伊右衛門」綠茶，造成一陣旋風。「伊右衛門」這個好品牌名稱，是取自江戶時代在京都市茶葉的製造廠商福壽園組織，其瓶子包裝及品牌名稱，均以當時的「伊右衛門」為仿稱，頗為思古幽情及展現此茶飲料之當地關西地區特色。

伊右衛門一出來，又使伊藤園「好茶喝」第一品牌些微滑落至 29.1%。伊藤園品牌行銷主管思考 2000 年時，「好茶喝」強調「自然」特色，如今已過六、七年，如果還強調此特色，顯得跟不上環境變化。因此，從 2006 年起，伊藤園就全面改善生產設備、改革冷卻、過濾及殺菌的製程加工過程，另外，最重要的是加入新的香料人工配方，而不再強調純天然口味。經過多次內外部的試飲大會，其好評價已超過「伊右衛門」綠茶，終於在 2007 年度，伊藤園「好茶喝」市占率又回復到八年前 33% 最高峰。這些經驗告訴行銷人員，為了要迎合消費者不斷變化的口味及嗜好，再好喝的任何茶飲料，每一年的味道，都必須要微調才能符合消費者喜新厭舊的本質，而這也是 No.1 品牌每年傳達產品新價值給消費者的必要性。

二、潘婷洗髮精成功的反敗為勝

P & G 公司的潘婷洗髮精在 1991 年首度引入日本市場，當時最高市占率達到 10%，但卻一路下滑到 2002 年的 2.3%。因此 P & G 公司重新檢討市占率衰退如何嚴重的原因。後來從 2003 年起，P & G 找出了「保護髮質」功效的新訴求點，並用新的宣傳手法及銷售手法，終於在 2006 年，讓潘婷洗髮精的市占率成功回復到 8.1%，與資生堂的 TSUBAKI 品牌及花王的 ASIAENCE 品牌等三大品牌並列第一，不相上下。

伊藤園綠茶：永保第1品牌之道

1. 每年或每幾年要微調一下口味，才能滿足消費者喜新厭舊的本質！
2. 第一品牌每幾年一定要傳達產品的新價值給消費者才行！

日本潘婷洗髮精：反敗為勝，起死回生

潘婷：反敗為勝，起死回生

P & G 公司的潘婷洗髮精在 1991 年首度引入日本市場，當時最高市占率達到 10%，但在 1996 年，一下子掉到 3.8%，到 1998 年，更掉到 2.4%，到 2002 年掉到 2.3%，洗髮精品牌落到第 13 名。這對全球最大的 P & G 公司自是很難看。P & G 公司換了品牌經理，重新慎重思考及檢討市占率衰退如何嚴重的原因。後來從 2003 年起，P & G 找出了「保護髮質」功效的新訴求點，開始反敗為勝。

1. 定期要推出新產品！

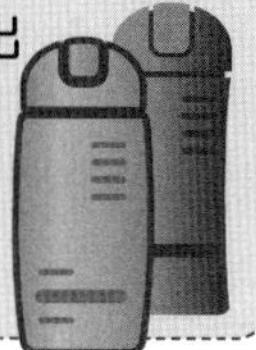

2. 要有新的宣傳手法及銷售手法！
3. 不管新、舊產品，它的功能及特色也必須經常改變！帶給顧客更大價值！

在街頭發放150萬巨星的試用樣品，並斥資大量行銷費用，播出電視廣告CF及舉辦多場次POT事件行銷活動，引起媒體大量公關報導，而更重要的是，這次廣告宣傳一開始都沒出現「潘婷」半個字的品牌，而是打出一個「？」，表示P＆G將推出新品牌洗髮精，引起大家好奇，東京街頭的巨幅看板上也是一個大「？」的宣傳廣告。

3-2 商品長壽之道：暢銷商品如何梅開二度 II

P & G 日本總經理針對潘婷這三、四年來的起死回生有著這樣的評論：「行銷要成功，不只是要推出新產品而已，而且在新的宣傳手法及銷售手法也都要創新才行。另外，新產品或舊產品也好，它的功能及特徵也必須經常改變，帶給消費者更大的價值才行。」

三、從四個視點去發想改變

日本行銷界及媒體報導，在面對極為精緻成熟與飽和的市場，究竟該如何才能使既有的舊產品再創暢銷的第二春，或維繫它的長壽計畫，大概得出下列四個視點去尋求發想及改變：

(一) 從改變產品「價值」著手：每年一定要些微改變、增加或調整它的功能性、機能性及價值性。

(二) 從改變「賣場」著手：要使產品長壽，必須在賣場通路上尋求改變與擴張。例如，過去在百貨公司專櫃，現在可能必須到開架式美妝店、超市、量販店去賣才行。

(三) 從改變「外型包裝或設計」著手：例如，過去包裝可能是塑膠的，現在可能是更精緻的玻璃罐。

(四) 從改變「顧客」著手：例如，過去可能是 B 群客戶，但現在可能必須擴及 B 群顧客或 C 群顧客才行。

四、堅持高品質的核心價值

雖然新產品上市成功比例甚低、產品生命週期也愈來愈短，長壽性商品很難見到，但是日本的花王洗衣精用品及朝日公司的發泡淡麗啤酒，即使經歷十五年以上，其市占率卻仍在 30% 以上的佳績。

該等公司的行銷人員表示，雖然他們也面對過去的供過於求的激烈競爭，但是他們仍能屹立不搖的原因很多，包括做各種口感、包裝等改善，但最重要的是他們「堅持著高品質的核心價值」，因此，得到忠誠消費者的支持而不輕易轉換品牌。

五、唯有改變與創新，才能長壽

面對消費成熟及消費者價值觀多樣化時代的今日行銷，日本行銷界都同意必須將目光集中在健康志向、環境保護與網路變化上。而唯有不斷機動的迎合環境變化、不斷增強產品的新價值、不斷創新改變產品的各面向，以及堅定高品質的核心價值等，才能確保長壽性的商品。

不改變、不創新，就會被消費者離棄。這是企業商品在 21 世紀行銷成功的鐵則。

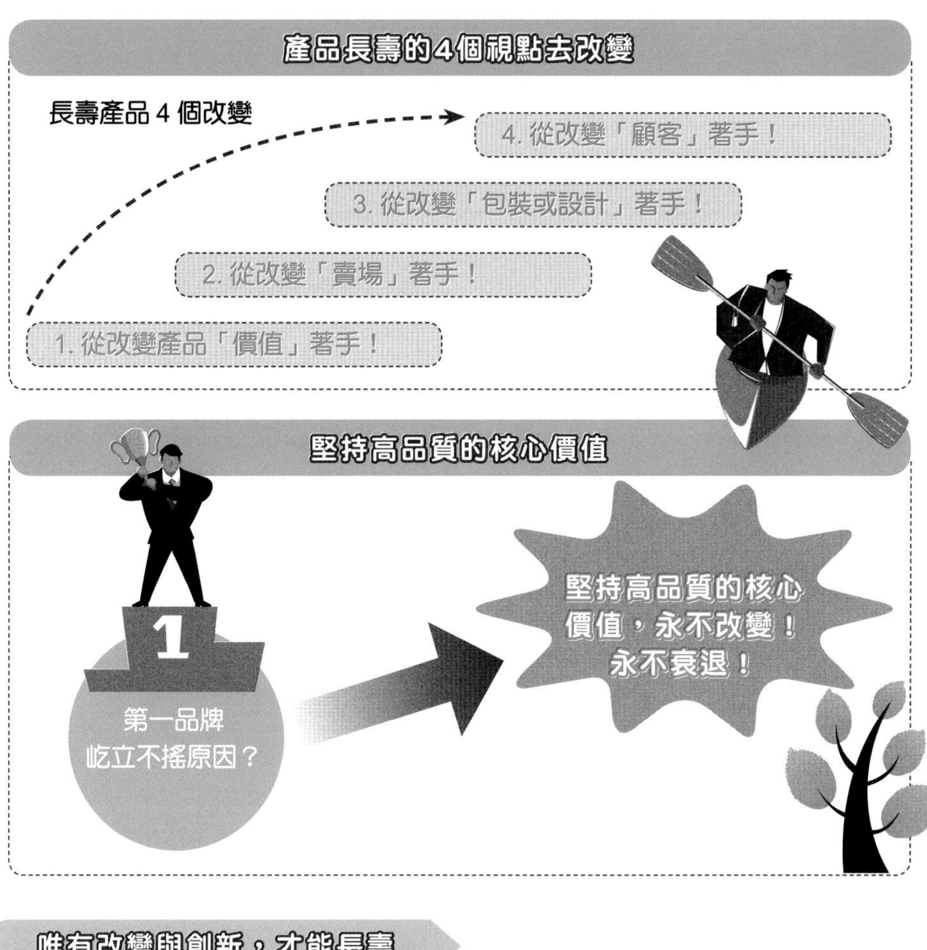
產品長壽的4個視點去改變
長壽產品 4 個改變
4. 從改變「顧客」著手！
3. 從改變「包裝或設計」著手！
2. 從改變「賣場」著手！
1. 從改變產品「價值」著手！
堅持高品質的核心價值
1
第一品牌
屹立不搖原因？
堅持高品質的核心
價值，永不改變！
永不衰退！

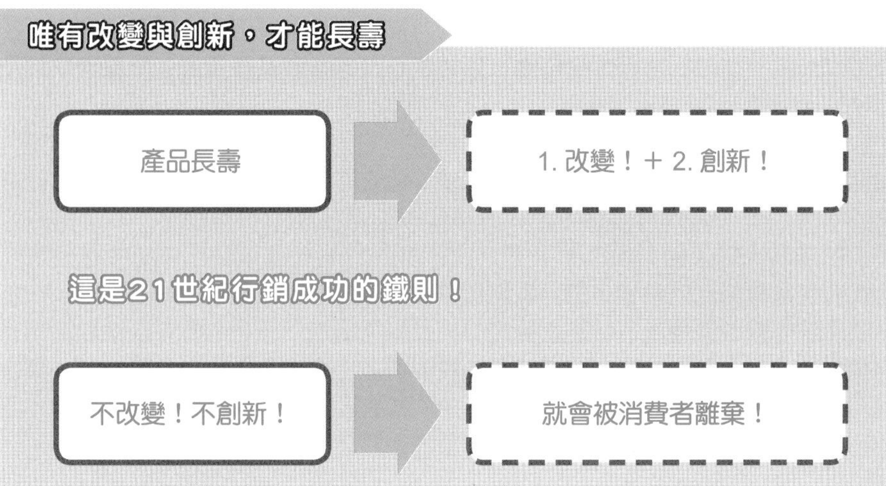
唯有改變與創新，才能長壽
產品長壽
1. 改變！＋ 2. 創新！
這是21世紀行銷成功的鐵則！
不改變！不創新！
就會被消費者離棄！

3-3 匯豐銀行專注富裕層顧客

在 2008 年全球金融危機中，很多做投資型的銀行都受到很大重創，虧損連連，連美國花旗這樣大的銀行，也要美國政府出面救助，才能存活下去。來自英國控股公司的匯豐銀行（HSBC），因投資型業務較少，因此受到的衝擊並不算太大。

一、HSBC 在全球業務的分布

HSBC 目前在全球 85 個國家經營有分行的業務，約有 1.2 億人的普通消費者的存放款或信用卡往來客戶；在中上富裕層往來客戶，約有 240 萬人，這些人的個人資產總額約在 300 萬到 1 億新臺幣之間；另外，還有一群極富裕層的客戶，約有 9 萬人，他們的個人資產總額在 1 億元以上。至於往來的一般企業客戶，全球約有 270 萬家，而大型的企業客戶，全球則有 4,000 家左右。HSBC 在全球業務的分布及客層如右圖所示。

HSBC 在 2007 年度上半年的營收額達到 429 億美元，獲利額為 83 億美元，較 2006 年同期減少 27.8%，此乃因全球金融風暴所致，尤其以北美地區的虧損較大，但亞洲及中東地區則是支撐利益的穩定來源。

由於 HSBC 享有安定性的高評價，因此仍能穩定的得到全球顧客的信賴，而不斷的獲有顧客的資金投入。

二、誠實是 HSBC 最高經營理念

HSBC 集團控股公司董事長史丹福．格林（Stephen Green）表示：「HSBC 的最高經營理念就是要誠實，我們一直堅守著要求全體員工一定要誠實正直。並且從此準則中，做好對個人顧客或企業客戶資金的有效保護或運用，讓客戶得到最大的安心與信賴。」

擁有樸實但重視品質的匯豐銀行一向非常重視「優質服務」，不論分行內任何工作人員，都被要求提供最精緻、最快速、最滿意與最優質的各種服務作業及服務態度給所有的 HSBC 顧客。

匯豐銀行董事長 Stephen Green 表示：「在面對全球嚴峻的金融風暴來襲，對全球金融銀行業是一個重大的嚴肅考驗。過去追求利差大的投資型商品都已消失了，而且沒有人會再信賴。過去 HSBC 一向是積極中帶有保守，故能避過此次金融風暴，未來的 HSBC 將更專注於正規的金融服務項目，包括企業放款及消費者金融業務，而投資金融將大幅縮減。HSBC 優良的競爭優勢有三點，一是它的卓著信譽與信賴感，二是它的優質感及服務水準，三是它擁有全球較高品質的龐大個人及企業顧客群。這些優良的顧客群，正就是我們得以永續經營的最佳根基。未來，HSBC 將回歸到以這些優良、高品質的顧客群為營運的核心點，照顧好、服務好並滿足這些顧客群，這是我們最關鍵的經營所在。」

HSBC最高經營理念：誠實

HSBC
最高經營理念

1. 誠實（Integrity）！ → 讓客戶安心與信賴！

2. 優質服務（Premium Service）！ → 讓客戶最高滿意！

不論是分行內的接待人員、櫃臺人員、金融理財人員、企業授信人員、客服中心人員或信用卡中心人員，都被要求提供優質服務。

HSBC在全球業務的分布及客層

歐洲
1兆3,133億美元

亞洲
5,847億美元

美洲
6,487億美元

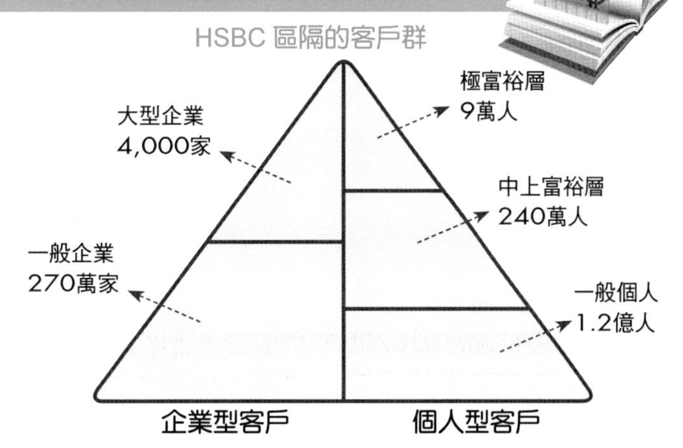

HSBC：3大競爭優勢，回歸富裕客戶群

HSBC：3 大競爭優勢

1. 它有卓著信譽與信賴感！

2. 它有優質感及服務水準！

3. 它有全球較高品質的個人及企業顧客群！

→ 回歸這群較高所得、高品質的客戶群為主力！

3-4 資生堂改革出好成果

2008 年度結算發表會上，資生堂的前田新造總經理笑容滿面。該年度資生堂的營收額達到 7,200 億日圓，較 2007 年同期增加 3.5%，而營業利益亦較同期增加 28.6%，達到 550 億日圓，並且連續三年都呈現成長的狀態。

特別是在獲利率方面，從前一年的 5.8% 提升到 7.2%，以及在東京股價方面，從 2005 年接任時的 1,200 日圓，成長到 2,740 日圓，幾乎是成長二倍的股價。此舉使得外界投資家均提高對資生堂公司的信任，並且確認此次改革的成功。

一、改革兩個要點

此次資生堂改革成功，主要體現在兩個要點上，一是對於國內非常成熟市場的收益性與獲利率如何提升的問題。由於資生堂 2007 年首度推出 TSUBAKI 洗髮精產品，並且首度暢銷，有效提升資生堂的獲利率，在日本國內事業群方面，使得獲利率從 2007 年的 7.5%，提升到 8.1%。二是在海外市場的顯著成長，特別是在中國市場專賣店的有效擴展，使得海外營收增加，海外營收占比亦提高到 30% 以上，海外市場對資生堂的成長顯得愈來愈重要。然而，面對日用品消費價格向下滑落的趨勢，以及海外中國市場競爭的日益激烈，資生堂一場辛苦戰仍然擺在眼前。

二、「TSUBAKI」洗髮精初上市即成暢銷品

2006 年 4 月，資生堂首度推出洗髮精品牌 TSUBAKI，一上市後，即成為市占率 12% 的冠軍洗髮精品牌；一年花費 50 億日圓做廣告宣傳，終於打出高知名度。

2005 年新就任的前田新造總經理即表示將減少太多雜小品牌，而將廣宣及販促費用預算資源集中在幾個主力品牌（Mega Brand），包括 TSUBAKI、UNO、MAQuillAGE 及 ANESSA 等上面，如此可以收到更好的效果。後來，顯示效果也非常顯著。

三、收益力上升的結構改革及基本信念

前田新造 2005 年上任後，即展開壯大格局的收益力上升計畫的結構改革。這些改革項目有三，一是如何加速擴大中國事業版圖；二是如何加速擴大新的有潛力市場（例如型錄郵購、美容醫療等的參與投入經營）；三是國內行銷的改革，這部分又包含虧錢品牌要退出、主力品牌要集中加強投入、品牌 BU 利潤中心導入、對美容專櫃小姐全面提升銷售技能、對通路別業務體制的確立、對美容師銷售技能提升強化等六點。

前田新造總經理指出上述結構改革，主要仍必須植基在一個根本信念上，即「事事都是為了顧客著想」，亦即要促成顧客的高滿意度。而力推 Mega Brand 的目的，則在深耕品牌，讓品牌可以與顧客相互結合為生活中的一環，這就會成功了。

資生堂：集中廣宣資源在少數主力品牌

資生堂 → 廣告宣傳資源 → 專注主力品牌，創造好績效

Mega Brand

- 1.TSUBAKI（思波綺）
- 2.UNO（男性用）
- 3.MAQuillAGE（美人心機）
- 4.ANESSA（安耐曬）

資生堂：行銷改革

行銷改革

1. 對虧錢事業或虧錢品牌要撤退的決定。
2. 對 Megabrand（主力品牌）強化且集中資源的政策原則。
3. 對化妝品事業及消費品牌（如洗髮精）事業的融合。
4. 對品牌經理制（Brand Manager）的堅決導入。
5. 對通路別（Channel）營業體制的確立。
6. 對美容顧問（美容師）銷售技能的再全面提升強化。

例如，對地區專門店的密集普及推展、對美妝店、對超市等通路專門業務單位人員的強化補齊。

事事都是為了顧客著想！

3-5 成熟市場的行銷致勝策略 I

最近日本很多知名大廠推出新產品上市，包括花王、日清食品、朝日啤酒、大王製藥、麒麟啤酒、東芝、新力、卡西歐等，雖然以他們的企業知名度，推出新產品上市，但仍不免陷入苦戰或新品上市失敗的狀況。他們歸結出一個基本的原因，那就是「市場已步入成熟化」。換言之，在市場上已有太多的商品搶進這個市場，已出現供過於求的現象。因此想要仰賴過去的經驗法則，新品上市失敗的風險是相當高的，必須要有更為細膩、精準與專注的行銷策略規劃，才能致勝於市場。

一、行銷失敗的教訓案例

2003年日清食品公司推出單價為300日圓的高價泡麵，品牌名稱為「GooTa味玉叉燒麵」。

第一年單品營收即達85億日圓，第二年更達150億日圓，算是成功的高價泡麵。到2005年底時，日清公司針對此產品加以改善。不論在麵條、味道及配料方面，均力求高品質為目標，公司行銷人員也信心滿滿。但在推出上市後，卻沒有創造出好業績，甚至掉了四成業績。再加上原先的高價泡麵品牌，例如「日清之王」、「麵的達人」等，這三支高價品牌泡麵，今年業績均比去年同期衰退三成之多。

日清「GooTa」高價泡麵，在新品改良上市九個月後，面對每年推出100多個新泡麵品牌中，敗陣下來，造成日清公司的驚訝。為何產品已做得這麼好了，仍然會賣不好？大家都百思不解。

後來，大家不斷透過各種調查及探索原因，總結出四個「GooTa」高價泡麵品牌失敗的原因：一是2003年GooTa剛推出時，並無太多競爭對手，因此一炮而紅。二是就同業競爭對手來看，2007年之後，市場上已堆滿同業品質相近且價格便宜一半（約150日圓）的同類型產品；因此，GooTa的價格競爭力，顯然就出現問題了。三是經過四年了，消費者對當初這個品牌的感動感覺，也已日漸薄弱了。四是令人想不到的最後一個重要原因是東京這二、三年來，出現了定價僅在300～390日圓的超低價現煮拉麵連鎖店，並受到歡迎，包括日高屋、幸樂苑等連鎖店數已達159家及311家，目前仍在快速成長中；這個異業種的新崛起，拉走了原先不少買日清公司高價泡麵來吃的顧客群。

日清公司當初從「泡麵商品質感」提升著手，也並沒有錯。只是現在時空環境大大改變了，沒想到出現了異業的競爭對手。因此，行銷策略與經營視野，不能單從同業競爭對手角度去看，否則陷入不知原因的苦戰是必然的。因為，即使公司能做出比同業「更好的產品」，也不會得到消費者的支持。

市場步入成熟化：新產品上市失敗風險相當高

· 市場步入成熟化！供過於求！

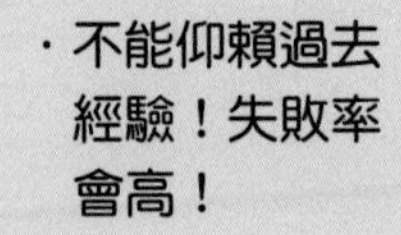

· 不能仰賴過去經驗！失敗率會高！

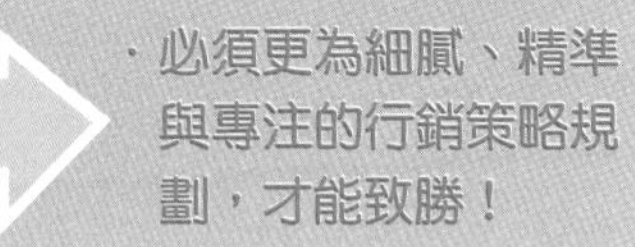

· 必須更為細膩、精準與專注的行銷策略規劃，才能致勝！

新品上市失敗案例

日本

日清公司高價泡麵上市失敗原因

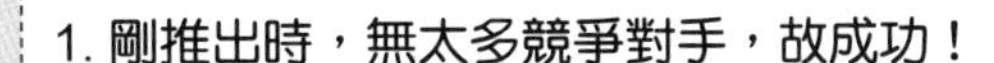

1. 剛推出時，無太多競爭對手，故成功！
2. 二年後，市場競爭對手增加了，且物美價廉，故高價泡麵出現問題了！
3. 經過四年後，消費者對此品牌感覺，也日趨薄弱了！
4. 實體店面出現現煮高品質且低價拉麵，拉走了吃高價泡麵的顧客群！出現異業競爭對手了！

市場成熟化下3大行銷原則

行銷環境變化	行銷致勝原則
1. 市場成熟化	1. 聚焦利基市場與目標客層
2. 異業種競爭	2. 充實周邊關聯產品
3. 同業競爭加劇	3. 徹底改善消費者為何不買之因素

3-6 成熟市場的行銷致勝策略 II

面對詭譎多變與競爭激烈的行銷環境中，坦白說，並沒有唯一一套不變的行銷致勝策略。但隨時因應環境變化，掌握下列三大原則，仍能立於不敗之地。

二、市場成熟化下的三大行銷原則

最近日本行銷界總結出在面對「市場成熟化」、「異業種競爭」及「同業競爭加劇」的三大行銷環境挑戰下，企業要達成行銷致勝及創造好業績之目標，大概有三個行銷原則如下：

(一)聚焦利基市場與目標客層：這二年在日本運動飲料市場的冠軍品牌是可口可樂。可口可樂日本公司在 2008 年首推「Aquarius」新運動飲料品牌，並以「Active Diet」為副名稱，推出後三個月內，出貨達 1,000 萬箱。2009 年，該公司再推出「Free Style」及「Real-Pro」二個副名稱的新產品。以「Aquarius」為品牌的運動飲料，在這一年內，能夠上市暢銷的關鍵因素有二，一是他們都針對明確的小型利基市場及想定的顧客群，然後專注行銷；二是在行銷通路的搭配方面，這三個產品也都明顯的加以區隔通路，例如「Free Style」品牌，是以運動後的學生顧客群為主，銷售通路則放在國中、高中及大學的賣店，以及學校內的自動販賣機。再如，「Active Diet」品牌，則放在各火車站、汽車站、捷運站等銷售通路據點，主要販售給吃完飯需要燃燒體內脂肪的一些上班族為目標客層。另外，「Real-Pro」品牌，則以運動人口為目標市場，而銷售通路則設在這運動場所的賣店內。

換言之，可口可樂日本公司運動飲料成功的原因，乃在於專注利基市場的行銷策略，以及銷售通路也隨產品的不同，而有不同的配置。

(二)充實周邊關聯產品：日本 P & G 公司潘婷品牌洗髮精，在 2002 年時，曾同時有四支同品牌的潘婷洗髮精出現在市場上，造成相互蠶食的不利效果，最後使市占率下滑。如今，潘婷的品牌行銷策略，已轉換回到集中一個品牌一個產品的原則。另外，潘婷則再額外增加了具有修補頭髮功能相關的五支關聯產品。這些關聯產品有些加入了 Amino 酸，護髮效果不錯。這種一加五的策略，使消費者在購買潘婷洗髮精時，也可能會同時購買其他關聯的護髮及修補頭髮功能的其他產品。最後證實了，潘婷品牌的業績，從 2005 年迄今，已止跌回升，鞏固了潘婷的品牌市占率成果。

(三)徹底改善消費者為何不買的因素：最近，日本廠商行銷失敗的原因探索，最後的討論焦點，還是歸結回到如何洞察分析消費者為何不買我們公司產品這一個議題上，包括是否價格太高、口味不對、通路不普及……等問題。廠商行銷人員應該隨時隨地蒐集消費者對產品的負面批評及為何不買的因素，加以明確找出，並徹底消除及改善，以期行銷問題得到真正的解決。

日本可口可樂：推出新運動飲料成功

日本可口可樂 Aquarius 新運動飲料成功因素

1. 只針對明確的小型利基市場及想定的顧客群，然後專注行銷！
2. 在行銷通路搭配方面，也都加以區隔才上架！

徹底改善消費者為何不買之因素

深思考：消費者為何不買？？？

1. 價格太高？
2. 口味不對？
3. 質感不夠好？
4. 銷售通路不夠普及？
5. 產品力本身不足？——包括產品毫無特色或產品功能不夠好。
6. 廣告不夠吸引人？
7. 產品訴求點並非消費者所需求？
8. 沒找到正確的目標顧客群？
9. 品牌定位不清？
10. 知名度不夠高？

如何改善？如何精進？

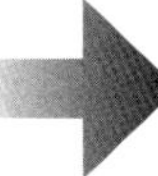

才能提高新品上市成功率！

多變下的不變行銷原則

面對詭譎多變與競爭激烈的行銷環境中，坦白說，並沒有唯一一套不變的行銷致勝策略。因為他們會隨著時空環境、廠商自身環境、異業種環境、競爭對手環境，以及消費者環境等，而有不同因應的行銷致勝策略。但總的來說，堅定顧客導向的終極精神、洞察環境改變的明確趨勢、面對市場成熟化的機動調整性，以及如何有效的聚焦利基市場與目標客層、運用周邊關聯產品品牌策略、徹底改善消費者為何不買的因素等行銷舉措，將可以有效的保持市占率、提高新品上市成功率，以及創造出更理想、更出色的業績成果。

3-7 LV 的勝利方程式 I

永不褪色的時尚品牌 LV 勝利方程式是手工打造、創新設計與名人代言行銷。

一、LV 是 LVMH 精品集團的金雞母

1854 年，法國行李箱工匠達人路易．威登，在馬車旅行盛行的巴黎開了第一間專賣店，主顧客都是如香奈兒夫人、埃及皇后 Ismail Pasha、法國總統等皇室貴族。自此之後，LV 將十九世紀貴族的旅遊享受，轉化為二十一世紀都會的生活品味，魅力蔓延全球。2008 年底，座落在艾菲爾鐵塔與聖母院的 LV 巴黎旗艦店，每天就吸引 3,000 到 5,000 參觀人次。

一百五十多年的 LV，儼然是一座品牌印鈔機。雖然 LV 單一品牌的營收向來是路易酩軒集團的不宣之祕，但《Business Week》便曾推估，LV 2006 年單一品牌的營收高達 50 億美元，比起競爭對手 HERMES、GUCCI 平均 25%的營業淨利，LV 淨利高達 45%。《經濟學人》2009 年 2 月的報導也指出，光是 LV 就占路易酩軒集團 170 億美元年銷售額的 1/4， 也占了集團淨利約 1/3。

二、LV 關鍵成功因素

(一) 不找 OME 代工，高科技嚴格測試：「為了維持品質，我們不找代工，工廠也幾乎全部集中在法國境內。」路易威登總裁卡雪爾表示，目前路易威登在法國擁有 10 座工廠，其他 3 個因為皮革原料與市場考量設立在西班牙與美國加州。

路易威登位於巴黎總店地下室，設置一個有多項高科技器材的實驗室，機械手臂將重達 3.5 公斤的皮包，反覆舉起、丟下，整個測試過程長達四天，就是為測試皮包的耐用度。另外，也會以紫外線照射燈來測試取材自北歐牛皮的皮革褪色情形，用機器人手臂來測試手環上飾品密合度等，也會有專門負責拉鍊開合的測試機，每個拉鍊要經過五千次的開關測試，才能通過考驗。路易威登在全球的 13 座工廠裡，每個工廠以 20 到 30 個人為一組，每個小組每天約可製造 120 個手提包。

(二) 創新設計，掌握時尚領導：1997 年，百年皮件巨人 LV 決定內建時尚基因，與時代接軌。LV 董事長阿爾諾（Bernard Arnault）晉用當時年方 30 歲、來自紐約的時裝設計新貴賈克伯（Marc Jacob），讓皮件巨人 LV 跨入時裝市場，慢慢引進時裝、鞋履、腕錶、高級珠寶，也為皮件加入時尚元素，如日本藝術家村上隆設計的櫻花包、羅伯．威爾森以螢光霓虹色為 LV 大膽上色，吸引年輕客層的鍾愛眼光。2003 年春天，賈克伯選擇與日本流行文化藝術家村上隆合作，還是以經典花紋為底，設計出一系列可愛的「櫻花包」，根據統計，光是這個系列產品的銷售額便超過 3 億美元。LV 轉型策略奏效，老店品牌時尚化，不僅刺激原本忠誠客群的再度購買需求，也取得年輕客層的全面認同，成為既經典又流行的 Hip 品牌。

LV關鍵成功6大因素

1. 商品力　高品質、高質感、創新時尚

2. 名人行銷與活動行銷

3. 全球市場布局完整

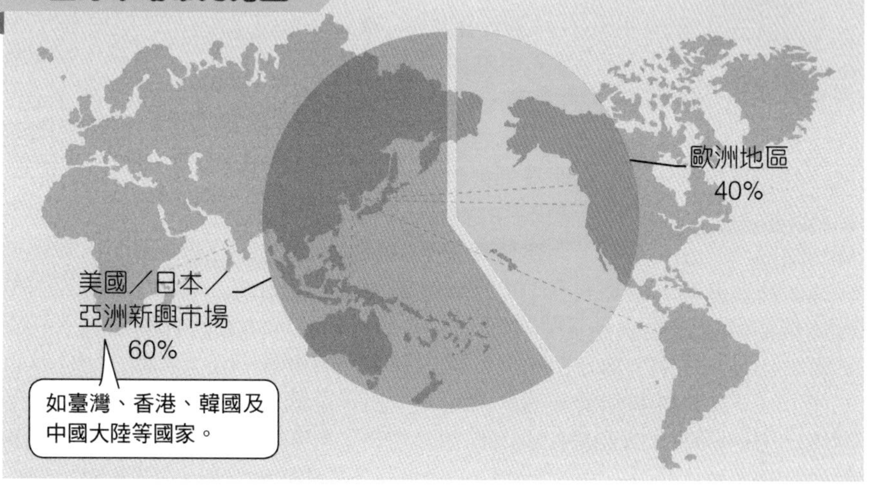

4. 品牌力（品牌資產）

5. 通路力　大型旗艦店及高級專賣店

6. 服務力　以VIP貴賓級高水準服務對待

LV勝利方程式

LV勝利方程式 = 手工打造 + 創新設計 + 名人代言行銷

3-8 LV的勝利方程式 II

LV 名牌的形象還要搭配名人行銷及旅遊、運動等事件行銷，才能成功創造話題，這也是 LV 之所以能維持品牌高知度而不墜的原因之一。

二、LV 關鍵成功因素（續）

（三）名人行銷：翻開某本時尚雜誌，你會看到一個視覺強烈差距的廣告：穿著黑色鏤空上衣、白色亮面緊身長裙的金髮女性，側躺在冰冷的白色混凝土上，眼神中散發出冷冷的光芒，而手上則是拎著路易威登最新一季的包包。這是過完 150 歲生日的路易威登，於 2005 年初正式公布鄔瑪舒曼（Uma Thurman）為代言人的先前一季春夏廣告。路易威登找好萊塢女明星代言，可以看到「品牌年輕化」的企圖，之前路易威登找上珍妮佛洛佩茲（Jennifer Lopez）當品牌代言人，就是因為她具有「成熟、影響力及性感」的女性特質。能被路易威登挑選出來的女明星都是現代社會的偶像。

（四）旅遊、運動與名牌精品的結合：除了找女明星代言外，路易威登還長期舉辦路易威登盃帆船賽，而這項賽事更成為美洲盃的淘汰賽。此外，為結合旅行箱這款經典產品，路易威登也推出一系列的《旅遊筆記》與《城市指南》等旅遊書，這類書籍已經成為喜愛旅行，特別是自己喜歡規劃行程的年輕人指定用書。藉由運動與旅遊的推波助瀾，路易威登的品牌形象已大大不同。

（五）LV 全球性首發電視廣告片正式推出，企圖打造品牌新地位：原本訴求金字塔上層的精品品牌 Louis Vuitton 竟然一反業界行之有年，只使用特定平面媒體的慣例，率先推出了一支長達一分半鐘的電視廣告影片，在 CNN、BBC 等有線與衛星電視及電影院放映。這引起了一番熱烈的討論，因為過去精品品牌只有在推出香水或化妝品時才會運用電視媒體，但對主力產品完全以特定雜誌或精挑細選的報紙為主，而品牌的操作則是以公開與行銷活動來強化。Louis Vuitton 行銷與傳播資深副總裁 Pietro Beccari 認為，這名為「何謂旅程（What is a Journey）？」的電視廣告，運用電視媒體是適得其所，因為 Louis Vuitton 希望運用一個嶄新與獨特的方式，感動現有顧客與目標客戶，電視媒體在這方面的感染力是別的媒體很難達成的。從概念看來，這個品牌電視廣告只是將 2008 年以戈巴契夫、凱瑟琳丹妮芙、阿格西與葛拉芙等名人代言的旅行皮件之「旅程」概念再進一步的發揚光大，並提升到品牌的層次，成為 Louis Vuitton 的品牌主張。這讓 Louis Vuitton 完全超越了精品虛幻且稍縱即逝的時尚表象，而增加了品牌的內涵與深度。內行人都知道 Louis Vuitton 以旅行皮件起家，這無可取代的品牌資產更讓 Louis Vuitton 得以理所當然地以專家自居，提出對旅程的觀點，讓其他頂尖精品望塵莫及。

LV 關鍵成功因素

1. 商品力，是 LV 歷經 154 年歷史，仍然永垂不朽的最核心根本原因及價值所在。
2. LV 商品力，展現在高品質、高質感、時尚創新設計感及獨特風格感。
3. 名牌要搭配名人行銷及事件行銷活動，創造話題，LV 的行銷宣傳是成功的。
4. 通路策略成功：在各主力國家市場，紛紛打造別具風格設計的旗艦店及專賣店，店面形成一種門面宣傳，也是擴大營業業績來源。
5. 全球市場布局成功：LV 產品銷售，在歐洲地區占比僅 40%，其他 60% 是來自美國、日本兩大主力地區，以及亞洲新興國家，如臺灣、香港、韓國及中國大陸等國家，也都有高幅度成長。
6. 品牌資產：所有成功的因素匯集到最終，即成為一個令人信賴、喜歡、尊榮好評的全球性知名品牌。LV 即是成功。

3-9 頂級尊榮精品寶格麗異軍突起

寶格麗原本是義大利一家珠寶鑽石專賣店，創始於 1894 年，1970 年代才開始進行經營珠寶礦石的事業。1984 年以後，寶格麗創辦人之孫崔帕尼就任 CEO 後，才全面加速拓展寶格麗頂級尊榮珠寶鑽石的全球化事業。

一、寶格麗精品異軍突起四大策略

(一) 產品多樣化策略：崔帕尼接手祖父的寶格麗事業後，即以積極開展事業的企圖心，首先從產品結構充實策略著手。早期寶格麗百分之百營收來源，幾乎都是以高價珠寶鑽石首飾及配件為主。但崔帕尼執行長又積極延伸產品項目到高價鑽錶、皮包、香水、眼鏡、領帶等不同類別的多元化產品結構。由 2010 年寶格麗公司營收額顯示占比得知，寶格麗已經不是依賴在單一化的飾品產品上了。

(二) 打造高價與動人的產品：寶格麗的珠寶飾品及鑽錶是全球高知名精品，崔帕尼表示，寶格麗今天在全球珠寶鑽石飾品有崇高與領導的市場地位，最主要是他們堅守著一個百年來的傳統信念，那就是「一定要打造出令富裕層顧客可以深受感動與動人價值感的頂級產品出來。讓顧客帶上寶格麗，就有著無比頂級尊榮的心理感受。」寶格麗為了確保高品質的寶石安定來源，其方法如右圖所示。

(三) 擴大全球直營店行銷網：寶格麗在 1991 年，全球只有 13 家直營專賣店，幾乎全部集中在義、法、英三國。那時寶格麗只是一家歐洲珠寶鑽石飾品公司。但在崔帕尼積極步向全球市場後，目前寶格麗在全球已有 250 家直營專賣店，通路據點數成長二十倍之鉅。寶格麗各國營收結構比，依序是日本、歐洲、義大利、美國、亞洲、中東。尤其日本更是寶格麗海外最大市場。展望未來，寶格麗預計由於拓展中國市場，三年內全球直營店數將突破 400 家。

(四) 投資渡假大飯店的營運策略：寶格麗公司已在印尼峇里島設立六星級的寶格麗渡假大飯店，每夜住宿費用高達3.3萬新臺幣，是峇里島最昂貴的房價。這主要是為招待全球寶格麗 VIP 頂級會員而設立的，此種招待手法也提升 VIP 會員尊榮感及忠誠度。2010 年底，寶格麗又在最大獲利市場的日本東京銀座設立旗艦店。

二、頂級尊榮評價 No.1

崔帕尼最近在答覆媒體專訪時，被問到寶格麗公司目前營收額僅及全球第一大精品集團 LVMH 的 1/15 有何看法時，他答覆說：「追求營收額全球第一，對寶格麗而言並無必要。我所在意及追求的目標是，寶格麗是否在富裕顧客群中，真正做到了他們對寶格麗頂級品質與尊榮感受 No.1 的高評價。因此大力提高寶格麗品牌的頂級尊榮感是我們唯一的追求、信念及定位。我們永不改變。」寶格麗為了追求這樣的頂級尊榮感，因此堅持著在各種面向的頂級措施。

寶格麗（BVLGARI）精品異軍突起4大策略

1. 產品多樣化策略

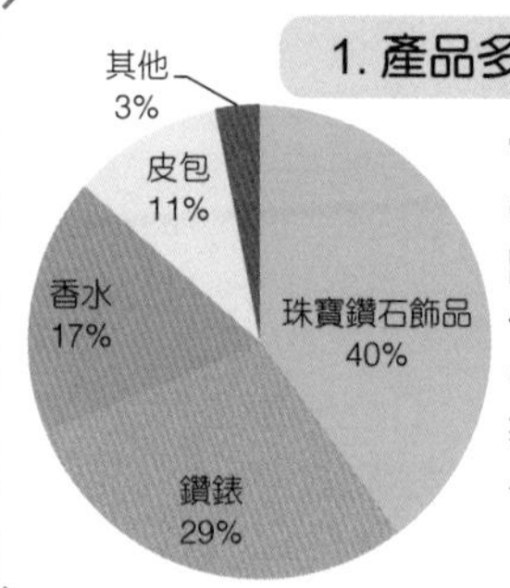

寶格麗2010年營收額達12億歐元（約476億臺幣），產品營收結構已經顯著多樣化及充實化。

2. 打造高價與動人的產品

寶格麗公司為了確保他們高品質的寶石安定來源，在過去二、三年來，與世界最大的鑽石及寶石加工廠設立合資公司。另外，亦收購鑽錶精密加工技術公司、金屬製作公司及皮革公司等。寶格麗透過併購、入股、合資等策略性手段，更加穩固了他們高級原料來源及精密製造技術來源，為寶格麗未來快速成長奠下厚實的根基。

3. 擴大全球直營店通路行銷網

寶格麗公司全球營收及獲利連續五年，均呈現10%以上成長率，可說是來自於全球市場攻城略地所致。

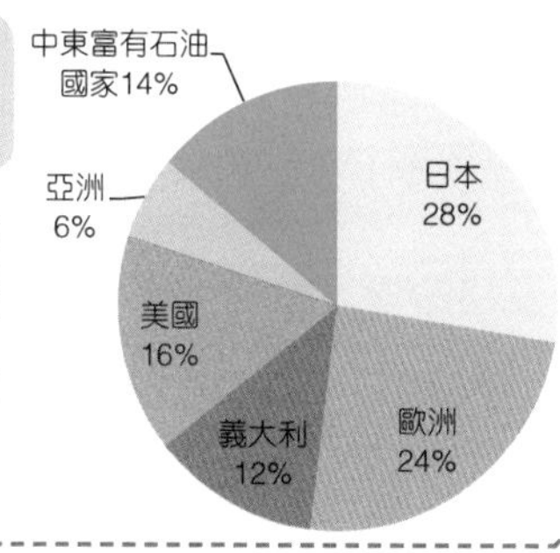

4. 投資渡假大飯店策略

寶格麗在日本東京銀座11層樓的旗艦店，裡面有VIP俱樂部、專屬房間、好吃的義大利菜享用，以及各種提箱秀、展出秀等活動舉辦，大大增加與頂級富裕顧客會員的接觸及服務。

展望未來的海外通路戰略

寶格麗未來仍會持續高速成長，而最大的商機市場，將是在中國。我們目前已在上海設有旗艦店，北京也有4家專賣店，未來五年，我們會在中國至少40個大城市持續開設專賣店。中國13億人口，只要有1%富裕者，即有1,000萬人潛力市場規模，距離這個日子並不遠了。

頂級尊榮評價的 No.1

寶格麗：頂級尊榮 No.1

1. 高品質產品
2. 高流行感設計
3. 高級裝潢專賣店
4. 高級服務人員
5. 高級 VIP 會員場所
6. 高級地段旗艦店

璀璨美好的極品人生

寶格麗五年來在崔帕尼（Francesco Trapani）執行長以高度成長企圖心的領導下，以上述全方位的經營策略出擊，都有計畫與目標的推展出來。寶格麗這家來自義大利百年的珠寶鑽石名牌精品公司，堅持著高品質、高價質感、高服務、高格調、高價格及頂級尊榮感的根本精神及理念，為寶格麗的富裕層目標顧客，穩步帶向璀璨亮麗的美好極品人生。

3-10 COACH設計風格擄獲年輕女性

創業於1941年的美國名牌精品COACH，近五年來，營收成長有了顯著的進步，2004年可望有12.5億美元的營收額，而營業利益卻高達4億美元，可謂獲利豐厚。相較於2001年營業額僅有6億美元，三年來營收額呈倍數成長的佳績，最主要的關鍵點，是由於COACH品牌再生策略的成功。

一、COACH品牌再生與營收成長的四項分析

(一)不再固執堅守高級路線，改走中價位路線成功：COACH面對現實市場，以低於歐洲高級品牌的價位，積極搶攻25~35歲年輕女客層。此中等價位，對買不起歐系名牌皮包的廣大年輕女性消費者來說，將可以較輕易的買到美國名牌皮包。COACH公司董事長法蘭克．福特即說：「讓大部分中產階級以上的顧客，都能買得起COACH，是COACH品牌再生的第一個基本原則與目標。」除了價位中等外，COACH專賣店的店內設計，是以純白色設計為基調，顯得平易近人及清新、明亮、活潑，與歐系LV、PRADA、FENDI等名牌專賣店的貴氣設計有很大不同。

(二)品質雖重要，但設計風格改變更重要：法蘭克董事長認為，名牌皮包雖強調品質與機能的獨特性，但這只是競爭致勝的必要條件，並不構成充分條件。因此，從1996年開始，COACH公司即感到設計改革的重要性並不斷延攬優秀設計師加入公司，展開COACH新設計風格的改革之路。而設計風格的改變，亦會使消費者感受到COACH品牌生命再生。因此，在不失COACH過去本質特色下，開始展開一系列包含素材、布料、色調、圖案、金屬配件、尺寸大小等設計的新旅程，並以「C」字母品牌代表為號召。自2000年新商品上市後，消費者可以感到COACH有很大改變。從過去古典與傳統的COACH，搖身一變成為流行與時尚的表徵。

(三)刺激購買對策：在日本東京的COACH分公司，雖然在面臨十年不景氣狀況下，但COACH專賣店的營收額仍能保持二位數成長，而且還有計畫性的如期開展新店面，這主要是仰賴於COACH刺激購買慾望的行銷策略活動。

(四)追蹤研究式的消費者調查：COACH公司早自1991年即展開「追蹤研究」（tracking study），進行長期且持續的消費者調查。目前，這種資料庫在美國及日本兩地合計已超過1萬人次。這對COACH每月新商品開發的依據參考貢獻不小。

二、品牌經營，應理性與感性兼具

以品牌的等級層次及營收額規模來看，COACH公司顯然還難與歐系的LV及GUCCI兩大名牌精品集團相抗衡，但是經過五年來，COACH品牌的再生改革，已被證實是一個很好的成功案例。而該公司董事長法蘭克則表示：「品牌經營者應該兼具理性與感性，這兩者組合出來的東西，才會是最好的。」

品牌再生4大策略

COACH品牌再生成功！

4. 追蹤研究式的消費者調查！

包括對來店顧客或已買的會員顧客，詳細詢問及了解對COACH品牌的印象、購買動機、喜愛的設計、喜愛的色彩、想要的尺寸等予以詳加記錄。法蘭克董事長強調：「COACH公司每年花費數百萬美元，在蒐集顧客的意見，探索她們的需求，並對未來做較正確的預測掌握。這種工作必須持續精密做下去，是行銷成功的第一步。」

3. 行銷策略正確！

日本東京 COACH 分公司的行銷策略活動

(1)每個月店內都會陳列新商品。
(2)推出「日本地區全球先行販賣」。
(3)限量品販賣。
(4)推出周邊精品，例如時鐘、手錶、飾品配件等，也會誘發消費者順便購買。
(5)廣告宣傳與媒體公關活動等，造勢都極為成功。

2. 品質雖重要，但設計風格改變更重要！

過去80%的消費者，認為COACH的設計是古典與傳統的，20%的人則認為COACH是代表流行與時尚的。現在消費者的認知則恰恰相反，COACH已被廣大年輕女性上班族認為是流行、活潑、年輕、朝氣與快樂的表徵。

法蘭克董事長終於深深感受到，COACH不能只從皮包的優良品質與機能來滿足消費者，必須更進一步從心理上、感官上及情緒上，帶給消費者快樂的滿足，只有如此，COACH的生命才會緊密的與消費者的心結合在一起，長長久久。這就代表COACH，已經從傳統上強調品質的迷失中，抽離出來，讓品牌生命得以再生。

1. 不再固執堅守高級路線，改走中價位路線成功！

COACH公司董事長法蘭克．福特認為，美國文化是以自由與民主為風格，歐洲文化則強調階級社會與悠久歷史。因此，歐系品牌精品可以採取少數人才買得起的極高價位策略，但是美國的精品，則是希望中產階級人人都可以實現他們喜愛的夢想，COACH則是要替他們圓夢。以在日本東京為例，歐系品牌的皮包精品，再便宜也都要有7~8萬日圓以上，日本國內品牌價位則約在3萬日圓，而COACH品牌皮包則定價在4~5萬日圓。

COACH品牌經營兼具理性與感性

理性

重視的是品牌經營的結果，必須要獲利賺錢才行，否則就是一個失敗的品牌。

感性

強調品牌經營的過程，必須要讓目標顧客群感到快樂、滿足與幸福才行。

COACH 品牌顯然已成功的走出了自己的風格。

3-11 HERMES 的藝術精品經營之道 I

正當全世界的精品集團如 LVMH、TOD'S、COACH 都往規模擴張衝營收與市占率，如同 LVMH 總裁伯納德．阿諾德（Bernard Arnault）預言「未來精品業會不斷出現整併潮，大者愈大」時，有一個歐洲一百六十九年的品牌卻依舊走傳統「小而美」路線，它是「精品中的精品」——愛馬仕（HERMES）。

一、獲利率勝過 LVMH 精品集團

愛馬仕 2013 年營收 14.27 億歐元（約合新臺幣 570 億元），雖然約只有 LVMH 的 1/10，但獲利能力卻很驚人。根據美林證券評估 2013 年全球 12 家頂級精品集團獲利預測報告，愛馬仕 2013 年 EPS（每股稅後盈餘）8.19 歐元，僅次於全球最大鐘錶 SWATCH 集團的 11.5 歐元，遠勝 LVMH 的 3.71 歐元。至於愛馬仕的核心能耐何在？祕密就藏在兩家公司的財報數字裡。過去五年，愛馬仕的淨利率都維持在 17% 左右，每年獲利能力都比全球精品龍頭要強。

二、定位：藝術品、量少、價昂

為何愛馬仕能在大者恆大的精品業裡找到自己的風格？「與其說我們是在做生意，不如說我們是在從事藝術。」愛馬仕第六代接班人、目前為全球副總裁的吉洋．賽尼斯（Guillaume de Seynes）笑著解釋。他們從不說自己是精品，而是比精品更高檔的「藝術品」。從愛馬仕誕生那天，創辦人狄耶里．愛馬仕（Thierry Hermes）就鎖定是給巴黎地區的皇宮貴族使用，塑造品牌的貴族形象。換言之，之於愛馬仕，他們不說「商業模式」（Business Model），而是「藝術模式」（Art Model）。若用藝術品角度去經營商業，愛馬仕的經營策略顯得趣味許多，甚至打破一般商學院裡教授的制式觀念。「若說 LVMH 是大量製造的精品工廠，愛馬仕就是藝術品品牌。」前 LV 臺灣區總經理、現任 Bliss（虹策略）品牌顧問公司執行長石靈慧說。

藝術品的特質就是量少、昂貴，「愛馬仕能夠塑造成最頂級的精品，使得它的平均售價（以皮件為例）能比 LV 貴上二倍。」Goldman Sachs 精品分析師賈克佛蘭克（Jacques-Franck Dossin）解釋，而這也讓愛馬仕鎖定的客群是更小、更金字塔頂端，不像 LV 鎖定的客群比較廣。

三、原料來源，確保最高品質及最完美

售價要高、定位藝術，所用的品質就必須比現有的精品要更高級、更奢華。以占營收四成的皮革為例，一般精品也會強調皮革的品質，但愛馬仕不同的是，確保完美無瑕疵。為此，甚至自己投資上游的動物飼養場，就是要讓皮革的品質一致有「完美皮革」。

HERMES：走小而美路線，精品中的精品

HERMES
愛馬仕

· 走小而美路線
· 精品中的精品

HERMES定位：藝術品、量少、價昂

愛馬仕 ≠ 不只是精品
= 而是更高級的藝術品
= 是貴族形象

什麼不是愛馬仕眼中的藝術？

曾經，家族要求進攻太陽眼鏡市場，原因是可大量生產且利潤豐厚。但這一決定到甫退休的前總裁金路易・杜邁（Jean-Louis Dumas）就被打回票，原因是「眼鏡太標準化，沒有可以展現藝術的地方」。

甚至，最近十年精品流行在產品上打上 Logo（品牌圖案），在愛馬仕的眼中也不是一種藝術品，「到底消費者買是因為有品牌圖案才買，還是真的因為喜歡你的設計與品質？」愛馬仕大中華區董事總經理程家鳳表示。因此在愛馬仕的產品上，幾乎見不到有任何「HERMES」的字樣出現。

不一樣

LV	大量製造的精品工廠
HERMES	少量打造的藝術品品牌

3-12 HERMES 的藝術精品經營之道 II

愛馬仕以藝術品自居，認為不太需要打廣告，喜歡它的人自然會親近欣賞。

三、原料來源，確保最高品質及最完美（續）

在澳洲就有愛馬仕專屬的鴕鳥養殖廠，供應皮件。原因在於一般養殖廠並不特別在意鴕鳥的皮膚狀況，因此一旦鴕鳥受傷，就會有疤痕，即便只有 0.01 公分，肉眼也看不到，就不是完美；因此，愛馬仕寧願自己設養殖廠，在澳洲的鴕鳥每一隻有獨立的套房，24 小時專人照顧。即使皮革沒有受損，愛馬仕也只挑選前 20% 的皮革，如果因此皮料不夠做成包包，就寧願等下一批鴕鳥長大，才願意出貨，「這就是高品質來自於細節的原因。」吉洋．賽尼斯說。

既然售價比別家貴上二倍以上，當然直接成本就能更高，找更多、更好的皮料。因此，愛馬仕的產品毛利率可達 65%，和 LVMH 相當。但因為壓低廣告行銷費用，使得其營業利率在 2013 年之前兩年平均都在 26%，高於 LVMH 的 17%。一般精品產業的廣告、行銷費用占毛利比率大約五成以上。換言之，每賺 100 元的毛利，會花約 50 元在打廣告與行銷上。以 LVMH 為例，這兩年平均為 55%；另一個近年來竄紅的美國品牌 COACH 更高達 70%。但愛馬仕這五年平均都只有 30%。

四、用好的產品吸引消費者，並非大打廣告

2008 年初上任的新執行長帕翠克．湯瑪斯（Patrick Thomas）接受媒體採訪時也解釋為何不打廣告：「我們是產品提供者，而非行銷公司，不需要了解消費者需要什麼，而是要用好的產品吸引消費者來我們世界。」如同一幅已經舉世知名的畫，還需要打廣告告訴大家它有多好？反而是繼續生產藝術品，讓喜歡它的人自然而然親近欣賞。

五、未來將加速展店，維持成長，但仍有問題待克服

帕翠克表示，未來將加快展店的速度，2009 年一下就開設 5 家新店與改裝 10 家店，是過去的二倍。「目前是要維持每年 8~10% 的營收成長。」他認為相較過去 CEO 是個重視產品發展的角色，現在的 CEO 應該要著重更多在財務面上的經營。然而，加速進入更多市場，意味著愛馬仕必須及時生產更多產品，才能追上展店速度。對於一向標榜以手工傳統、藝術品精神去製造產品的愛馬仕，無疑必須透過變更生產流程才能達到。「……一些分析師就質疑，這樣快速的成長將會傷害愛馬仕的毛利。」《華爾街日報》對愛馬仕未來可能的轉變有所遲疑。如此一來，快速擴張占有率與「慢工出細活」的兼顧品質能否同時維持，將是愛馬仕未來面臨的最大挑戰。

HERMES：更金字塔頂端客層

HERMES

- 限量藝術品
- 量少
- 價昂（皮件比 LV 更貴）

鎖定更小、更金字塔頂端的少數客層！

HERMES：原料來源，確保高品質及最完美

為確保皮革的品質

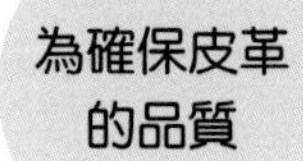

甚至自己投資上游的動物飼養場

追求完美皮革！

24 小時專人照顧！

HERMES：用好的產品吸引消費者，並非大打廣告

愛馬仕的行銷理念

1. 我們並非是行銷公司，不須大打廣告！

2. 我們是靠高檔藝術品的產品力來吸引客人！

未來面臨的挑戰

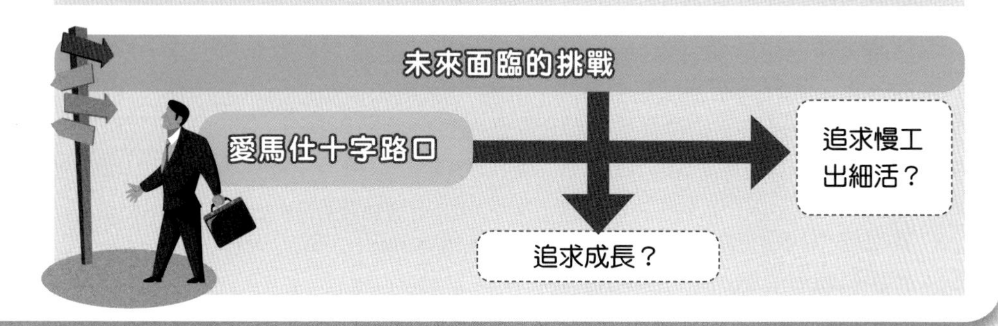

愛馬仕十字路口

追求慢工出細活？

追求成長？

3-13 奧美廣告集團全球總裁夏蘭澤談消費保守下的行銷真相 I

夏蘭澤在奧美三十一年，在她任內，建立了奧美頂級的客戶群，全面推廣360度品牌管家（360 Degree Brand Stewardship）的概念與服務，讓奧美在廣告界占據突出的競爭地位。不論是擴展全球業務或延伸不同功能的服務，「她的建樹讓後人難以追隨。」全球WPP集團CEO索瑞爾（Martin Sorrell）形容。以下是《天下雜誌》在美國紐約的獨家專訪。

問：景氣衰退時，什麼是企業贏得消費者的策略？和經濟成長時期有何不同？

答：我要提出跟一般人不同的觀點，在這個時候，品牌比任何時期都重要。雖然企業嘗試縮減建立品牌的花費，但歷史將證明，誰在不景氣時持續投資品牌，誰將贏得市場占有率。誰缺乏對品牌的信念與承諾，從市場抽離，就會讓持續投資品牌的人奪走市場。

真相是，第一，在不景氣時，消費者比以往更有品牌意識，因為他們只願意將錢花在有品質的品牌。他們願意多花一點點錢得到他們心中所感知的較好的品質與服務，以確認安心，願意花時間尋找他們所能購買的最好產品。品牌價值，在這樣的氣氛下，更加重要。

第二，花時間、精力關注在你最好的顧客。現在關注忠誠的顧客特別有意義，因為這些人將幫你度過不景氣，他們是最願意逗留在原來忠誠的品牌，也是最不願意為了一點小錢，拋棄他信任的品牌。不論你做什麼，最重要的就是聚集在他們身上，因為他們就是銷售數量的來源。你要對他們說話、獎勵他們。

第三，現在是運用媒體、行銷通路更有創意之際，嘗試一些新作法。當預算縮減時，告訴自己有些創新作法可以接觸並說服客戶，現在是實驗的大好時機。

問：可以給些更具體或經典的案例嗎？臺灣經理人該如何面對消費保守的大環境？

答：IBM是一個好的案例。在2008年第四季全球經濟最糟的時候，IBM幾乎是唯一一家在市場上持續做廣告的公司。他們介紹了新的品牌概念是「智慧的地球」（Smarter Planet）。IBM在不景氣時提出企業的新方向，也正好符合美國總統歐巴馬所提出的振興經濟方向——綠色未來。廣告中，IBM不僅是一家銷售軟體與硬體的公司，而是扮演積極角色的企業，他們正在幫助這個地球。

這時，歐巴馬政府打電話給IBM總裁帕米沙諾說：「請你來白宮，請你和我站在一起，我們一起傳遞世界希望，企業可以扮演一個顯著性的角色，可以讓未來更美好、可以讓新的行動發生。」歐巴馬在許多攝影機前，提到IBM說：「這是一家有願景的公司、一家在不景氣時保持樂觀的公司。」IBM贏得很多正面印象。

我相信未來看這段歷史，IBM在這次經濟衰退中，逆勢操作推出新品牌形象，將成為經典案例。

不景氣時期：縮減品牌投資，將是不智之舉

奧美集團
夏蘭澤總裁

誰在不景氣時，持續投資品牌，誰將贏得市場占有率！

誰缺乏對品牌的信念與承諾，誰就會被奪走市場！

不景氣的真相是什麼？

真相之1  愈不景氣，消費者愈有品牌意識，愈希望有保障的品牌！

真相之2  花更多時間與資源在你最主力與最好的顧客身上！

真相之3  不景氣是做更多媒體創新與通路創新的時刻！

IBM在不景氣投資廣告

IBM在2008年金融海嘯時刻

大量投入「智慧地球」的品牌概念廣告

運用資訊科技在實體的基礎建設，包括綠色電表、交通建設、建築物、工廠、河流或城市，創造一個智慧的地球。

播出後，與美國總統歐巴馬提出的「綠色未來」相一致！

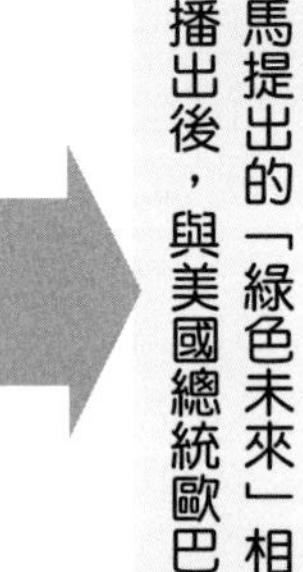

歐巴馬邀請IBM總裁到白宮，面對電視媒體說：這是一家有願景的公司，一家在不景氣保持樂觀的公司！

為IBM贏得很多正面品牌與企業形象！

面對消費保守的聰明案例——麥斯威爾咖啡

夏蘭澤提到，麥斯威爾咖啡也是掌握消費者需求而成功。麥斯威爾知道，消費者現正重新盤算他們的消費預算，每天花4美元買一杯星巴克咖啡實在太貴，如果要省錢，就需要調整喝咖啡的習慣，在家一樣可以喝到好咖啡。剛好，麥斯威爾得到「美味」（tasty）的評鑑，因此沒有增加廣告總預算，僅增加特殊方案——家庭用戶的行銷預算。

3-14 奧美廣告集團全球總裁夏蘭澤談消費保守下的行銷真相 II

前文《天下雜誌》記者問夏蘭澤可以給臺灣經理人該如何面對消費保守的大環境的具體或經典案例時，夏蘭澤除了提到 IBM 外，本文繼續提出另一個案例。

答(續)：另一個聰明案例，是現代汽車(Hyundai)在美國推出的行銷方案。2008 年底到 2009 年，人們對買車遲疑不決，因為他們害怕被裁員。現代汽車說：「不要擔心，現在就買車，如果你未來失去工作，現代汽車會將你的車子買回。」

這個行銷案洞察了世界正在發生的事。突然間，當大家業績都是負成長時，現代汽車異軍突起，提升美國市場的占有率。其他汽車也開始跟隨，因為競爭者知道現代汽車打中了消費者。這個案例的聰明之處是，企業知道現在的消費者在焦慮什麼，並提出了解決方案。

問：在廣告方面，有哪些新發展、新變化嗎？

答：今天，廣告定義已經起了巨變；現在每一件事都是廣告。過去提到廣告時是指大眾媒體廣告，包括電視、報紙、雜誌和戶外廣告。現在除了運用媒體，廣告也包括 e-mail、部落格、活動等。廣告趨勢最大的改變，就是從大眾廣告，現在可以精準到每個單一個體。你幾乎可以製作針對每個單一個體的媒體計畫。對我來說，這是一個巨大的機會，但它同時是非常大的挑戰。

過去，廣告只要上兩家電視、三家平面媒體，幾乎已經覆蓋所需接觸的消費群。你也可以選擇出你想要接觸的族群，例如 18~45 歲的女性消費群。現在，你幾乎是要想出如何單獨地接觸每一個人，可以得到回應，並且衡量效益。

這徹底改變廣告業與大眾媒體接觸群眾的方式。一對一溝通和大眾溝通是非常不同的。當你的廣告接觸每個單一個體的客戶時，你必須知道他們某些事情。

網路是背後最大的驅動力量，因為網路可以保存、追蹤每個人的所有歷史紀錄，包括背景資料與交易紀錄。最好的例子當然是亞馬遜書店（Amazon）。

問：你剛剛說運用媒體要更有創意，現在全球重要的廣告客戶在選擇行銷管道時，有任何改變嗎？

答：雖然網路是重要的新興媒體，但環顧廣告傳播的整體環境，網路仍只是其中一環。網路廣告效益需要更多證明。現在，即使最積極的廣告客戶，網路廣告預算仍占全部預算的 10% 以下。目前，證明最有效的網路廣告，是搜尋廣告（Search Advertising），所以 Google 拿到了最多網路廣告。其他網路上的陳列廣告（Display Advertising），我不是那麼確定有效益。如果有一天網路科技有突破，能進一步證明網路廣告的效益，廣告預算的分配馬上就會大幅改變。

現在看來，廣告預算分配在「組合媒體」（Portfolio Media）上，遠比全部下在「單一媒體」有效，這已是毋庸置疑的結果。因為，不同媒體有不同效益。企業應該開放心胸，就像我所說的：「廣告定義已經改變，每件事物都可以是廣告。」

傳統廣告已產生變化

傳統的大眾媒體廣告

- 現在的網路廣告、社群行銷、行動媒體！
- 可以 1 對 1 互動的傳播溝通！
- 海量資料、Big data 記錄著每個人的消費行為！

可以精準到每一個單一個體！

最好的例子當然是亞馬遜書店（Amazon）。當你登錄，他就已經知道你過去所有的購買紀錄與行為，甚至是你到訪的網頁，你的滑鼠點閱行為、你的轉寄行為，針對這些資訊，可以計畫一個有意義的廣告、行銷與銷售計畫，並且是深入到單一個人。

新興媒體出現與崛起

傳統媒體	新媒體
電視	網路（關鍵字…）
報紙	智慧型手機
雜誌	平板電腦
廣播	社群媒體（臉書、部落客、推特、微博）
DM	

不同媒體有不同效益

網路可以追蹤到單一個人；但雜誌可以提供高品質的廣告環境，例如 LVMH 的最新一季廣告，在雜誌廣告上所呈現的氛圍與顏色，在電腦螢幕就無法有相同的效果。

3-15 P&G日本兩次挫敗，勝利方程式改弦易轍 I

美國P&G公司是全球第一大清潔日用品公司，目前已在世界80個國家設立產銷據點及營運活動，全球員工總人數已超過10萬名，是一個典型的跨國大企業。

一、在日本遭逢兩次挫敗經驗

早在1972年，美國P&G公司就已進軍日本市場，目前市場占有率位居第三名，僅次於日本的花王公司及獅王公司。在這四十年歷程中，P&G公司曾面臨兩次嚴重的經營虧損及市占率的敗退。

在1977年時，P&G在日本的幫寶適紙尿褲品牌市占率曾高達90%。但在1979年遭逢石油危機，化工原料價格均上漲，使得經營成本上升，獲利衰退。再加上日本當地競爭品牌搶攻市場，使得幫寶適紙尿褲市占率在1984年時，竟大幅跌至9%的超低歷史紀錄，當年度虧損額達到3億美元。此警訊迫使日本P&G進行第一次經營改革。1985年時，日本P&G訂定了三年計畫，並由美國總公司派遣「特別小組」到日本東京支援當地公司。同時，日本P&G公司也慢慢了解日本消費者的習慣，改變直接移植美國產品與品牌到日本的錯誤政策，終在1988年轉虧為盈。

但由於1990年代初期，日本經濟泡沫化，市場景氣陷入嚴重衰退及停滯，產品價格大幅滑落，再加上日本P&G行銷失當，1996年時，不少產品的市占率及營收額，再度衰退，迫使日本P&G展開第二次經營改革。1999年之後的五年，日本P&G公司經過大幅改造革新，包括SK-II化妝保養品、洗髮精、洗衣精及女性生理用品等，在日本的市場排名不斷往前竄，已緊追在花王及獅王等本土廠商之後，並不斷進逼，意圖成為日本清潔日用品市場的第一領導品牌。

二、日本P&G的行銷策略

P&G在日本歷經兩次失敗經驗，如今能夠再次進入排名第三位，並且坐三望二，威脅第一名的花王公司，主要根基於行銷策略上的改變及優勢：

(一)深刻體會「在地經營」與「本土行銷」的重要性：這是日本P&G經營四十年來才深刻體會到。因此，改變過去所沿用的全球行銷標準化的傳統模式，在各種行銷手法，均轉向以日本市場的需求為主要考量，而不是從美國人的觀點。

(二)推出較少量的「戰略性商品」，集中行銷：日本P&G公司並不像花王公司，頻繁推出很多新產品或新品牌，反而是以審慎完整的規劃方式，推出較少量的戰略性商品，以及相關行銷廣宣活動，意圖以重量級品牌一次占有市場。

(三)改善及適應日本的通路鋪貨：經過長久以來的摸索、了解、改變及適應日本的特殊通路結構與條件，然後建立更加穩固的通路關係，日本P&G新商品已能迅速在很短時間內，鋪滿日本全國各種零售據點。

P&G：在日本遭逢2次挫敗

P&G日本

1979年

(1) 石油危機，化工原料上漲。
(2) 經營成本上升，獲利衰退。

展開：第 1 次經營改革

1985年

美國派遣特別小組赴日本支援。

1988年

終於轉虧為盈
1988 年，由於新產品上市暢銷及生產效率化，終於轉虧為盈。1990 年營收額亦突破 10 億美元。

1990年代

日本泡沫經濟，市場景氣衰退。

1996年

再度經營衰退
當時日本 P&G 公司關掉二個日本大型工廠，裁員 1/4，多達 1,000 人被迫資遣。

迫使展開：第 2 次經營改革

日本P&G的行銷策略改變

日本 P&G 行銷策略改變

1. 深刻體會「在地經營」與「本土行銷」的重要性，改變過去全球標準化行銷模式！
   - 包括品牌命名、原料成分、外觀設計、包裝方式、定價及廣告片拍攝及促銷手法、名人代言等行銷手法。
2. 推出較少量的「戰略性商品」，集中行銷！
3. 經過長時間已鞏固與零售通路商關係，新產品均能快速上架！
4. 在廣告宣傳方面，與當地的日本電通廣告有密切合作！
   - 日本電通在品牌打造、廣告創意、整合行銷溝通及媒體公關上，均扮演助益甚大的角色。
5. 制定對新產品上市過程與行銷的 SOP 制度流程！
6. 在物流體系也有大幅改善，降低庫存成本及快速送貨能力！

SALE

3-16 P&G日本兩次挫敗，勝利方程式改弦易轍 II

日本 P&G 在日本四十年歲月，歷經兩次挫敗經驗，如今終能反敗為勝，確實是一個很好的教訓與啟示。

二、日本 P&G 的行銷策略（續）

(四) 在廣告宣傳及整合行銷傳播方面：日本 P&G 與日本最大廣告公司——日本電通，雙方有長期密切的合作關係。

(五) 制定新產品上市及行銷的標準作業流程：日本 P&G 對任何新品上市的過程及行銷策略，本來就有一套嚴謹與有系統的標準作業流程及關卡，包括市場研究、消費者洞察、產品定位、目標市場設定、產品定價、通路普及、廣告宣傳、品牌塑造、事件行銷等，均有非常豐富的經驗及 Know How 以資遵循。

(六) 在物流體系改善方面：由於長時間的設備投資及摸索革新，目前亦獲得很大的改善，包括物流成本及庫存成本的降低，以及送貨到通路戶手上的時效也加快許多，大大提高了這些經銷商及零售店的滿意度。

三、超越花王之日，不會太遠

日本 P&G 公司，目前信心滿滿，擁有雄心壯志，預期在短短二、三年內，可望超過第二排名的獅王公司。P&G 公司的長程目標，則是希望在十年內，可以超越日本花王公司，成為日本營收及市占率第一名的清潔用品公司。

日本 P&G 公司成為日本 No.1 的關鍵點，在於兩個焦點上，一是產品開發力，日本 P&G 公司歷經四十年兩次失敗教訓，早已學會如何遵循日本市場的特性及洞察日本各目標族群的需求，產品開發的成功率已大大提升。二是整合行銷傳播力，這恰好是 P&G 公司最擅長的地方，擁有非常多的優勢資源及 Know How 經驗。看起來，日本 P&G 超越第一品牌花王公司之日，好像不再是遙不可及的夢想。

四、結語——P&G 美國勝利方程式，在日本行不通之啟示

其實，P&G 全球合併財務報表的獲利率，是日本花王的一．七倍，（美國 P&G 為 12%，日本花王為 7.2%），而股東權益報酬率（ROE），美國 P&G 亦為日本花王的二倍（P&G 為 32%，花王為 15%）。此等績效數據顯示，美國 P&G 仍大大強過日本花王公司。只是，美國 P&G 公司花了四十多年時間，進攻日本市場，仍未奪得市場第一名占有率，實令美國 P&G 總公司耿耿於懷，有失面子。

美國 P&G 公司在 1990 年代以後，早已體會到過去橫掃全球市場的 P&G 勝利方程式，被證實在日本是行不通的，必須儘快轉變經營政策與行銷策略，以貼近日本在地行銷為核心主軸，透過全方位行銷計畫之落實，才能贏得日本顧客的心。

日本P&G未來致勝關鍵

P&G未來致勝關鍵

了解日本市場特性及洞察日本消費者需求！

2. 整合行銷傳播力！

P&G 擅長這方面的 know how ！

努力超越日本花王，邁向日本第一！

日本 P&G 公司 2013 年營收額達 27 億美元，占 P&G 全球營收額的 9%，是美國以外最大的海外市場，未來隨著營收額的突破性成長，將為美國總公司帶來更大的海外貢獻。

全球 P&G 財務績效仍領先花王

全球P&G

- 獲利率 12%，領先日本花王的 7%
- 股東權益報酬率 32%，領先日本花王的 15%

全球P&G勝利方程式在日本要改變

全球P&G勝利方程式 ≠ 日本P&G勝利方程式

改變：日本在地行銷

產品、品牌、通路、代言人、定價、廣告、促銷、公關等都必須全方位在地化行銷！

3-17 資生堂挾國際知名度，搶建中國市場 5,000 店 I

成立已有一百四十年歷史的資生堂化妝品公司，不僅是日本第一大化妝品品牌，同時也是國際知名的品牌之一。2013 年該公司合併營收額達 1 兆日圓，集團員工人數達 28,000 名。

一、急速成長的中國化妝品市場

由於日本國內化妝、保養品市場早已呈現飽和成熟的態勢，為保持資生堂未來持續成長，只能寄望於海外市場的拓展。而這其中，又以中國市場最為契合及具有無窮的潛力。現在中國化妝品市場已呈現急速成長趨勢，目前的市場規模已達到 2 兆日圓。每年均出現 20~30% 的高成長率，預估到 2016 年，中國市場將有 5 兆日圓的市場產值可以期待。

隨著中國經濟快速發展，2013 年中國每人平均國民所得已達 8,000 美元，而北京、上海等沿海先進城市更達 2 萬美元。隨著經濟成長，帶動了中國富裕人口及中產階級家庭的快速增加。化妝品及保養品的零售價格，亦從早期 1,000 日圓的低水準程度，上揚到最近 1 萬日圓及 2 萬日圓（約新臺幣 5,000 元）的中高水準價格。1990 年代初期的中國，都是屬於比較高所得的有錢人在買化妝品；但十幾年後的今天，一般女性上班族，亦大量擁入這個市場。

二、資生堂的競爭優勢

在快速成長的中國化妝、保養品市場中，幾家超大型歐美化妝品集團，早已全力進軍中國市場，展開至少 5 兆日圓以上的化妝、保養品市場大餅爭奪戰。

中國市場的競爭，可以說非常激烈。相對於歐美超強化妝品集團的強攻，來自日本的資生堂公司仍然擁有三項競爭優勢，一是資生堂在中國市場的事業發展經驗，可稱十分豐富。二是資生堂品牌，在中國國內女性消費者心中，已享有不錯的高知名度，也是唯一能夠與歐美名牌化妝品相較勁的日系品牌。三是資生堂在中國已累積三十年以上實際製造及行銷經驗，以及相關豐沛的人脈關係及忠誠顧客群。

三、建構 5,000 家特約店連鎖通路

資生堂對於當前在中國的經營策略，主要著重在行銷通路的廣大密集布局。一方面是進駐中國十幾個大都市裡的百貨公司，建立數百個專櫃行銷。另一方面，則是從上百個地方型新興都市，建立起一個廣大的特約加盟店的行銷販賣網路，希望打開另一條新的收益來源。此可謂資生堂在中國所採取的「雙通路並行」行銷策略。

急速成長的中國化妝品市場

5兆日圓潛力！

· 海外中國 13 億人口市場潛力無窮！
· 平均國民所得已達 8,000 美元！
· 上海、北京、杭州、深圳更是超過 1.5 萬美元！
· 女性上班族對化妝保養品需求大增！

日本國內化妝保養品市場已飽和！成長不易！

今天，不只在北京、上海、杭州等大都市百貨公司，甚至在地方都市的百貨公司一樓裡，每逢假日都可以看到擁擠的女性購買族群。

資生堂的競爭優勢

群雄並起

法國
萊雅、香奈爾、蘭蔻

美國
雅詩蘭黛、P&G、SK-II

等進入市場

資生堂的優勢

1. 在中國的發展經驗，十分豐富！
2. 資生堂品牌，在中國女性心中還算不錯！
3. 在中國已有 30 年以上進入經驗及人脈！

回顧資生堂從1981年，就將產品外銷到中國市場。到1991年時，即在北京市與中國當地公司，合資成立資生堂麗源化妝品公司，建立自己在中國的化妝保養品生產工廠，並且開發出本土品牌，已在中國行銷成功。資生堂在中國的事業，進展非常順利，2013年營收額比2005年度成長300%，已達5,000億日圓，大大超過了臺灣市場。總之，資生堂在中國至少已經累積有三十年的實際製造及行銷經驗的Know How，以及相關豐沛的人脈關係及忠誠顧客群。

3-18 資生堂挾國際知名度，搶建中國市場 5,000 店 II

資生堂在中國 5,000 家店的願望，確實深繫著它下一個十年的再登高峰。

三、建構 5,000 家特約店連鎖通路（續）

過去，資生堂在日本國內市場，亦是採取特約店的經營模式。目前在全日本，仍有 2 萬家店。在全盛時期，特約店的營收來源，曾占全公司營收七成之多，如今，已降為四成左右。負責督導中國事業發展的齊藤忠勝副總經理表示，經過調查，目前在中國市場的化妝品專門店，大約有 5 萬家店。資生堂的目標是，將來至少要占有這 5 萬家中的一成，即開設 5,000 家特約店，這是必然要達成的目標。而資生堂目前在中國已設立的特約店約為 3,000 家，今後將以每月增加 100 家的規模加速成長。預計到 2015 年，可以如期達成 5,000 家店的目標。此通路體系將占資生堂在中國地區營收來源的一半，另外一半則是百貨公司通路。

而到 2013 年，資生堂在中國地區的營收額已高達 5,000 億日圓，為 2004 年 200 億日圓成長二十五倍。屆時，資生堂公司全球營收額的 1/2，將仰賴自中國市場。因此，中國市場的前景，對資生堂未來成長命脈，將是最重要的關鍵。資生堂目前在中國的特約店，均採取加盟方式，但必須經過嚴格面試及訓練，才能成為加盟主。

四、中國市場拓展是基本戰略所在

現任資生堂總經理池田守男已在 2011 年 6 月正式卸任，而將職位轉給前田新造副總經理接任。池田守男表示，資生堂在 2004 年已將在該公司工作十五年以上，且年滿 50 歲的員工，展開一波優退，以精簡人員並使組織年輕化。此外亦將資生堂國內工廠做了必要關廠及統合，目的是為了提升經營效率。他並交代即將接任的前田副總經理，接任後最重要任務，就是要誓死達成中國 5,000 家特約店通路戰略。全力搶攻中國化妝品市場，務必要達成 2016 年中國地區 1 兆日圓營收目標。因為資生堂公司未來成長所繫，即在中國市場。因此，對中國市場投入大量人力、物力、財力及廣告宣傳資源，即是資生堂到 2008 年不可動搖的基本戰略。

此外，池田總經理亦提出對於提供給高級百貨公司專櫃的產品、品牌及定價，必然要與這 5,000 家特約店通路有所區隔。一個是走中高價位路線的定位，另一個則是走中低價位路線的定位。這是資生堂公司為了因應具有 13 億人口的廣大市場，以及財富所得兩極差異化之下，所必須採取的不同行銷區隔策略。

目前，擔任資生堂中國投資公司總經理宮川勝，面對日本總公司池田總經理的神聖使命訓令，他信心滿滿的表示，以資生堂品牌在中國市場受到廣大消費者的喜愛及信賴，再加上中國化妝品市場近幾年急速成長，絕對有信心建立資生堂全中國 5,000 家特約加盟店的廣大行銷網通路使命及超過 1 兆日圓的營收目標。

中國資生堂：布建行銷通路，二路並進

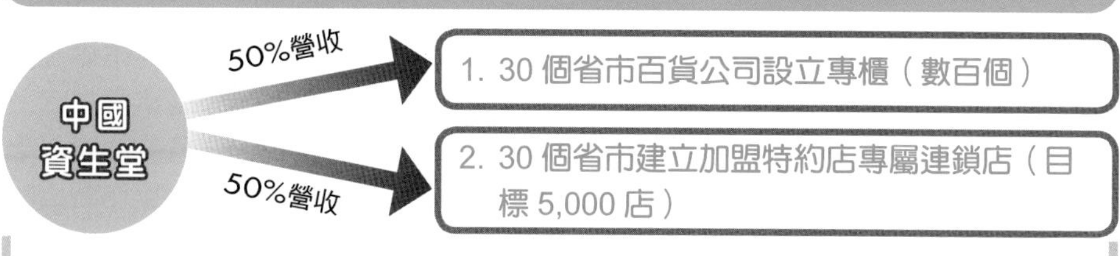

中國資生堂營收將占全體資生堂營收的 1/2 之高！

中國市場是資生堂未來成長命脈所繫！

目標：5,000家特約加盟店

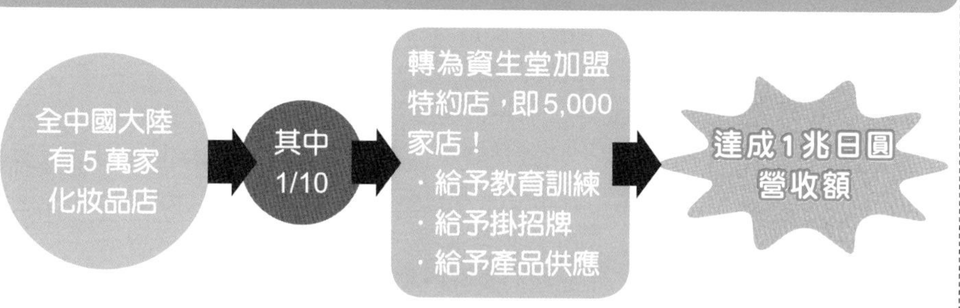

該公司每月一次，以中國各大省為單位，舉辦一次大型的加盟招商說明會，並且經過極為嚴格的面談及篩選過程，具有合格條件的參加者，才能夠成為加盟主。對於特約店店長及店員，資生堂亦集中進行九天的研習訓練課程，包括基本的待客服務動作、解說與銷售技巧、化妝與美容基本知識、產品知識、肌膚檢測操作分析、會員卡推廣、顧客關係管理等，將在日本已實施多年的Know How，複製到中國市場來。最終目的，就是希望這5,000家加盟特約店，都能夠加速學習到如何以一流的現場服務水準，爭取最大的銷售業績及顧客的滿意與忠誠。

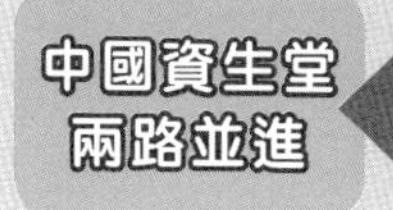

中高價位及產品 → 走高級百貨公司專櫃路線！

中低價位及產品 → 走二、三、四線城市的5,000家加盟特約店路線！

3-19 多芬與羅森聚焦特定客層，實現消費者夢想 I

隨著行銷環境的不斷變化，市場行銷爭奪戰亦日益激烈；尤其，在市場高度成熟的狀況下，廠商行銷致勝的關鍵，就是如何從商品開發時，即聚焦於特定客層，從而開拓出這個新的客層；並且在品牌意識上，如何實現消費者的夢想，讓品牌、產品與消費者的夢想與需求，能夠獲得連結與共感，將是行銷操作勝出的核心所在。以下介紹兩個最近日本市場成功的案例。

一、多芬 Pro-age 鎖定在 50 歲以上高熟女

聯合利華日本子公司在 2008 年 8 月正式推出以 50 歲以上的女性為主力目標客層的洗面乳與洗髮精系列產品，品牌名稱命名為「Dove Pro-age」，並以「Real Beauty」（真實之美）為品牌精神，強調帶給日本 50 歲以上高熟女性的人生之美。這是聯合利華首度以明確的年齡層為劃分，並提出有力的心理性與功能性產品訴求，終於成功的打入這個預計的特定客層。

Dove Pro-age（多芬熟齡）新品牌行銷操作成功的關鍵作為，主要有以下幾點：

第一，為表現高熟女性使用的品牌概念，聯合利華採用年紀超過 50 歲且形象清新的日本資深女藝人森山良子，做為這個品牌的代言人，並且拍攝 2 支電視 CF 廣告片及多篇的報紙廣告稿，代言效果受到良好的效益。因為森山良子所代言的舞蹈式廣告，均在強調「超越年齡，做個快樂的女性」為主力訴求，並且力圖將 Pro-age 品牌概念與可以享受快樂的年齡劃上等號，即 Pro-age ＝享受快樂的年齡。掃除 50 歲以上女性害怕年華已去、美麗不再及快樂消失的心理沉悶感，終於使多芬 Pro-age 新品牌，很快得到日本 50 歲以上女性的認同感。

第二，Dove Pro-age 除了在日本各大平面報紙刊登新產品廣告外，也出一本 Pro-age 的特刊號，以夾報方式，夾在幾百萬份的第一及第二大報，這個特刊號內容，傳達了如何使 50 歲以上的女性也享有快樂的各種報導，以及在森山良子代言人貫串下的引領説明。此外，也有這個產品功能的各種生化科技證明與實驗數據。

第三，在活動（event）行銷方面，Pro-age 舉辦了「挑戰夢想」的競賽募集活動，由 50 歲以上女性説出她們的夢想需求，然後從上千個來函中，Pro-age 選出五位獲勝者，由 Pro-age 以實際行動支援這五位女性達成她們過去想要，但一直沒有實現的夢想。

第四，在店頭行銷（In-store Marketing）方面，為了強化目標客層在賣場內對 Pro-age 的注目力，聯合利華公司特別與各大賣場合作，設置特別位置的專櫃，並以醒目的森山良子人形立牌與產品功能説明等 POP 廣宣招牌，鮮明呈現在各大賣場裡。

日本Dove：聚焦特定客層，實現消費者夢想

日本聯合利華公司 → 推出以50歲以上女性為主力目標客層的洗面乳及洗髮精 → 品牌命名：Dove Pro-age → 品牌精神：Real Beauty（真實之美） → 強調帶給日本50歲以上高熟女性之人生之美！ → 聯合利華首度以年齡層為劃分！ → 最後成功打入這個特定客層！

Dove Pro-age新品牌行銷操作成功因素

1. 採用年紀超過50歲且形象清新資深女藝人森山良子做品牌代言人，成功打造出品牌形象！
2. Slogan強調：超越年齡，做個快樂女性！

Pro-age＝享受快樂的年齡！

↓

掃除這群女性年華已逝的憂慮感！

↓

建立品牌認同感與購買率！

聯合利華日本公司負責Dove Pro-age的品牌經理大山幸惠分析提出：「打造及喚醒快樂與積極的50歲女性人生，是Dove Pro-age新品牌的核心訴求與品牌價值。我們將Pro-age品牌概念與商品的功能性，做了有效且強力連結，並且透過適當的森山良子做為代言人，已成功的將Dove Pro-age的品牌精神傳播與溝通出去，並且實現女性心中的夢想與需求，使擁有此產品的消費者達到了高度的共感感受，從而帶動來店購買的慾望。因此，我們成功的連結了：品牌概念＝產品＝購買的三環結目標。」

3. 推出挑戰夢想大型競賽活動，以實現她們的夢想！
4. 強化店頭行銷，有賣場的特別陳列及鮮明廣告招牌！

3-20 多芬與羅森聚焦特定客層，實現消費者夢想 II

透過上述多樣化的廣宣活動，再搭配強而有力的產品功能訴求，終使 Dove Pro-age 新品牌迅速在分眾市場竄紅，並有效擴張了新客層。再來介紹第二個鎖定分眾市場而成功的案例。

二、Happy LAWSON 的分眾便利商店

日本第二大 LAWSON（羅森）便利商店連鎖店，在近一、二年來，連續推出以分眾目標客層為區隔的便利商店型態，包括推出以「女性」為目標市場的「Natural LAWSON」（自然風的羅森店）、以「家庭主婦」為目標市場的「LAWSON store 100」（羅森 100 日圓便宜店），以及以養育、教育下一代子女為目標市場的「Happy LAWSON」（快樂成長風的羅森店）等三種新區隔化與分眾化的嶄新連鎖店型態。

在「Happy LAWSON 店」裡，其店外招牌字及商標，就是以兒童字型呈現；而店內的布置設計、櫃位安排、鮮食便當、飲料、糖果、餅乾、玩偶等，亦均以父母與兒童消費者情境，加以精心設計及安排規劃。在這些店裡，經常看見很多媽媽帶著小孩子或推著兒童車到店內消費購買。「Happy LAWSON 店」概念是怎麼產生的？這是在 2005 年時，LAWSON 總公司為紀念創店三十週年慶所舉辦的「未來型便利商店」競賽企劃案中獲獎，而加以實踐與實驗的。日本 LAWSON 總公司企劃開發部經理小鳥衣里女士表示：「LAWSON 總公司是一家能夠大膽創新的便利商店公司，我們已經有了四、五種新型態與新業態的店型，其主要目的都是為了更深入的滿足不同客層的需求，傳統的便利商店已走過三、四十年歷史，如今已面臨飽和成熟期，已很難再有大幅創新的空間。為今之計，就是要區隔、要分眾、要深入、要創新的特色感與各自客層的各自歸屬感與認同感。總之，要聚焦才有未來，也才能有效的爭取與擴張出新的客層出來，也唯有在這樣的狀況下，才能實現不同的消費者的不同夢想，這是唯一的出路。」

三、結語——鎖定特定客層，建立品牌共感度

從上述日本兩個成功的新產品與新店型的案例中，我們可以總結出，面對激烈殺價競爭、供過於求、飽和停滯與巨大變動的跨業分食競賽環境中，廠商及行銷人員如何致勝並保持領先？主要對策可歸納為四點，一是商品開發之時，即應鎖定客層，真正實踐目標客層的顧客導向信念。二是品牌概念與品牌精神的操作，必須讓消費者建立與此品牌的共感度、認同感及連結心。三是產品或服務性產品的功能，必須能夠真正實現消費者的夢想，帶給他們實質性與心理性兼具的利益才行。四是上述目標的達成，必須透過深具創意且縝密的 360 度整合行銷傳播操作，著重策略性發想與突破點，並且投入適當行銷預算，則必可永保行銷常勝軍。

Dove Pro-age：整合行銷傳播

Dove Pro-age

1.電視廣告
2.報紙廣告
3.百萬份夾報DM
4.大型活動行銷
5.店頭陳列行銷
6.品牌Slogan訴求
7.品牌定位
8.資深藝人代言人

Happy LAWSON：分眾便利商店

日本第2大便利商店4種分眾店型

1. LAWSON	2. Natural LAWSON	3. LAWSON store 100	4.Happy LAWSON
·以大眾為市場的便利商店	·自然風的 LAWSON ·以女性為目標市場	·低價100日圓的便利店 ·以家庭主婦為目標市場	·快樂便利店 ·以兒童小孩為目標市場

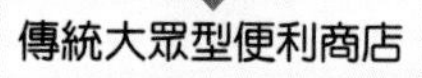

分眾便利商店

·滿足不同客層的需求，開創出新市場！

面對競爭的行銷成功之道

1. 在商品開發之時，即應鎖定客層，實踐顧客導向！

2. 要注重品牌概念及品牌精神的操作，建立消費者對品牌認同感！

3. 產品一定要帶給消費者具體的物質及心理兼具的利益點！

4. 產品上市一定要注重 360 度整合行銷操作，打造品牌高知名度！

3-21 OSIM 按摩器材：做品牌才能創造價值

「勇者致富」你聽過吧？ OSIM 創辦人暨全球執行長沈財福（Ron Sim）說道。他創辦的傲勝國際（OSIM International）是全球健康按摩器材領導品牌。1980 年在新加坡成立之初，只是一家做廚具等居家用品的小貿易商，經過三十二年的努力，如今不僅成功轉型成為國際品牌，將營運版圖擴張到全球 26 個國家，每年都有 20~53% 成長率，成為亞洲新興國際品牌典範。他是怎麼做到呢？

一、做品牌才能擁有自己的價值

「貿易商什麼都沒有，只有做品牌，你才能創造價值，可以決定怎麼賣、賣什麼、何時賣。」沈財福歸納，做買賣與做品牌，其實是兩種商業模式。做為商人，商業模式是要賣得多，所以要設法創造供給，但賣得愈多，得到的是愈多的應收帳款；另一種模式是做品牌，做為品牌建構者，就可以擁有自己的價值，接著因為價值而創造市場需求，然後需求會創造現金。

「如果你有選擇，那會是什麼？答案非常清楚。」沈財福說道。所以儘管景氣還沒有恢復，他毅然決定在 1986 年跨足海外，先在香港 SOGO 百貨開分店，接著在 1987 年到臺灣開店，然後在次年進軍馬來西亞，「這四個地方文化接近，人口數加起來約 15,000 萬人，加起來足夠支持國際品牌的經濟規模。」他表示。

隨著亞洲經濟起飛，追求健康休閒的人口愈來愈多，傲勝國際也步上快速成長期。2000 年並在新加坡掛牌，花旗銀行與新加坡淡馬錫控股公司都是股東。

二、發展商品，最重要的是品牌定位

四十年前，按摩椅在亞洲還是全新的概念，沈財福勇於創造市場需求，靠著單價在 1,000 美元以上的高價按摩椅，在亞洲市場起家，而當近兩年按摩椅成長趨緩時，又能夠掌握美體的趨勢，推出美腿按摩器、騎馬運動機等器材，讓營收、淨利雙雙成長 50% 以上。

「發展商品，最重要的是你的品牌定位。」沈財福表示，每年傲勝國際會推出至少二十種新品，但並不是每種商品都必須行銷，理由是要建立專注的品牌形象。

三、採取直營店通路模式

沈財福也堅持採取直營方式經營通路，理由是他認為，傲勝國際走的是像賓士汽車一樣的高價市場，從產品、服務到銷售人員，每一個細節都非常重要，否則就無法建立「對的消費體驗」。

英賽品牌行銷總經理曾百川，解讀沈財福打造品牌的成功密碼，一是擅於掌握市場趨勢，創造明星商品；二是直營店通路策略，成功營造高價品的形象。

OSIM：做品牌，才能擁有自己的價值

原本為貿易商 → 後來轉型做品牌 → 只有做品牌，才能擁有自己的價值！

營運版圖從新加坡擴張到全球 26 個國家

將港、澳併入中國計算，跨足亞洲、歐洲及美國三大區域；過去五年的營收與稅後淨利，每年都有20%到53%的成長率。

OSIM：發展商品，最重要的是品牌定位

OSIM

發展任何新商品

「新商品構想的來源主要有三個：內部研發與設計團隊、外部研發合作對象、長期合作製造商。」沈財福表示，平時總部會從全球超過1,000家的門市或網路，蒐集消費者的期待與需求，這些想法會進到研發團隊，隨時就創新性、市場潛力因素做篩選。像是兩年前帶給傲勝國際50%營收成長的明星商品騎馬機，就是長期合作的製造商提出的構想。另外一個明星商品美腿機，則是因為有很多消費者在門市反映「我想要可以塑雕大腿的商品」，最後訊息送回總部，經過市調、測試，繼而成為商品。

注意品牌定位與品牌形象是什麼！

「我們希望，人們提到按摩椅，就會想到OSIM，就像提到可樂會想到可口可樂，而買鞋就會想到NIKE一樣。」沈財福表示。

OSIM：成功 2 大關鍵

OSIM品牌的成功因素

1. 擅於掌握市場趨勢，創造明星產品！
2. 打造直營門市店通路，確保服務品質，並成功營造高價品形象！

3-22 美商金百利克拉克重視行銷創新與人才開發

美商金百利克拉克（Kimberly-Clark）公司，現為與寶僑（P & G）、聯合利華（Unilever）鼎足而立的全球消費性商品大廠，旗下有 Huggies、Kleenex、Kotex、Scott、Andrex 等知名品牌，年總營收超過 170 億美元，行銷網涵蓋 150 多國，製造據點遍及 37 國。如此局面，主要歸功於從 2003 年年中實施的「五年轉型計畫」，以及現任執行長佛克（Tom Falk）的「人格特質」與重視「行銷創新」與「開發人才」。

一、展開轉型計畫——把營運重心從造紙轉移到包裝品市場

該公司高層在分析、研判產業變化趨向後，決定把營運重心從原來上游造紙（紙漿及紙張），逐漸轉移到瞬息萬變的下游消費性包裝品市場，直接與寶僑及聯合利華競爭。這項計畫濫觴於 2002 年，由時任總裁暨營運長的佛克協助推動，2003 年年中正式上路，除了從上游向下游的轉型外，還包括加強聚焦開發中市場、提升品牌行銷能力及推動痛苦的重整措施，後者涉及裁員約 6,000 人，相當於總人力的 1/10。這項轉型計畫仍持續進行中，但已開花結果，金百利克拉克在中國、印度及俄羅斯的營運，年成長率已逾 20%，在其他開發中市場的表現，也不遑多讓。

二、擅長從田野調查中找到行銷創意

該公司執行長佛克擅長「從田野調查（第一線市場）中找尋行銷創意」，也就是不論在美國本土還是在國外（他每年固定約有六趟至七趟的實質海外考察行程），他都喜歡走訪商店，仔細觀察一切，特別是消費者。

用佛克的說法，就是讓自己暴露在「有趣的包裝點子、新的產品構想、不同的產品推出及展示方法」之下。

當佛克拜訪專業客戶，如向該公司購買專業擦拭紙的修車廠，一定要求隨行下屬勤做筆記，採集用過的產品樣本送交相關研發團隊分析，尋思如何改進。

佛克還有一項創意十足的措舉，即定期帶領董事會成員參觀該公司旗下的製造工廠，見證所通過投資案的成果，另還會邀請董事會諸公走訪該公司在美國的三大零售體系。

三、人才開發——人才多元化、國際化與輪調化

為因應公司營運轉型，佛克在 2006 年新設行銷長一職，延攬原任職於家樂氏（Kellogg's）的帕門（Tony Palmer）出掌，同年稍後，又向外借將來擔任策略長及創新主管。在此之前，金百利克拉克的高層職缺一向內升。不過隨著規模擴大，海外營運比重提高，佛克認為開發人才，特別是人才多元化，已日益重要，因此敞開大門接納外來和尚，同時也輪調美國本土員工赴海外歷練。

金百利克拉克：擅長從第一線市場中，找到行銷創意

金百利克拉克

↓

全球第三大消費性商品大廠

↓

↓

赴第一線市場觀察、訪談、思考

↓

1. 零售店走訪	2. 中間通路商走訪	3. 上游供應商走訪	4. 消費者走訪

↓

找到新的行銷創意、產品創意！

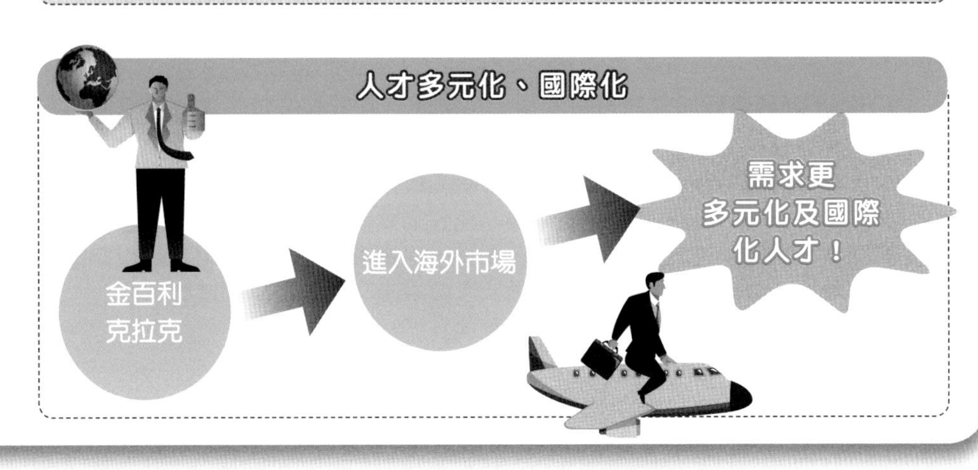

3-23 魔法王國：東京迪士尼樂園好業績的祕密 I

2009 年 3 月為日本迪士尼樂園開業二十五週年的紀念日，即使在面臨全球金融海嘯的不景氣之下，日本迪士尼樂園仍創下每年 2,700 萬人次的參觀遊玩人數。究竟是怎麼做到呢？

一、年年創下好業績

日本迪士尼樂園在 2009 年度的年營收額達到 3,852 億日圓，平均每人消費金額 9,370 日圓，而營收額則包括了門票、商品及飲食等多種收入。

面對日本少子化與高齡化的人口社會環境趨勢下，日本迪士尼從 1984 年 3 月開業年度的 1,000 萬人次入園消費起，這二十五年來，幾乎年年都保持著業績的成長，這對主題樂園來說幾乎是難以達成的，因為大部分的主題樂園，去過一次或二次之後，幾乎不再去遊玩了。

二、重要經營指標：顧客滿意度

日本迪士尼能夠有此難能可貴的營運佳績，主要來自於該公司堅持著「顧客導向」與「顧客滿意度」的經營理念。

日本迪士尼樂園公司認為提升「顧客滿意度」（Customer Satisfaction, CS）是所有業績生意的根源點，所以該公司非常重視來園遊客的顧客滿意度，包括玩得快不快樂、吃得滿不滿意、買得中不中意、住得好不好、看得盡不盡興等，這些顧客內心的真正滿意度，是日本迪士尼樂園最關心的真正重點及最後結果。日本迪士尼樂園曾做過一項調查，在來園的遊客中，每 10 個人，幾乎有 9 個人是再次入園遊玩的，他們都是再次（Repeat）來玩的，主要原因就是他們對上一次遊玩的印象很深刻，也很滿意，因此，不斷的再次入園。

日本迪士尼樂園公司認為員工滿意度與顧客滿意度彼此間會形成良性的循環，而且員工的滿意度更是顧客滿意度的來源。

三、高度顧客滿意的原因

日本迪士尼樂園究竟如何做到顧客滿意度高的原因，可歸納整理成下列三點：

（一）不斷投資硬體建設：日本迪士尼樂園十年前即投資興建迪士尼海洋在其隔壁，串成兩個遊樂園。五年前，又投資興建迪士尼旅館，供給晚上住宿顧客之用。此外，在園區內，每年均會有一些新的遊樂設施出現，而既有設施也保養得非常安全及新穎。此外，在餐飲設施、商品購買設施、洗手間、休息區、等待區、停車區、遊園巴士等硬體設施，日本迪士尼樂園從不吝惜投資，所以使園區內仍保持最高品質水準與最佳外觀水準的主題樂園，以吸引來園顧客。

東京迪士尼樂園：年年創下好業績

東京迪士尼樂園 → 連續 25 年，年年創下好業績 → 創下每年 2,700萬人次來玩

東京迪士尼：顧客滿意度高

營運佳績的本質
- 1. 堅持：顧客導向
- 2. 重視：顧客滿意度

→ 所有業績生意的根源點！

迪士尼員工滿意度與顧客滿意度高

1. 員工滿意度高 → 2. 服務品質高 → 3. 顧客滿意度高 → 4. 來園人數增加 → 5. 公司營收及獲利提升 → 1. 員工滿意度高

迪士尼：高度顧客滿意的原因

高度顧客滿意 3 原因

3. 不斷強化軟體面的品質

2. 大型表演秀

1. 不斷投資硬體建設

遊客中，每 10 個人，幾乎就有 9 個人是再次入園的！
顧客回頭率及忠誠度很高！

3-24 魔法王國：東京迪士尼樂園好業績的祕密 II

已經度過一個輝煌成就二十五週年的東京迪士尼樂園，面對日本主題樂園的衰退所採取的因應措施，正彰顯出它的卓越經營之道與行銷靈活性策略的成功。

三、高度顧客滿意的原因（續）

（二）大型表演秀：日本迪士尼樂園每月均會安排一次大型表演秀，每次秀場表演均翻新，使入園觀看的顧客都會感到新奇及好看。這種大型表演秀已成為日本迪士尼樂園的好口碑來源之一。

（三）不斷強化軟體面的品質：日本迪士尼樂園不只重視硬體創新的投資，而且也同等重視軟體面的品質提升及改善，包括：人員的禮貌／微笑／親切／周到的態度與精神、園區內指標導引、餐飲的好吃、販賣店商品的豐富及定價合理、遊園巴士的頻率、安全的告知與維護、客戶抱怨的立即處理、對身心障礙人士與孩童的特殊對待等，也都受到很高的重視。這些軟體面的品質是「看不見的價值」，但日本迪士尼樂園仍不斷投入此方面的改善及提升服務品質。

對於軟體的服務品質，日本迪士尼樂園除了篩選對的人之外，也不斷對這些員工展開教育訓練的工作。此外，在員工滿意度方面，每年也有一次全體員工大調查，包括對薪資、獎金、工作場所、工作領導、管理、福利、工作氣氛、工作性質等都納入員工滿意度的內容。該公司每年都得到很高的員工滿意度結果，此證明員工對公司的向心力很高，而間接的影響到企業優良文化的形成。

對於現場改善活動，日本迪士尼樂園也高度鼓勵員工的創意行動。該公司每年都會發動一次「I have idea（我有創意）」的員工活動。由於第一線員工最接近顧客，因此會有比較多的創意發想。過去幾年來，這些創意改善活動，對該園區的軟硬體品質提升的結果，帶來不少的貢獻。目前日本迪士尼樂園有 1.8 萬名的員工，其中一半是約聘的準職員，這 1.8 萬名員工，即成為該公司最好的改善創意團隊。這個團隊的努力，也成為日本迪士尼樂園今日廣受日本及亞洲地區觀光客歡迎與經常光臨的重要原因。

四、這是「心的產業」

在日本迪士尼樂園擔任總經理的加賀見俊夫表示：「我們不是製造業，我們是一種心的產業，必須發自內心的一種快樂的心、幸福的心、歡笑的心及滿足的心，然後將這種氣氛，傳播給每一位來園的顧客，並且讓他們都能帶著盼望的心情入園，然後帶著快樂與滿意的心情離園。因此，我們經營的正是這種讓每一位顧客都能歡笑與快樂的心的產業。能夠做到這樣 100% 的顧客滿意度，東京迪士尼樂園才會長久的存活下去，即使一百年後，它依然能夠持續發展而永不止息。」

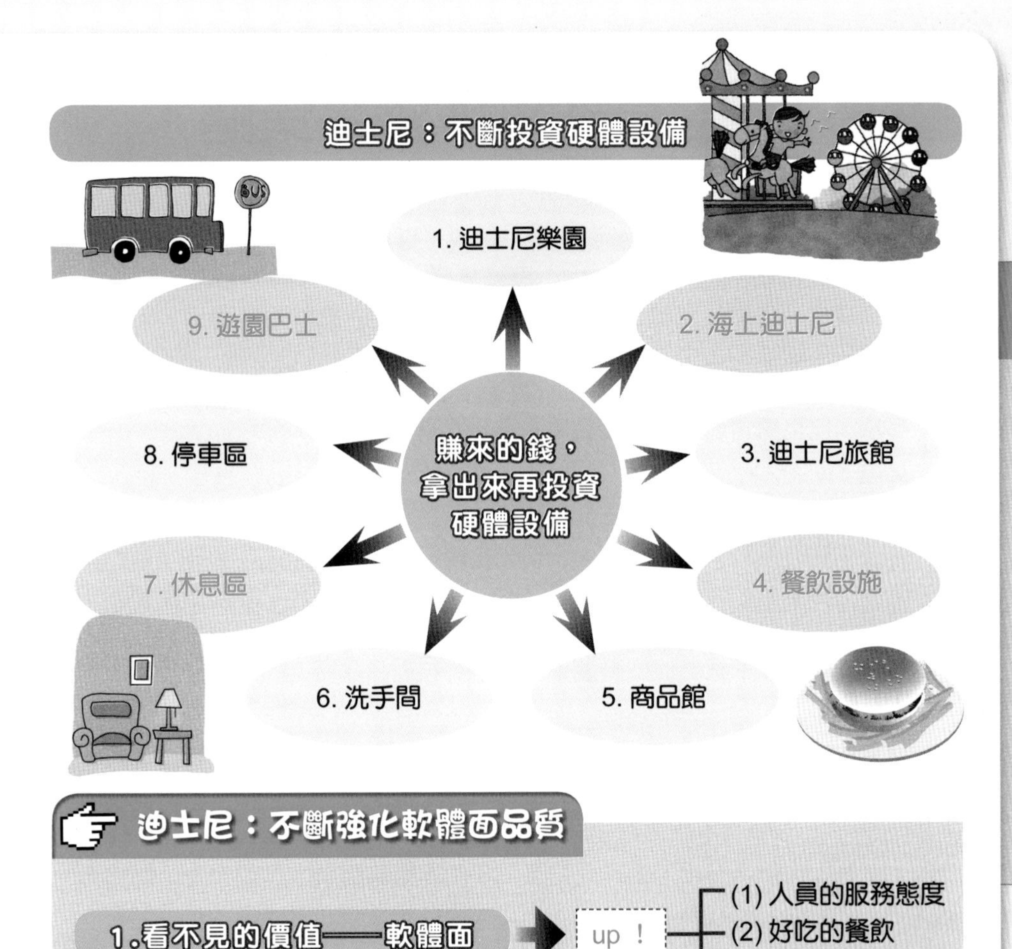

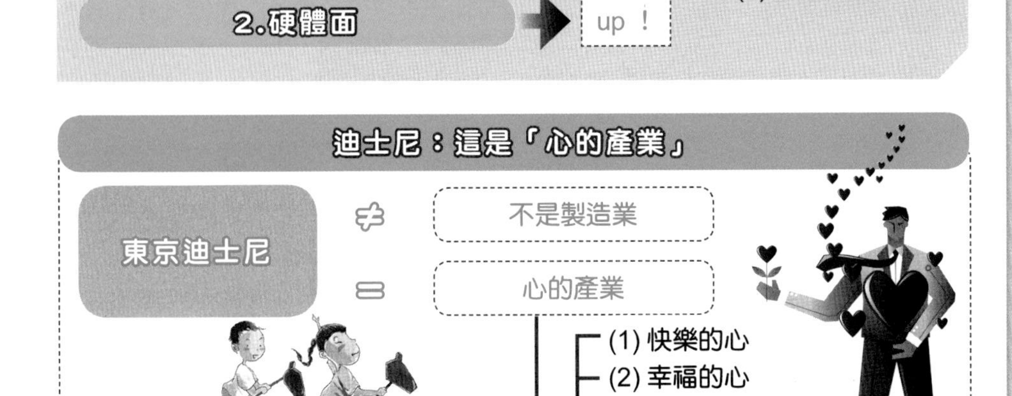

迪士尼：這是「心的產業」

東京迪士尼 ≠ 不是製造業

東京迪士尼 = 心的產業

- (1) 快樂的心
- (2) 幸福的心
- (3) 歡笑的心
- (4) 滿足的心

3-25 HERMES 採取精緻化的全球品牌擴張策略 I

與全球前 50 大營收超過 1 億美元（約合新臺幣 30 億元）的精品品牌相較，愛馬仕（HERMES）全球擴張的速度並不算快。愛馬仕 2013 年毛利率 65.07%，比起世界最大兩個精品集團 LVMH、歷峰集團（Richemont）都來得高；但是論起品牌規模，愛馬仕全年營收約 15 億歐元（約合新臺幣 698 億元），規模不及大型精品集團的 1/9。

小而美的策略，讓愛馬仕成立一百七十五年以來，成功打造「精品中的精品」形象，但也讓它成為大型精品集團最想要購併的對象。

一、市場定位在金字塔頂端

湯馬仕是愛馬仕集團第一位非家族成員的執行長。兩年前他上臺之際，外界視其為愛馬仕有意尋求專業經理人，現代化管理的象徵。湯馬仕認為，他們試圖讓產品的品質維持在最好的水準、最好的做工、最好的材料，並且不斷加入新的創意。這是他們認為在金字塔尖端最重要的一件事。如果有人想要複製，他們不在意！但至今，他不認為他們有競爭對手能夠在商品品質上與他們競爭。

二、堅持手工藝傳統，不能擴張太快

湯馬仕執行長表示：「我們做了一個策略性的決定，不讓愛馬仕擴張太快，許多其他知名的精品品牌都以比我們更快的速度在全球擴張，這是因為他們做製造（Production），而我們想繼續手工工藝的傳統；如果有必要的話，我們會限制生產量，以便保有手工製作的知識。我們不是時尚業者，我們是工藝精神的實踐者，有些我們的經典商品，設計的年代已經是五、六十年前了，但你看不出來。我們不跟隨流行，我們希望超越流行。」

「舉例來說，像是柏金包或凱莉包等經典包非常暢銷，經常缺貨，只要增加人力進行分工製造，就可以應付需求，但是如果是以保持商品一貫的工藝品質為前提，增產就做不到。我們幾乎每年都增選新的工藝師傅，但新人需要長時間訓練才會成熟。這類需要工藝技術的商品的製造是無法工業化的，所以我們不妥協。」

三、行銷模式採取多元在地化，各自訂業績目標

愛馬仕公司的商品種類超過 5 萬種，採取非常授權的方式管理商品組合，14 個商品部門各自獨立，各自設有總裁與設計總監，總裁負責業務，各部門有很大的自主權，甚至自行管理他們的供應鏈，不過為了統合所有的商品設計風格，主管設計風格的設計總監必須確保商品的風格符合品牌一貫的和諧性，讓商品不必看標籤也能看出是愛馬仕的商品。

愛馬仕：小而美策略，精品中的精品

愛馬仕單一品牌

175 年歷史
凱莉包！柏金包！

「小而美」策略

塑造「精品中的精品」

高毛利率：65%
高獲利率：25%

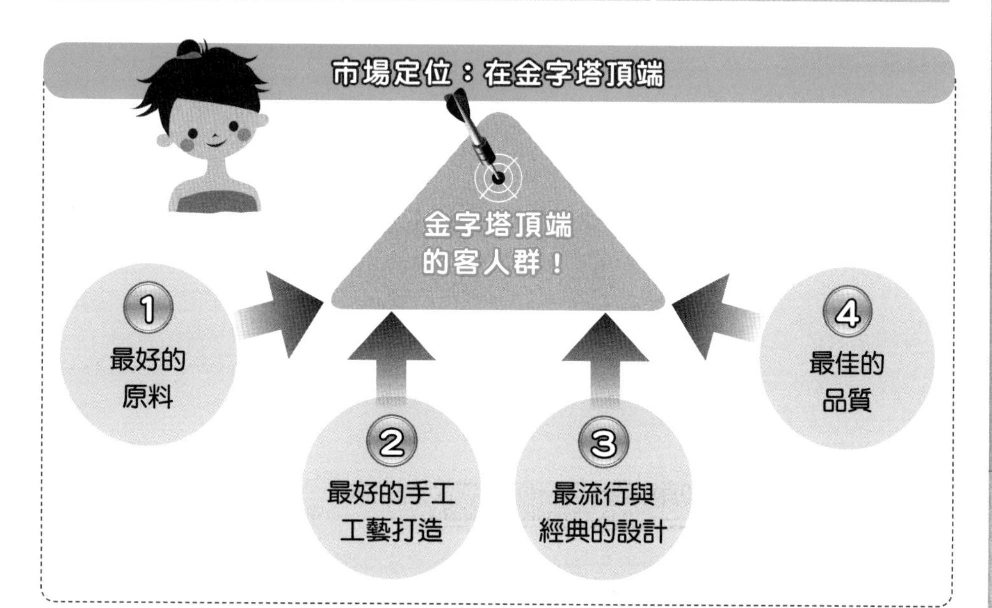

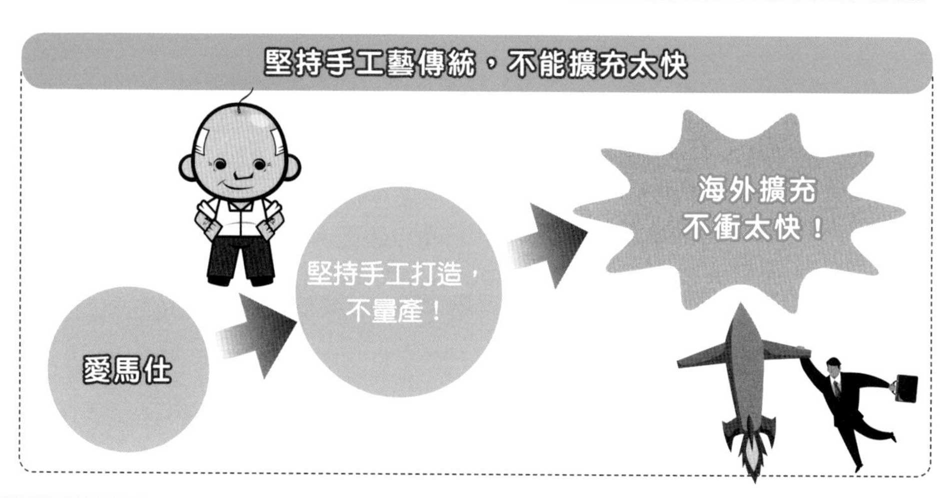

3-26 HERMES 採取精緻化的全球品牌擴張策略 II

對愛馬仕在全球擴張的最大挑戰，湯馬仕長認為：「還是『人』。儘管愛馬仕並不追求快速成長，但是員工的數目還是成長到了 7,000 人，要讓所有的員工都理解企業的價值與願景，是最大的挑戰。」

三、行銷模式採取多元在地化，各自訂業績目標（續）

至於總部的責任則是與各部門、各地區的分公司分享策略目標，像是未來五年愛馬仕要達成什麼目標，也管理物流、廣告與溝通策略等。

除此之外，對於各地區市場則採取非常授權的方式管理。總部不規定年度業務目標要成長多少、利潤率達成多少，這些數字都由地方分公司自己提出來，總部與地方共同討論。

這種作法不叫做授權（Decentralized），稱之為「多元在地化」（Multi-localized）。希望在中國市場就是中國人，在臺灣市場就是臺灣人，在日本市場就是日本人。事實上，如果不這麼做，就無法與當地客戶建立緊密的關係。

四、愛馬仕經營頂級顧客的方法

愛馬仕將客戶的關係管理完全授權地區分公司，每一個員工的腦袋都裝有客戶資料庫，他們非常清楚客戶的喜好。

有些地區的顧客十分特別，像是臺灣，就有品牌愛用者組成了像是俱樂部的社團，經常聚會，甚至會定期造訪愛馬仕巴黎總部，這些客戶我們稱之為「家人（Families）」。

與其他精品品牌不同，愛馬仕花在廣告預算上的錢很少，但是辦很多小型的行銷活動，與消費者進行深度的溝通。

但事實上，與客戶溝通最重要的事，還是產品本身。用好的東西，本身就會帶給消費者一種愉悅的感受，而這群頂級消費者也會共享這個話題。

五、看好中國及印度精品消費潛力

美國經濟衰退陰霾罩頂，全球股市動盪不安，衝擊到一般民眾的奢侈品消費意願，但法國精品愛馬仕（HERMES）看準中國、印度等新興經濟體的精品消費潛力，重申將維持投資額高達 1.6 億歐元的全球展店計畫，包括在新德里成立第一家愛馬仕印度分店。

愛馬仕計畫於全球開設或整修 40 家精品店店面，其中在印度的首家分店已於 2009 年 5 月新德里的歐貝羅伊（Oberoi）飯店開幕。而在 2010 年銷售額成長一倍的中國市場，愛馬仕打算至少再開 5 家分店，在美國的聖地牙哥及丹佛市也將新增據點。

愛馬仕：行銷採多元的在地化

海外行銷原則：在地行銷

……

海外各分公司自己提營收、獲利目標

總公司考核

愛馬仕：經營頂級顧客方法

1. 建立客戶資料庫！
2. 辦理小型行銷活動！
3. 了解每位顧客喜好！
4. 與消費者深度溝通！
5. 手工打造好的產品！
6. 定期參訪愛馬仕總部！

愛馬仕全球展店計畫

巨大潛力市場 → 看好中國及印度精品市場 → 13 億人口的中國市場／10 億人口的印度市場

3-27 建構強化現場力，日本麥當勞突圍出擊Ⅰ

日本麥當勞是麥當勞速食店除了美國市場之外，最大的海外市場。自 1971 年開設第一家分店以來，成長非常順利，但到 2002 年以後卻開始出現危機。

一、從繁盛到衰退的歷程

日本麥當勞創辦人藤田在 1980 年代，曾發出「巨大宇宙戰艦麥當勞號出擊」的重大宣言，大舉擴店，到 2000 年代，店數已達 3,500 多家。早期的日本麥當勞充滿著創辦人藤田個人強勢與好大喜功的領導風格。其決策模式，也是從上而下（Top → Down）的獨斷決策方式。

但是到 2002 年以後，日本麥當勞開始出現危機。由於 2001 年 9 月，日本國內爆發狂牛症疫情，每家店的業績開始受到打擊，這艘巨大宇宙戰艦也受到重創而迷失。為了脫離困境，藤田採取大幅降價策略，但仍挽不回消費者的心。創辦人藤田在美國麥當勞總公司的壓力下，終於在 2003 年 3 月，辭掉總經理職務。此時，日本麥當勞已連續兩年（2002 年及 2003 年），發生史無前例的虧損警訊。2004 年 2 月，新任總經理原田永幸，在美國總公司支持下就任，展開大規模的經營改革，希望使日本麥當勞再現往日榮景。

二、組織改革是第一炮

原田總經理到任後，首先針對營業組織部門展開大幅革新。原先的營業組織系統是營業本部→地區本部→各店的三級制。但原田認為層級太多，有重複指揮的缺點，因此，立即裁掉所有地區本部組織，由總公司營業本部人員直接指揮各店店長並直接溝通，並且將公司重要部門的一級主管做了大幅度的調動改變。

經此變革，組織氣象煥然一新，重現了麥當勞往昔的活力與士氣。組織內部改革完成之後，原田總經理立即展開三年影響業績的關鍵策略行動，並完全以提升「現場力」為改革思考的核心。這三大現場主義改革戰略，包括了下列三項：

（一）商品開發戰略：過去的敗筆之一，就是隨意推出新商品。新商品過於浮濫的缺點主要如右圖所示四項。總結來說，過多商品開發與推出，被證明是失敗的策略。因此，必須改變為精準式商品開發模式。原田總經理要求改採美國總部詳細的「商品評價」導入手法。改變過去六至八週就推出一個新商品的浮濫情形，改採審慎規劃以每年為週期，推出「戰略商品」。最近一推出即為市場所接受的，是以男性為目標市場的高價位漢堡。這一套商品評價導入手法，係依據顧客的性別、年齡、價格帶接受度等區別，精準調查其需求，並設定產品的定位概念及目標客群，尋找新食材；然後經過 400 人次試吃會的定量調查及核心客群的定性（質化）調查結果，進行產品不斷的改善，直到所有目標客群都說好為止。這樣的過程，大概要費時近一年。

日本麥當勞：由繁盛到衰退

1971 年：開設第 1 家分店

1980 年代：大舉擴店

2000 年初：店數達 3,500 多家

前任創辦人：獨斷決策模式

2001 年：日本爆發狂牛症，經營出現危機

2002、2003 年：首度出現虧損！

換掉原任總經理，改派新人上陣！

日本麥當勞：原田永幸總經理的改革

新任總經理上任2大改革

1.業務組織改革

原先 3 層的業務組織改為 2 層，扁平化組織！

2.現場主義改革

(1) 商品開發戰略
(2) 店長業務戰略
(3) 拓店戰略

日本麥當勞：商品開發戰略

過去

- 新商品過於浮濫、過多，已證明是失敗的策略！
- 每 2 個月就隨意推出一款新產品！

現在

- 以每年為規劃期，適當推出「戰略商品」，不斷精進，要賣的好！

新商品過於浮濫的缺點

1.事實上並沒有提升營收額。
2.混淆現場工作人員對商品的認識，以及增加商品知識的學習訓練時間。
3.服務人員不知究竟要推薦顧客哪一種產品。
4.增加現場人員的負擔，但顧客滿意度卻未見上升。

3-28 建構強化現場力，日本麥當勞突圍出擊 II

日本麥當勞的復活計畫，告訴了我們，服務業要贏的兩個策略觀點，一個是必須投入大量的資源在「現場力」的建構及強化上。另一個則是必須慎思影響公司發展的核心問題點究竟是什麼？然後進行必要且有魄力的組織變革、領導變革及策略計畫變革。最後，企業才能在頹敗與困頓之中，突圍及再生。

二、組織改革是第一炮（續）

（二）店長業務戰略：過去店長每天必須忙於填寫繁雜的報表及文書作業，無法花時間在店面業績上，導致店長做了太多表面功夫的工作，卻無法立即解決店內每日業務，亦無法有助業績提升。原田總經理發現此重大缺點，立即要求改變店長的工作任務分配，必須有 90% 的工作時間，花在現場第一線工作上的督導、觀察、解決及服務，以確保顧客滿意度，進而提升日益衰退的每日業績。另外，並修改業績獎金制度，將店長的業績獎金與每月該店的營收額相互連結，不能等到每年才結算一次。此舉有效的及時激勵店長，並且做到了立即賞罰分明的目標。

（三）拓店戰略：日本麥當勞在拓店戰略方面，引進了美國總部的 POM（Profitable Optimize Market）系統。此系統工具的用處，主要在針對新設店及既有店之移轉、關店或追加投資之效果的比較分析，希望達成該地區內新設店與既有店，能有足夠的市場規模，而共同生存，避免相互競爭廝殺，造成店面數增加，但實質業績卻無等倍增加，反而發生自我蠶食的不良現象。

三、全面推進「現場力」確保業績成長

原田總經理表示，今後日本麥當勞 3,800 家連鎖直營店店面的經營主軸核心，將集中放在 3,800 位店長的身上，並將充分授權，但其首要責任必須達成預定業績目標。東京總部幕僚的一切工作目標，就是將總部資源力量支援到 3,800 個據點第一線上，並將此成效列為幕僚的年度考核指標。原田總經理認為日本飲食市場規模高達 27 兆日圓，而日本麥當勞只做了 4,000 多億日圓，占有率仍然非常低，未來向上成長的空間仍極大。他這位新任總經理當前要做的，就是如何廣納更多優秀的業務人才、激勵全體上萬名員工的工作士氣與動機、加強店長使命感、建立戰略商品開發制度，以及審慎拓展店數規模等五點。

原田總經理認為過去二十多年來，日本麥當勞的成長，均繫於藤田創辦人一人專斷的強勢領導作風，而底下的人，都變成聽令辦事，缺乏創新力、思考力及當家作主的決策力。變成整個日本麥當勞的生命，繫於一個人身上，這絕不是經營的典範。原田認為現在是到了改變的時候了。事實上，自 2004 年 1 月以來，日本麥當勞的業績，已脫離過去兩年連續虧損的困境，而開始轉虧為盈了。

日本麥當勞：店長戰略的改革

店長戰略改革

1. 過去忙於文書作業，現在要求 90% 時間，放在店業務業績目標解決上面！
2. 店業績每月結算一次，並與月獎金連結，及時有效激勵店長及店員！

日本麥當勞拓店改革

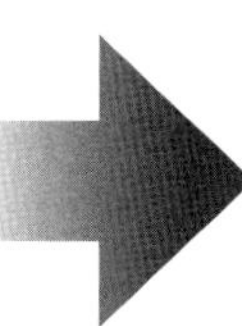

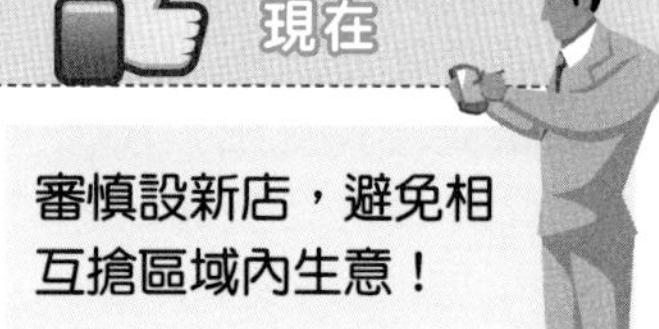

審慎設新店，避免相互搶區域內生意！

日本麥當勞：全面推進「現場力」，確保業績成長

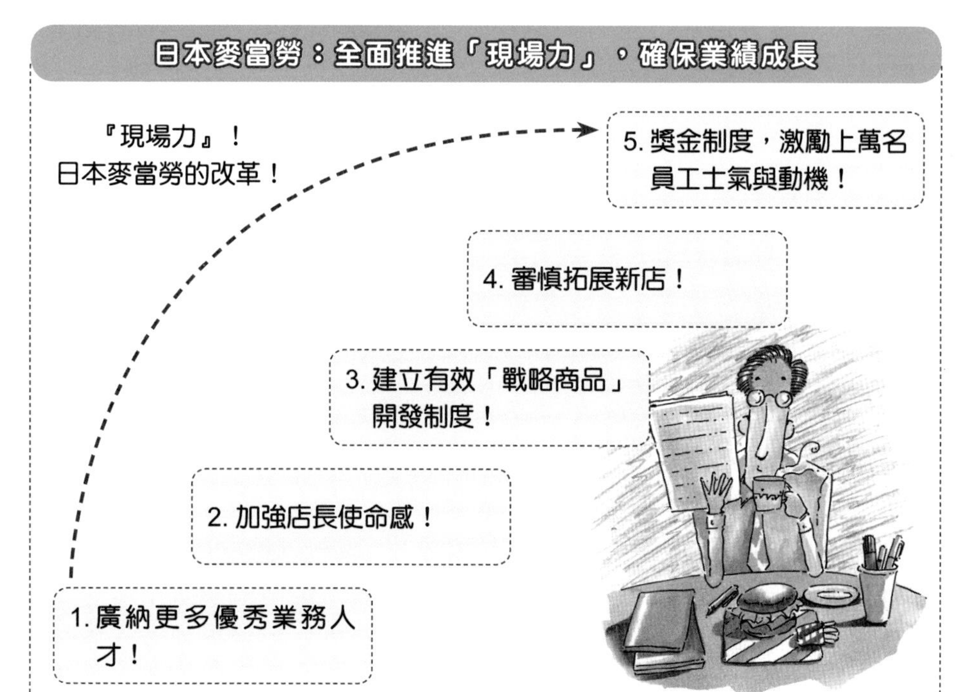

3-29 東京迪士尼鐵三角的經營策略與行銷理念 I

日本東京迪士尼樂園自 1983 年成立以來，入館人數即達 1,000 萬人。1990 年度達 1,500 萬人，2013 年已突破 3,000 萬人，是日本入館人數排名第一的主題樂園。

日本人對迪士尼樂園的重複「再次」入館率高達 97%，顯示出東京迪士尼樂園受到大家高度的肯定與歡迎。

東京迪士尼樂園（Tokyo Disneyland）於 2001 年 9 月在其區域內推出第二個樂園——東京迪士尼海洋樂園（Tokyo DisneySea World），兩相輝映，已成為日本遊樂聖地，甚至很多外國觀光團，也常安排到這個地點遊玩。

一、「100 － 1 ＝ 0」奇妙恆等式

東京迪士尼樂園社長加賀見俊夫，領導兩個遊樂園共計 19,000 名員工，其最高的經營理念就是「堅持顧客本位經營」，以達到顧客滿意度 100 分為目標。

加賀見社長提出「100 － 1 ＝ 0」奇妙恆等式，100 － 1 應該為 99，怎麼是 0 呢？加賀見社長認為，顧客的滿意度只有兩種分數，「不是 100 分，就是 0 分」，他認為只要有一個人不滿意，都是東京迪士尼樂園所不允許的，他教育 19,000 名員工：「東京迪士尼樂園的服務品質評價，必須永遠保持在 100 分」。換言之，2013 年度有 3,000 萬人次的入館顧客，應該讓 3,000 萬人都是高高興興進來，快快樂樂地回家。能達成這種目標，才算是真正貫徹「顧客本位經營」，顧客也才會再回來。

二、親自到現場觀察

而加賀見社長如何做到「顧客本位經營」？他除了在每週主管會報中聽取各單位業績報告及改革意見外，每天例行工作就是直接到「現場」巡視及觀察。加賀見社長表示，「現場」就是他經營的最大情報來源，他常在園中，親自在餐廳排隊買單，感受排隊之苦。也常為日本女高中生拍照，並問她們今天玩得開心嗎？他常巡視清潔人員是否定時清理園內環境？也常假裝客人詢問園內服務人員，以感受他們的答覆態度。加賀見社長最深刻的見解就是「把顧客當成老闆，顧客不滿意、不快樂，就是老闆的恥辱，能夠做到這樣，才是服務業經營的最高典範。」

三、顧客本位經營的內涵指標

東京迪士尼樂園的顧客本位經營的內涵指標，就是強調 SCSE，亦即：安全（SAFE）、禮貌（Courtesy）、秀場（Show）、效率（Efficiency）。

(一) 安全：所有遊樂設施必須確保 100% 安全，必須警示那些遊樂設施不適合遊玩，定期維修及更新，並且有園內廣播及專人服務，把顧客的生命安全當成頭等大事。

東京迪士尼：「100－1＝0」奇妙恆等式

東京迪士尼是日本入館人數排名第一的主題樂園，排名第二的橫濱八景島，每年入館人數630萬人，僅及其人數的1/4。

東京迪士尼經營理念 → 堅持「顧客本位」經營 → 顧客滿意度每次要100分才行 → 獨創：100－1＝0　100－1≠99 → 意指：不允許有一個人不滿意！有一個人不滿意，就是零分。 → 真正實踐顧客本位經營，顧客才會來！

東京迪士尼：社長親自到現場觀察

社長（總經理）每天必做之事 → 到現場去觀察體會詢問 → 現場是顧客情報來源！

加賀見社長最注重顧客的臉部表情，從表情中可以感受到顧客到東京迪士尼：玩得快不快樂？吃得滿不滿意？買得高不高興？住得舒不舒服？

東京迪士尼：什麼是「顧客本位」？

顧客本位？？

- 把顧客當成是老闆
- 顧客不快樂、不滿意，就是我們的恥辱！

東京迪士尼：顧客本位經營4指標

顧客本位經營4指標

1.安全（Safe）100%
東京迪士尼開幕二十八年來，從來沒發生過重大設施安全不當事件，是可讓人放心與信賴的地方。

2.禮貌（Courtesy）100%
東京迪士尼的服務人員，被要求成為最有禮貌的服務團隊，包括外包的廠商，在迪士尼樂園內營運，也要接受內部要求的準則，並接受教育訓練。

3.秀場（Show）100%

4.效率（Efficiency）100%
東京迪士尼的效率是反映在對顧客服務的等待時間上，包括遊玩、吃飯、喝咖啡、入館進場、尋找停車位、訂飯店住宿、遊園車等各種等待服務時間。

流暢的交通接駁安排

東京迪士尼樂園在尖峰時，每天有 8 萬人次入館，其中交通線的安排必須妥當，才能使進出車輛順暢。該樂園安排三個出入口，分別是 JR 京葉縣舞濱車站的大眾運輸、葛西及浦安。尖峰時刻，每小時有 4,800 輛轎車抵達，而這三個入口都可負荷。另外，東京迪士尼樂園與海洋世界兩大園區的停車場空間，最大容量可以停 1.7 萬輛汽車，是全球最大的停車場。在這兩大園區間，還有園區專車服務，約 13 分鐘即可直達，省下顧客步行 1 小時的時間，這都是從顧客需求面設想的。

3-30 東京迪士尼鐵三角的經營策略與行銷理念 II

自從 1990 年來，日本國內已經歷二十年經濟不景氣。但東京迪士尼樂園的經營，仍然無畏景氣低迷，而能維持穩定而不衰退的入館人數，實屬難能可貴。追根究柢，加賀見社長歸因於「堅守顧客本位經營」與「100 － 1 ＝ 0」兩大行銷理念。他說迪士尼樂園 19,000 名員工每天都在努力演出精彩的「迪士尼之夢」（Disney Dream），而帶給日本及亞洲顧客最大的快樂與滿意。

這一個成功行銷東京迪士尼樂園的案例，確實帶給國內行銷業者很大的啟示與省思。

三、顧客本位經營的內涵指標（續）

（二）禮貌：所有在職員工、新進員工、高級幹部，甚至在迪士尼樂園內營運的外包廠商，都必須接受服務待客禮貌的心靈訓練，並成為每天行為的準則。

（三）秀場：東京迪士尼樂園安排很多正式的秀，以及個別的化妝人物，主要都是在勾起參觀顧客的趣味感、新鮮感與好玩感，並且經常與這些玩偶面具人物照相或贈送糖果與贈品。這也是較具人性化的遊樂性質。

（四）效率：東京迪士尼的效率是反映在對顧客服務的等待時間上。等待時間必須力求縮短，顧客才會減少抱怨。尤其，長假人潮擁擠時間，如何提高服務時間效率，更是一項長久的努力。

四、門票、商品販售、餐飲是營收三大來源

東京迪士尼樂園在 2010 年度計有 2,000 萬人入館，每人平均消費額為 9,236 日圓（約新臺幣 2,700 元）。其中，門票收入為 3,900 日圓（占 42%）、商品銷售為 3,412 日圓（占 37%），以及餐飲收入為 1,924 日圓（占 21%）。從 2002 年度開始，還增加住房收入。

從以上營收結構百分比來看，三種收入來源均極為重要，而且差距也不算很大。因此，主題樂園的收入策略，並不是仰賴門票收入，在行銷手法的安排上，還應該創造商品、餐飲及住宿等多樣化營收來源，其內容說明如右圖。

五、賺來的錢，用來維護投資

東京迪士尼樂園 2013 年度營收額達 3,500 日圓（約新臺幣 1,100 億元），是日本第一大休閒娛樂公司及領導品牌。該公司歷年來都保持穩定的營收淨利率，1997 年最高達 15%，2002 年下降到 6%，這主要是持續擴張投資與提列設備折舊、增加用人量等因素所致。

加賀見社長認為，原來第一個園區已經有十九年歷史，必須再投資第二個園區（海洋世界），才能保持營收成長，以及確保固定長期獲利。因此，必須要用過去幾年賺來的錢繼續投資，才能有下一個二十八年的輝煌歲月。

賺來的錢，用來維護投資

・投資新設施
・改善舊設施

確保永遠最新！

東京迪士尼：收入3大來源

來源	比例
餐飲收入	21%
門票收入	42%
商品銷售	37%

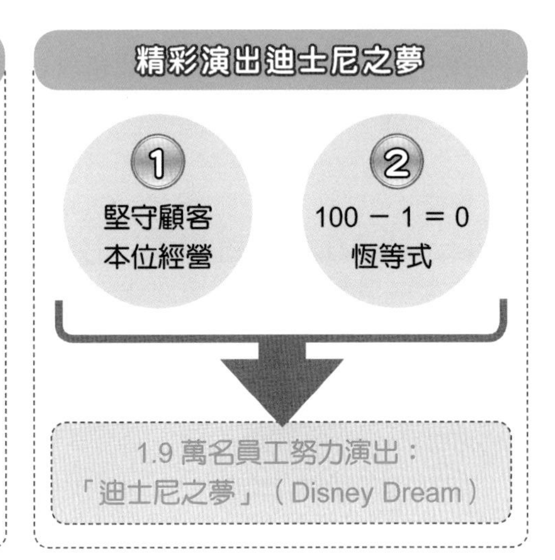

東京迪士尼創造多樣化營收來源

1. **在商品銷售方面**：已有 6,000 項商品，除了迪士尼商標商品外，還有一些日本各地土產及各種節慶商品，例如耶誕節、春節等應景產品。這些由外面廠商所供應的商品，不管是吃的或用的，都被嚴格要求品質。
2. **在餐飲方面**：包括麥當勞、中華麵食、日本和食、自助餐、西餐等多元化口味，可以滿足不同族群消費者及不同年齡層顧客的不同需要。目前，光是東京迪士尼食品餐飲部門員工就達 7,000 人，占全體員工人數約 1/3，可說是最重要的服務部門。餐飲服務最注重食品衛生及待客禮儀，希望能滿足顧客的餐飲需要。
3. **在住宿方面**：迪士尼樂園內已有十多棟可以住滿 500 間的休閒飯店，除住宿外，還可以供宴客及公司旅遊等大規模用餐的需求，並且以家庭 3 人客房為基本房間設計。在 2010 年 2,000 萬人來園區的顧客中，已有約三成（650 萬人次）有住宿消費，此顯示休閒飯店的必要。尤其是在暑假、春節及假日，東京迪士尼園區內的休閒飯店經常是客滿的。

3-31 COACH平價精品行銷日本成功啟示錄 I

「COACH是從日本市場才開始放眼全球。」帶領COACH團隊成功打下日本江山的前任日本分公司董事長，也是現任國際事業部總裁畢克萊（Ian Bickley）說。

美國《*BusinessWeek*》曾經直指，日本已經是全世界最大的精品市場，而這裡，也是COACH最成功的海外市場。

自從COACH取消代理制度，正式在日本成立分公司之後，業績成長了六倍。2001年COACH在日本市占率才2.5%，現在已達11%，希望在五年內達到15%。2004年COACH更正式超越GUCCI，成為日本第二大進口皮包與配件精品，僅次於市占率25%的LV（Louis Vuitton）。

一、COACH在日本市場成功的原因

根據《東洋經濟週刊》分析，COACH在日本會成功的原因有二：

(一)成功打入價格中間帶：自從1990年代日本進入景氣衰退期後，日本消費市場已呈現兩極。歐洲高級品牌LV價格多在10萬日圓（約新臺幣3萬元）起跳，日本國產品牌多是2~3萬日圓（約新臺幣6,000~9,000元），而COACH成功利用女性「可以表現出高級感，但是又不會太奢侈」的消費心理，以4~6萬日圓（約新臺幣1萬~1.7萬元）打入中間的消費帶。同時，堅持提供物超所值的好產品。

(二)行銷策略的改變：COACH每月都會順應潮流，推出新款式，讓新款源源不絕，因此街頭「撞包」的情況也極為少見。且為了要增加與顧客接觸互動的機會，COACH也在日本廣泛開店。從美國總公司引進COACH最知名的綿密消費者調查方法到日本市場，也是COACH打下日本江山的重要原因。自從2001年起，COACH就不斷砸重金對日本消費者進行調查。這一套採用美國系統而來的調查體系，就連消費品大廠寶僑（P&G）都自歎不如。

2007年COACH總共對全球7萬名消費者進行訪問，其中12,000名就是日本人。「雖然美國市場的消費者調查與研究還是比較前瞻先進的，但是日本也快追上了。」坐在紐約總部辦公室裡，COACH策略與消費者調查部資深副總裁珍妮．卡爾（Janet Carr）說。

為了解消費者喜愛，COACH甚至曾把東京火車站前的旗艦店關閉兩天，邀請受測者進去實際購物，就像是把焦點訪談（Focus Group）搬到店面實際進行，好測試消費者對於即將上市的新品有何反應，包括卡爾都親自飛到日本，躲在店裡小房間，透過畫面觀看消費者。「他們會用什麼詞句來形容包包？」「看到新產品時表情興不興奮？」「對於顏色喜好如何？」「店員解說前與解說後，消費者的反應又有何差異？」諸如此類，都是COACH想要了解的。回憶起這些過程，卡爾仍然很興奮。這些消費者調查結果，當然最後都成為產品設計與改良的依據。

COACH：日本，是最成功的海外市場

日本 → COACH：海外最成功且最大的市場！ → ・日本精品市占率：從2.5%→11%→未來目標15%！ → ・在日本進口精品的數量，僅次於LV，名列第2名！

日本營收從占公司總營收的個位數一直向上提升到2007年的兩成以上。

COACH：在日本市場成功2大原因

COACH日本成功2大原因

1. 成功打入價格中間帶！

日本1990年代步入不景氣，LV高價皮包至少10萬日圓起跳，而日本國產皮件則在2~3萬日圓；但COACH則在4~6萬日圓，成功打入中間層的消費者。

自1996年開始負責日本市場，一路打下日本江山的國際事業部總裁畢克萊就指出，COACH價格較一般易親近，美國可以負擔得起COACH消費的家庭，只占了20%，而日本卻有60%的家庭負擔得起這樣的消費，消費族群更廣大。

2. 行銷策略的改變！

- 每月會順應時尚潮流，推出新款式，消費者不會撞包。
- 在日本廣泛開店布點，讓消費者買得到。

COACH：砸重金，做消費者調查

COACH總公司

・每年對全球7萬名消費者調查 → ・日本就占了1.2萬名 → ・徹底了解及掌握日本女性想要的顏色、尺寸、款式、材質、設計、價格帶、購買動機、用途、品牌觀念……等。 → ・做為美國總部產品設計與改良的依據！ → ・新品上市成功率大幅提升！

3-32 COACH 平價精品行銷日本成功啟示錄 II

除了價格、產品設計、消費者調查這幾個強項外，COACH 在日本成功，通路經營也是一大關鍵，包括廣開旗艦店，以及深耕地方的百貨公司。

二、通路策略大舉拓點衝高市占率

COACH 直營店面的選擇其實很嚴苛，必須要在人口超過 100 萬、能見度高的轉角，以及面積 150 坪以上。但因為有了不動產資訊豐富的合作伙伴——住友商事株式會，幫他們和房東談條件、搶地盤，COACH 每一個店面都是超級吸金器。

2002 年在銀座開設的第一家旗艦店，更是日本 COACH 成功的轉捩點。開幕初期，門口大排長龍，必須排 6 小時才進得去。

待在日本十年的畢克萊回想，當時開銀座旗艦店時，仍受到許多質疑，因為銀座是全世界知名精品環繞之地，COACH 這個尚未在日本打出知名度的美國品牌，竟然膽大到一開始就敢開旗艦店，「這一定必死無疑」當時有人抱著看笑話的心態說。沒想到，銀座旗艦店一開，讓全世界都注意到 COACH，消費者對 COACH 的觀感也完全不同。從那時起，COACH 一連從涉谷、丸之內、梅田、仙台、名古屋及神戶等地，開了 8 家旗艦店。直到現在，相較於 LV、GUCCI 各自都只在日本擁有 50 多家店，開了 141 家店的 COACH，幾乎是它們的三倍。

看到 COACH 迅速竄紅，眾家歐洲精品品牌既不屑，又恨得牙癢癢，於是提出 COACH 採用介於精品和國產品牌間的價格，破壞了一般人對名牌的高級印象；COACH 的大量販售，也催毀了一般人對名牌稀少性的想法。但 COACH 不以為意，還是繼續開店，每月不停推新品，希望不久能開到 180 家店、衝到市占率 15%，讓日本人在每個街角都能感覺到 COACH 的存在。

三、刻意避開成熟的歐洲精品市場

COACH 已成為國際舞臺上下一個來勢洶洶的新精品。2007 年 8 月，COACH 臺灣代理商采盟副總經理陳歆飛到紐約總部，參加全球代理商大會時就發現，世界各地代理商人數，幾乎比四年前多出一倍，十五張會議桌，擠滿了近 180 人。

「本來 COACH 的代理商大都在亞洲，這兩年來快速廣展，增加了六、七個地方，包括俄羅斯、英國、中東等。」代理 COACH 七年的陳歆說，以往 COACH 選擇先不進入精品品牌歷史悠久、競爭激烈的歐洲，先著力於亞洲市場，可是現在已逐漸將觸角伸進快速崛起的中東杜拜等。但二十年前，COACH 還是一個在美國以外並沒有什麼知名度的皮件品牌，1988 年走出美國之後，快速地開疆闢土，如今已在全世界 26 個國家，擁有近 600 家直營店。其中，日本是 COACH 第一個成功國際化的市場，如果要談 COACH 國際化，絕對不能不提及日本市場。

COACH：日本大舉拓店，提高市占率

大舉拓店據點

旗艦店
及門市店

百貨公司
專櫃

二線城市
設點

目前全日本：已開 180 家店

市占率目標：15%

希望超越 LV、GUCCI、CHANEL

伊藤忠流行系統事業開發室行銷經理川島蓉子接受《東洋經濟週刊》採訪時就提及，日本消費者算是全世界最嚴格的，只要品牌能夠在日本達陣，代表這個品牌不論到那裡，都會成功。

COACH：避開已成熟的歐洲市場，主攻亞洲市場

COACH

歐洲精品市場

亞洲精品市場

全球已有 600 家直營店
及旗艦店據點！

國家圖書館出版品預行編目資料

圖解第一品牌行銷祕訣／戴國良著.--初版--
.--臺北市：書泉,2016.06
面； 公分.
ISBN 978-986-121-952-3（平裝）

1.品牌行銷

496 103016938

3M69

圖解第一品牌行銷祕訣

作 者— 戴國良
發 行 人— 楊榮川
總 編 輯— 王翠華
主 編— 侯家嵐
責任編輯— 侯家嵐
文字編輯— 邱淑玲
封面設計— 盧盈良
內文排版— 張淑貞
出 版 者— 書泉出版社
地 址：106台北市大安區和平東路二段339號4樓
電 話：(02)2705-5066 傳 真：(02)2706-6100
網 址：http://www.wunan.com.tw
電子郵件：shuchuan@shuchuan.com.tw
劃撥帳號：01303853
戶 名：書泉出版社

經 銷 商：朝日文化
進退貨地址：新北市中和區橋安街15巷1號7樓
TEL：(02)2249-7714 FAX：(02)2249-8715

法律顧問 林勝安律師事務所 林勝安律師

出版日期 2014年10月初版一刷
2016年 6 月初版二刷
定 價 新臺幣350元